■全国交通运输职业教育教学指导委员会规划教材
■高职工程机械类专业教学资源库配套教材

工程机械综合故障诊断与排除

主　编　韩清林　马　琳
副主编　崔秀虹　吴庆玲
主　审　张爱山

大连海事大学出版社

图书在版编目 (CIP) 数据

工程机械综合故障诊断与排除 / 韩清林, 马琳主编. —大连：大连海事大学出版社, 2013.11
全国交通运输职业教育教学指导委员会规划教材　高职工程机械类专业教学资源库配套教材
ISBN 978-7-5632-2938-3

Ⅰ. ①工…　Ⅱ. ①韩…②马…　Ⅲ. ①工程机械—故障诊断—高等职业教育—教材②工程机械—机械维修—高等职业教育—教材　Ⅳ. ①TU6
中国版本图书馆 CIP 数据核字 (2013) 第 260415 号

出 版 人：徐华东
策　　划：徐华东　时培育
责任编辑：姜建军　华云鹏
封面设计：王　艳
版式设计：孟　冀
责任校对：宋彩霞

出 版 者：大连海事大学出版社
　　地址：大连市凌海路 1 号
　　邮编：116026
　　电话：0411－84728394
　　传真：0411－84727996
　　网址：www.dmupress.com
　　邮箱：cbs@dmupress.com
印 刷 者：大连住友彩色印刷有限公司
发 行 者：大连海事大学出版社

幅面尺寸：185 mm×260 mm
印　　张：17
字　　数：423 千
印　　数：1～2000 册

出版时间：2013 年 11 月第 1 版
印刷时间：2013 年 11 月第 1 次印刷
书　　号：ISBN 978-7-5632-2938-3
定　　价：34.00 元

内容提要

本书是根据高职高专院校培养高端技能型人才的特点，以完成工程机械典型设备技术服务和维修岗位的实际工作任务来构建课程内容。按照高职学生的特点，全书分为发动机起动困难故障、挖掘机整机动作慢故障、挖掘机工作装置故障、挖掘机回转机构故障、挖掘机行走跑偏故障、挖掘机空调不制冷故障、电气线路识图与故障诊断、装载机变速箱油温过高故障和装载机液压系统故障9个工作项目，按照任务完成过程展示教学内容，让学生在完成具体项目的过程中学习相关理论知识，着重培养学生的职业素质和综合职业能力。

本书是工程机械专业教学资源库配套教材，可作为高职高专工程机械专业群的专业教材，也可以作为工程机械行业从业人员的技术培训用书，或从事工程机械维修服务人员的参考用书。

前　言

随着现代教育技术的发展,建设适合学校教育教学需要的教学资源库成为数字化校园建设和专业建设的一项重要内容。"十二五"期间,教育部把专业教学资源库建设作为加快高等职业教育改革与发展的一项重要举措。资源库建设是示范建设成果应用与推广的需要,是统一标准整合校企优质教学资源共享的需要,是校校、校企合作深化专业建设与课程改革的需要,最终是为了实现培养高素质技能型人才这一目标。

我国已超越美国、日本、欧洲成为全球最大的工程机械市场,但是,行业的发展在某种程度上却受限于人才的培养,工程机械专业人才面临供不应求的局面,人才培养质量也不能满足行业的需求。因此,积极建设工程机械类专业教学资源库,全面提升工程机械专业人才培养质量,满足行业对工程机械专业人才需求是当务之急。全国交通运输职业教育教学指导委员会交通工程机械类专业指导委员会按新机制组织四川交通职业技术学院、湖南交通职业技术学院、云南交通职业技术学院、湖北交通职业技术学院、吉林交通职业技术学院、青海交通职业技术学院、南京交通职业技术学院等院校和上海景格信息科技有限公司等企业共同开发了工程机械类专业教学资源库,本教材为该专业教学资源库配套教材。

《工程机械综合故障诊断与排除》是高职高专院校工程机械专业群的一门职业核心课程。全书是根据高等职业院校人才培养目标,结合工程机械专业教育教学改革与实践经验,本着"工学结合、项目导向"的原则而编写的。在编写过程中,是以能够代表世界工程机械最新发展技术的日本小松生产的挖掘机和装载机为典型机型,以设备常见的故障现象为载体,以完成具体的工作项目的方式来学习设备先进的液压、电气系统控制技术,培养学生具备工程机械综合故障诊断与排除的能力。

全书共分为9个项目,在项目的学习过程中要完成21个工作任务,掌握挖掘机、装载机先进的液压、电气控制技术,能够分析设备常见故障现象及发生的原因和正确排除故障的方法,着重培养学生具备良好的职业素质和较强的综合职业能力。

本书由吉林交通职业技术学院的韩清林、马琳担任主编,崔秀虹、吴庆玲担任副主编,云南交通职业技术学院的张爱山担任主审。其中韩清林编写了项目二和项目五,并撰写了前言;马琳编写了项目三和项目四,并负责全书的统稿工作;崔秀虹编写了项目一、项目六和项目七;吴庆玲编写了项目八和项目九。张爱山审阅了全书,并提出了宝贵意见,在此表示感谢。

本书在编写过程中,采用了小松公司编写的挖掘机、装载机的相关资料,在此对编写小松相关资料的人员表示衷心的感谢。

由于编者水平有限，书中不足之处在所难免，恳请读者提出宝贵意见，以便日后修正。

全国交通运输职业教育教学指导委员会

交 通 工 程 机 械 类 专 业 指 导 委 员 会

目　录

项目一
发动机起动困难故障

项目描述:

　　本项目是以小松挖掘机发动机起动困难故障现象为载体,在挖掘机上介绍起动系统的组成及控制原理,在起动电路图上进行电路分析,对挖掘机起动系统常见故障现象进行诊断,并提出正确的排除方法。

知识目标:

　　(1)掌握挖掘机起动系统的组成及控制原理;

　　(2)掌握挖掘机起动系统常见故障诊断与维修方法。

能力目标:

　　(1)能够正确使用万用表、试灯等常用检测工具;

　　(2)能够对挖掘机起动系统常见故障现象进行诊断与排除。

素质目标:

　　(1)具有良好的心理素质和较强的沟通能力;

　　(2)具有团队意识及友好协作精神;

　　(3)具有诚实守信、勤奋进取的敬业精神;

　　(4)具备不断创新和可持续发展的探索精神。

任务 1.1　挖掘机起动系统的组成

任务描述：

在挖掘机上介绍起动系统的组成及控制原理,在起动电路图上进行电路分析,对挖掘机起动系统常见故障现象进行诊断,并提出正确排除方法。

一、挖掘机起动系统的组成

(一)概述

发动机由静止状态转变为运转状态的过程,就称为起动。在起动过程中,先由外力将发动机的曲轴驱动起来,发动机的工作循环才能够开始自动地继续运行。常见的起动力矩的产生有两种形式:人力起动和电力起动。人力起动即手摇起动,通过将手摇柄的顶端横销插入发动机曲轴前端的起动爪内,用人力摇转曲轴,人力起动简单,但是不方便,而且劳动强度大;电力起动就是利用电力起动机起动,迅速可靠,操作方便,反复起动能力强,被现代工程机械广泛应用。图 1-1-1 所示为起动系统的组成示意图,在点火开关闭合和起动继电器吸合后,起动机将蓄电池的电能转化为机械能,通过离合器将起动电动机的电磁转矩传递给发动机的飞轮齿圈,从而使曲轴转动,完成发动机起动。

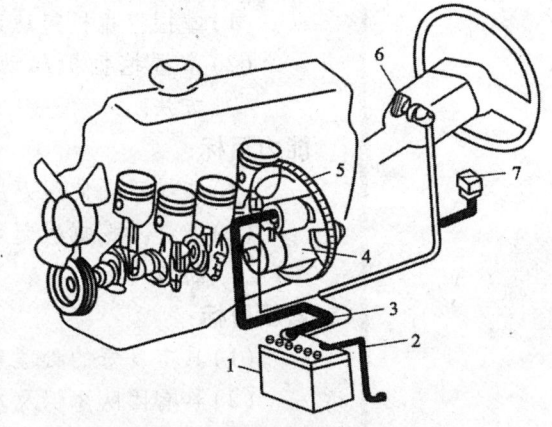

图 1-1-1　起动系统的组成
1—蓄电池;2—搭铁电缆;3—起动机电缆;4—起动机;
5—飞轮;6—点火开关;7—起动继电器

(二)起动机的组成

现代工作机械的起动机由直流串激式电动机、传动机构和电磁开关三部分组成。直流串激式电动机的作用是将蓄电池的电能转化为机械能,产生转矩带动发动机开始工作。传动机构或称为啮合机构,其作用是在发动机起动时,将起动机驱动齿轮与飞轮齿环相啮合,从而将电动机的转矩传给发动机曲轴,同时当发动机起动以后,又能够将驱动齿轮与飞轮齿环自行脱开,防止直流电动机被发动机带动高速旋转而损坏。控制装置是用来控制电动机与蓄电池之间电路的通断的。

(三)起动机结构原理

电磁式起动机主要由直流电动机、传动机构和控制装置三部分组成,如图 1-1-2 所示。

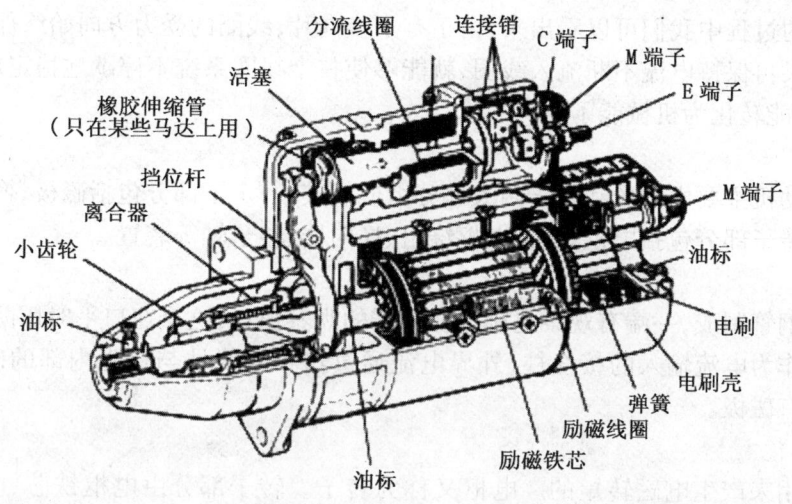

图 1-1-2　起动机的组成

1.直流电动机

（1）工作原理

直流电动机是一个将电能转化为机械能的装置。其工作原理就是转子上的通电线圈在磁场中受到电磁力的作用，在电磁力的作用下，使转子产生旋转力矩。如图 1-1-3 所示为一个简单直流电动机，它是由磁极 1、电枢绕组 2、换向片 3、4 和电刷 5、6 组成。

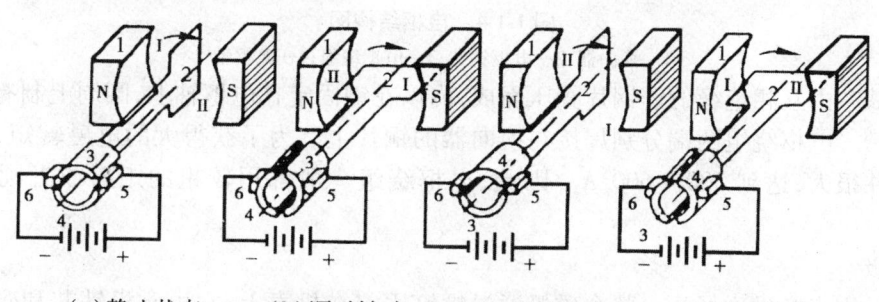

（a）静止状态　　（b）顺时转动　　（c）惯性转动　　（d）顺时转动

图 1-1-3　直流电动机工作原理

1—磁极；2—电枢绕组；3、4—换向片；5、6—电刷

如图 1-1-3（a）所示，电枢绕组在图示的垂直位置，电刷与换向片不接触。电流不能从电刷通过换向片进入线圈，线圈中没有电流，也就不受磁场力的作用，因此线圈不会转动。

如图 1-1-3（b）所示，只要将线圈顺时针稍微转动，电刷与换向片相接触，线圈通电，电流经蓄电池正极→电刷 5→换向片 3→电枢绕组 2→换向片 4→电刷 6 回到蓄电池负极。根据左手定则，线圈的 I 边受到向下的力，将向下运动，线圈的 II 边受到向上的力，将向上运动，从而使整个线圈顺时针转动。

如图 1-1-3（c）所示，当线圈转到此位置，换向片与电刷又脱离接触，线圈不通电，不受力的作用，但线圈在惯性的作用下，继续顺时针转动。

如图 1-1-3（d）所示，当线圈刚转过垂直位置，换向片就与电刷接触，线圈通电。通电线路为蓄电池正极→电刷 5→换向片 4→线圈 2→换向片 3→电刷 6 回到蓄电池负极。根据左手定则，线圈的 I 边受到向上的力，线圈的 II 边受到向下的力。线圈仍然保持顺时针旋转。

从上面的过程中我们可以看出来,由于有了换向片,线圈的受力方向始终保持在一个转动方向上。如果再保持电流不断流入线圈,就能够使整个线圈系统不停歇地稳定旋转,若再加上负载,就将电能转化为机械能了。

(2)构造

直流电动机主要由定子和转子两大部分组成。其中,定子部分包括磁极、换向极、端盖、电刷等装置。转子部分包括电枢铁芯、电枢绕组、换向器、转子轴等装置。

①机壳

机壳由钢管制成,一端有观察电刷与换向器的观察窗口,这个窗口平时用防尘箍盖住。机壳上有一个作为电流输入的接线柱,外界电流通过这个接线柱与机壳内部的磁场绕组相连。壳体内壁装有磁极。

②电枢

电枢是用来产生电磁转矩的。电枢又称为转子。转子部分由电枢铁芯、电枢绕组、电枢轴、换向器等组成,如图1-1-4所示。

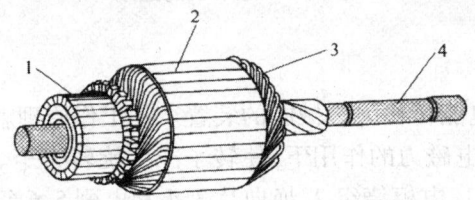

图1-1-4 电枢结构图

1—换向器;2—电枢铁芯;3—电枢绕组;4—电枢轴

电枢铁芯由互相绝缘的硅钢片叠压而成,内以花键固定在电枢轴上,圆周上制有安放电枢绕组的线槽。电枢绕组两端分别焊接在换向器的铜片上。为了获得大的电磁转矩,电枢绕组的电流往往很大,达到300~600 A。因此,电枢绕组一般都用较粗的矩形或者圆形裸铜线绕制。

③磁极

磁极是用来产生磁场的。整个磁极通过螺钉固定在机壳上,它由磁极铁芯和磁极绕组构成。铁芯一般由1.0~1.5 mm厚的低碳钢板叠压而成,通常采用4个铁芯,大功率的起动机多达6个。铁芯上绕有的磁极绕组也叫磁极线圈、激磁绕组或者励磁绕组,如图1-1-5所示。磁极线圈采用矩形粗铜线绕制而成,磁极绕组与电枢绕组的连接方法如图1-1-6所示,有以下两种方法:串联(4个磁极绕组串联,再与电枢绕组串联)和先串联后并联(2个磁极绕组先串再并联,然后再和电枢绕组串联)。由于激磁绕组和电枢绕组总是串联在一起的,所以叫做直流串激式电动机。

由简单电动机的工作原理我们知道,换向器的作用是将电源的直流电转换成电枢所需的交流电,来保证电枢绕组的受力方向保持不变。有些电动机为了防止电机在换向时产生火花,改善直流电机的换向情况,电枢绕组还串联换向极。换向极结构和磁极的结构很类似,也是由铁芯和换向极绕组组成,并用螺杆固定在机壳上。换向极与磁极的数量相等,如图1-1-7所示。

④电刷与电刷架

如图1-1-8所示,电刷与电刷架的作用就是与换向器配合,把转动的电枢绕组电路和外电路蓄电池连接起来。电刷是由铜粉和石墨粉末压制而成的导电块,加入铜粉是为了减小电阻

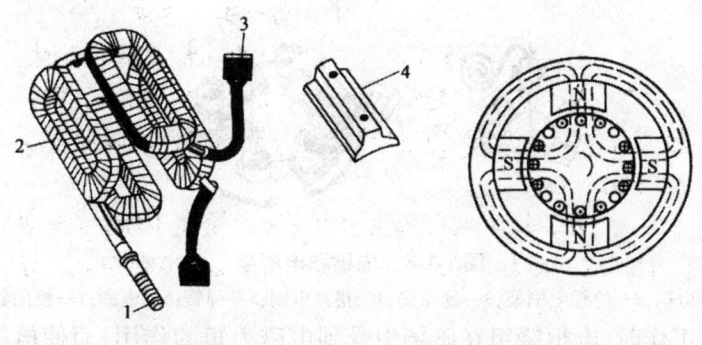

（a）磁极结构图   （b）磁路图

图 1-1-5   磁极结构和磁路图

1—起动机接线柱;2—激磁绕组;3—电刷;4—铁芯

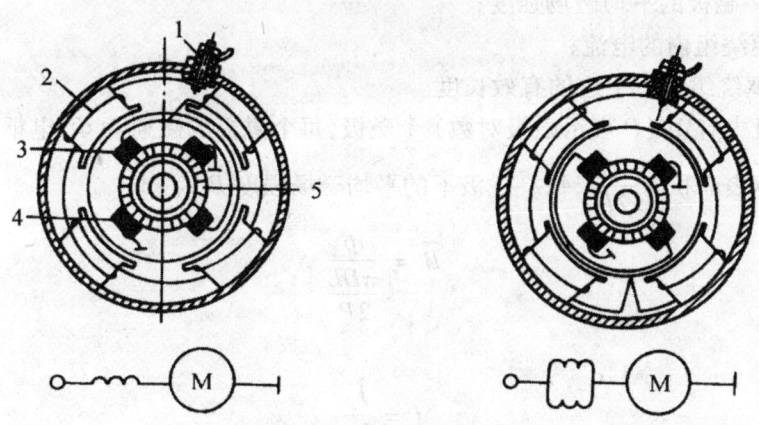

（a）四个绕组串联,再与电枢绕组串联   （b）两个绕组串联,两组绕组并联再与电枢绕组串联

图 1-1-6   磁场绕组的连接方式

1—起动机接线柱;2—磁场绕组;3—正电刷;4—搭铁电刷;5—换向器

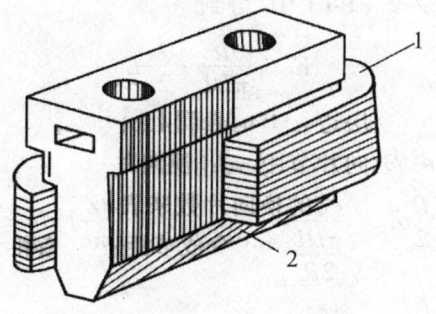

图 1-1-7   直流电动机的换向极

1—换向极绕组;2—换向极铁芯

并更加耐磨;电刷组的个数通常等于磁极绕组的个数。电刷装在电刷架内,借弹簧的压力压在换向器上以保证其接触良好。如果电动机内装有 4 个电刷,那么就有两个电刷是安装在直接固定在端盖上的搭铁电刷架(负电刷架)上的,称为搭铁电刷或者负电刷。用绝缘板将电刷架绝缘固定在端盖上的电刷架称为正电刷,安装其上的电刷架就称为正电刷。

⑤直流电动机的转矩

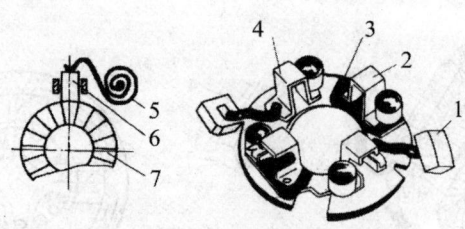

图 1-1-8　电刷和电刷架

1—电刷;2—绝缘电刷架;3—绝缘垫;4—搭铁电刷;5—弹簧;6—电刷;7—换向器

直流电动机在工作时,电枢绕组在磁场中受到电磁力矩的作用,而使电枢产生旋转运动。根据安培定律,电枢上每根导线所受到的平均电磁力 $\overline{F}$ 为

$$\overline{F} = \overline{B}IL \tag{1-1}$$

式中,$\overline{B}$—— 每一磁极的平均磁场强度;

　　　I—— 电枢绕组内的电流;

　　　L—— 电枢绕组每一个边的有效长度。

如果电动机中有 $2P$(P 表示磁极对数) 个磁极,每个磁极的磁通为 Φ,电枢的直径为 D,那么磁极下的电枢表面积为 $\dfrac{\pi DL}{2P}$,每一磁极下的平均磁场强度 $\overline{B}$ 为

$$\overline{B} = \frac{\Phi}{\dfrac{\pi DL}{2P}} \tag{1-2}$$

且

$$I = \frac{I_a}{2a} \tag{1-3}$$

其中,I_a—— 电枢电流;

　　　a—— 电枢绕组的支路对数,波绕法为 1。

将式(1-2) 和式(1-3) 代入式(1-1) 中,得到

$$\overline{F} = \frac{\Phi}{\dfrac{\pi DL}{2P}} \cdot \frac{I_a}{2a}L \tag{1-4}$$

作用到电枢上的电磁转矩为

$$M = \overline{F}\frac{D}{2}Z = \frac{\Phi}{\dfrac{\pi DL}{2P}} \cdot \frac{I_a}{2a}L \frac{D}{Z}Z = \frac{PZ}{2\pi a}I_a\Phi = C_m I_a \Phi \tag{1-5}$$

式中,Z—— 电枢导体总数;

　　　C_m—— $C_m = \dfrac{PZ}{2\pi a}$,这个数值的大小,决定于电动机的构造,对于一个特定的发动机为常数,称其为电机常数。

由此可知,电磁转矩的大小与电枢电流和磁极的磁通量成正比。

2.传动机构

传动机构的作用是当起动发动机时,将电动机的驱动转矩传送给发动机飞轮进而到达曲轴,同时当发动机起动后,切断电动机与发动机间的动力连接。说到底,传动机构就是一个单

向离合器,之所以要采用单向离合器,是因为发动机的曲轴转速大大高于电动机电枢轴的转速,如果不能实现动力切断,当发动机带着发电机高速旋转时会导致电枢线圈在离心力的作用下被甩散,损坏电动机。离合器主要有滚柱式、弹簧式和摩擦片式三种。

（1）滚柱式单向离合器

滚柱式单向离合器的结构如图1-1-9所示,传动套筒内制有螺旋花键,与电枢轴上的外螺旋花键配合,套筒能够在轴上前后滑动并传递电枢轴的动力。传动套筒与十字滑块制成一体,外壳与十字滑块构成了楔形的空槽。空槽中是四套滚柱和弹簧。

工作原理如图1-1-10所示,在起动发动机时,驾驶员闭合点火开关,在控制装置的作用下,拨叉将拨动离合器向外移动,使驱动齿轮与发动机齿圈进入啮合。啮合初期,电枢轴只能带动传动套筒和外壳转动,在摩擦力的作用下,滚柱滑向楔形槽较窄的一侧,将外壳与十字滑块卡住,动力便经电枢轴、传动套筒、滚柱、外壳传递给驱动小齿轮并由驱动小齿轮传递给发动机飞轮齿环,实现起动的动力传递,这个动力传递过程一直持续到发动机起动以后。

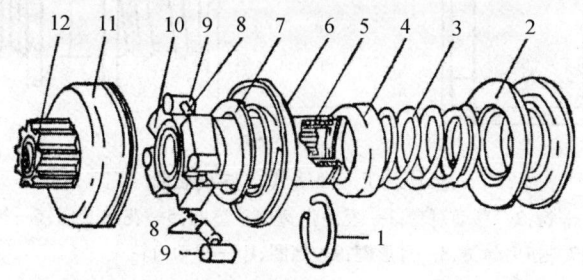

图1-1-9 滚柱式单向离合器

1—卡簧;2—移动衬套;3—缓冲弹簧;4—弹簧座;5—传动套筒;6—护盖;7—垫圈;8—压帽和弹簧;9—滚柱;10—十字块;11—外壳;12—驱动齿轮

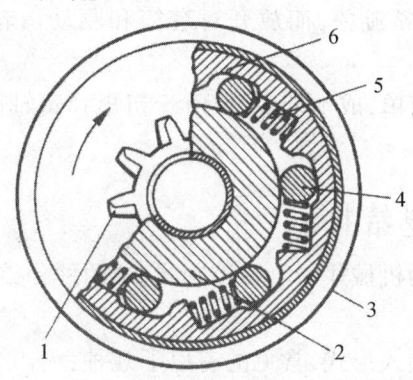

图1-1-10 单向离合器楔形槽构造

1—驱动齿轮;2—内座圈;3—壳体;4—滚柱;5—弹簧;6—驱动座圈

当发动机起动起来以后,发动机的曲轴在活塞的带动下以高速旋转,此时如果不切断动力传递,发动机的飞轮要反过来带动离合器的驱动齿轮旋转。由于发动机飞轮齿圈转速要比驱动齿轮高,那么此时,十字块的摩擦力要带动滚柱向楔形槽宽的一侧运动,脱离了滚柱的传递,外壳和十字块就脱离了连接,那么分别固定其上的驱动齿轮和传递套筒就断了连接,实现了动力的切断。

滚柱式单向离合器结构简单,比较耐用,但是当传递大扭矩时,容易被卡死,所以一般用在中、小功率的起动机中。

（2）弹簧式单向离合器

如图 1-1-11 所示为弹簧式单向离合器的结构。花键套筒通过内螺旋花键套在电枢轴上，能够在电枢轴上滑动并实现动力的传递。驱动齿轮套在电枢轴的光滑一端，两者之间用两个月形键连接，这样的话，驱动齿轮与花键套筒可以做轴向移动，但不能相对转动。驱动齿轮柄和套筒外装有一个扭力弹簧，弹簧两端内径各有 1/4 圈变小，紧箍在驱动齿轮和套筒上。

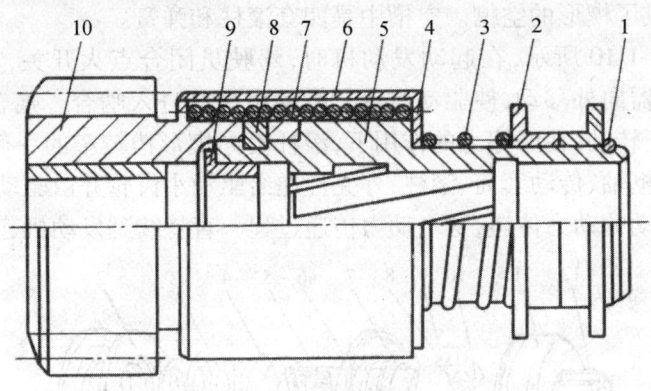

图 1-1-11　弹簧式单向离合器

1—卡簧；2—移动衬套；3—缓冲弹簧；4—垫圈；5—花键套筒；6—护圈；7—扭力弹簧；8—月形键；9—挡圈；10—驱动齿轮

当起动机起动时，电枢轴带动套筒转动，使得扭力弹簧开始顺着螺旋方向旋紧，将套筒和驱动齿轮柄紧紧箍住，将起动机的动力通过套筒传递给驱动齿轮。

当起动机起动起来以后，发动机转速很高，反过来带动驱动齿轮旋转，驱动齿轮带动扭力弹簧反螺旋方向旋转，引得弹簧旋松，而放开对套筒和驱动齿轮柄的抱紧作用，使两者脱离连接。

弹簧式单向离合器结构简单，成本低廉，但由于扭矩弹簧轴向尺寸太长，小型起动机上无法装配。

二、起动系统的典型结构

起动机按控制形式可分为机械式和电磁控制式，这两种分类前面已经提到过，在这里不再重复。

按照起动机传动机构的啮入形式，常见的有以下几种：

（一）强制啮合式

靠机械力或电磁力，强制拨动驱动齿轮与飞轮齿圈啮合。

如图 1-1-12 所示为强制啮合式起动机。起动时，点火开关打到起动挡，起动继电器通电，电流从蓄电池正极→起动机开关接线柱→电流表→点火开关→起动继电器点火开关接线柱→线圈 2→搭铁→蓄电池负极。线圈 2 通电后，产生电磁吸力，将触点 1 吸闭合，接通了蓄电池到电磁开关吸引和保持线圈的电路。吸引线圈和保持线圈通电后，产生电磁吸力，将活动铁芯向左吸引，活动铁芯推动接触盘使起动机开关接线柱 4 和 5 接通，即主电路接通。另一方面，活动铁芯带动拨叉向右移动,将小驱动齿轮和飞轮齿圈啮合。

主电路接通以后,吸引线圈被短路,保持线圈的磁力使活动铁芯保持在最左端的位置。发动机起动以后,松开点火开关,点火开关自动转回到行车挡,切断起动继电器线圈2的电流,触点1断开。触点1的断开,使得起动机电磁开关的吸引和保持线圈都断电。活动铁芯在复位弹簧的作用下向右移动,一方面断开了主电路,另一方面也带动拨叉向左移动,使驱动齿轮和飞轮齿圈脱离啮合,起动机停止工作。

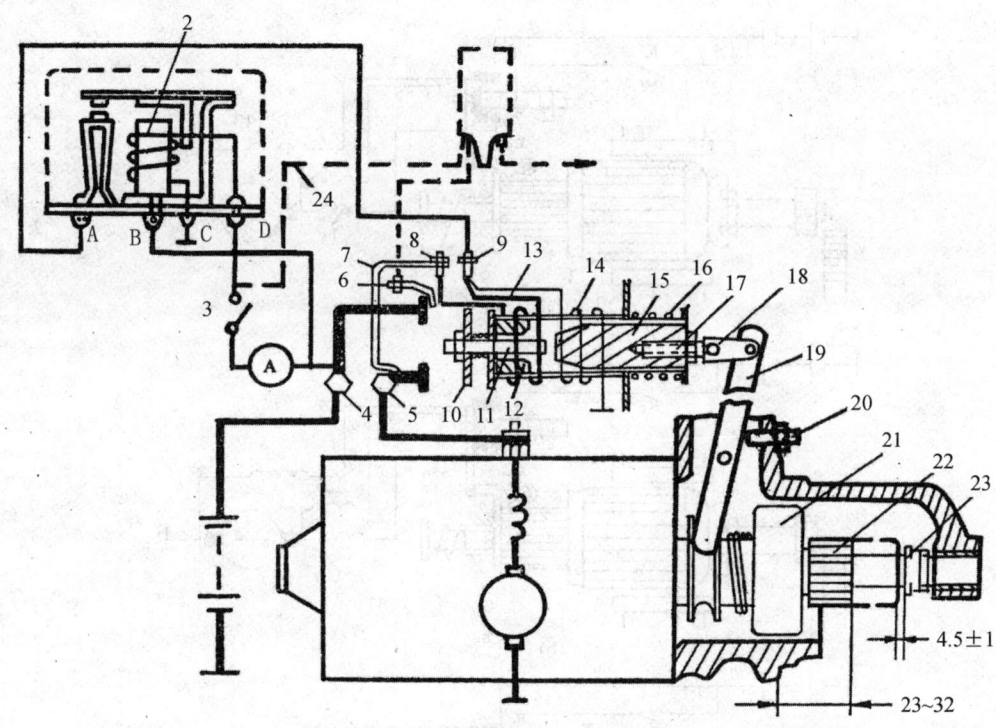

图 1-1-12 强制啮合式起动机的电路

1—继电器触点;2—继电器线圈;3—点火开关;4、5—起动机开关接线柱;6—点火线圈附加电阻短路接线柱;7—导电片;8—接线柱;9—起动机接线柱;10—接触盘;11—推杆;12—固定铁芯;13—吸引线圈;14—保持线圈;15—活动铁芯;16—复位弹簧;17—调节螺钉;18—连接片;19—拨叉;20—定位螺钉;21—滚柱式单向离合器;22—驱动齿轮;23—限位螺母;24—附加电阻线;A—接起动机接线柱;B—接蓄电池接线柱;C—搭铁接线柱;D—接点火开关接线柱

(二)电枢移动式

靠磁极磁通的电磁力,将电枢轴向拉动,从而使轴上的驱动齿轮与飞轮齿圈啮合。

电枢移动式是借助磁场力的作用,移动整个电枢而使起动机的驱动齿轮啮入飞轮齿圈,工作原理如图1-1-13所示。如图1-1-13(a)所示为起动机不工作时,电枢在复位弹簧的作用下,与磁极错开一段距离,接触盘6处于断开状态。

如图1-1-13(b)所示接通起动开关K时,电磁铁吸引接触盘6使其和触点5接触,但是由于扣爪8的阻碍作用,接触盘就只能和触点5的上端接触。此时,有两条电路进入电动机:一条电路的电流从蓄电池→触点5→接触盘6→并联电阻13→搭铁;另一条电路从蓄电池→触点5→辅助起动绕组→电枢→搭铁。并联绕组和辅助起动绕组产生电磁吸力克服复位弹簧的拉力将电枢向左移动。电枢铁芯在向左移动的过程中,带动驱动齿轮与飞轮齿圈相啮合。由于此时辅助起动绕组电阻很大,所以进入电枢的电流很小,电枢转动缓慢,使得齿轮的接合柔和。

如图 1-1-13(c)所示当电枢移动到和磁极相对的中间位置时,驱动齿轮正好和飞轮齿圈完全啮合,同时,电枢圆盘顶开扣爪,使静触点 5 上下两点都与接触盘接通。此时,主磁场绕组 11 被接通,电枢开始以正常转速和转矩旋转,带动驱动齿轮和飞轮齿圈,起动发动机。

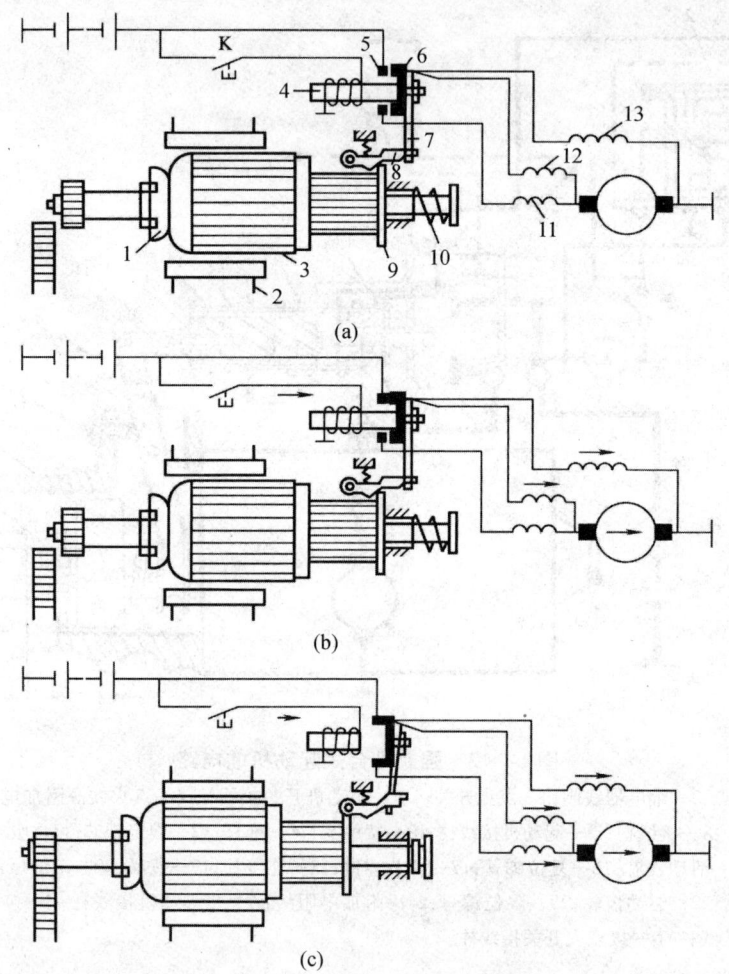

(a)原始位置;(b)第一阶段;(c)第二阶段

图 1-1-13　电枢移动式起动机工作原理图

1—摩擦片式离合器;2—磁极;3—电枢;4—电磁铁;5—静触点;6—接触盘;7—挡片;
8—扣爪;9—圆盘;10—复位弹簧;11—主磁场绕组;12—辅助起动绕组;13—并联绕组

在整个起动的过程中,摩擦片式离合器 1 接合并传递动力,但当发动机起动后,摩擦片式离合器松开,使电枢轴和驱动齿轮脱离,此时的起动机处于空载状态,转速很高,电枢中的反电动势增高,使得辅助起动绕组的电流减小,电磁力减弱,直至克服不了回位弹簧的拉力,电枢又回到原位。同时带动驱动齿轮脱开,扣爪回到原锁制位置,起动机停止工作。电枢移动式起动机的优点是啮合柔和并且冲击力小;缺点是不宜在倾斜位置工作,而且由于电枢移动惯性大,容易产生机械故障。

（三）减速式

在传动机构中设有减速装置的起动机,我们称其为减速式起动机。为了减小起动机的体积、质量和降低故障的发生率,减速起动机一般都采用永磁磁极式直流电动机。因此,又称为永磁式减速起动机。现在的汽车上,为了达到增大扭矩和减小质量的双重目的,都逐渐开始采用减速起动机,如图1-1-14所示采用的就是永磁减速起动机。

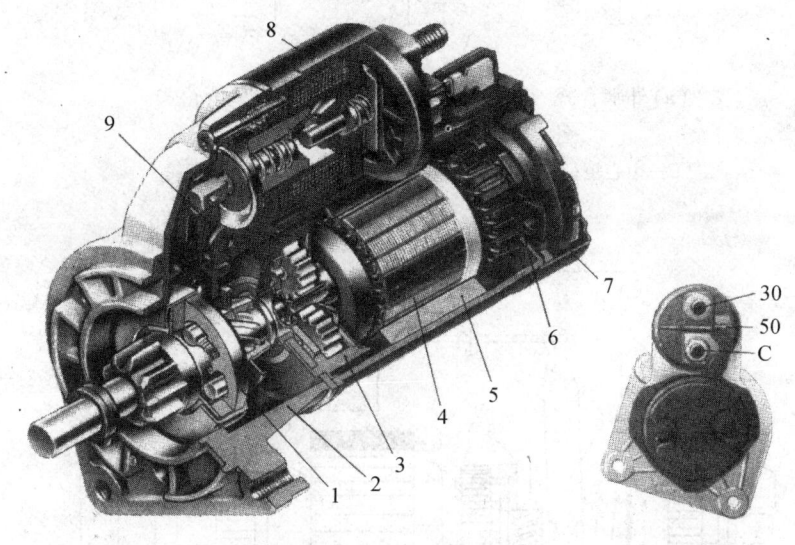

图1-1-14 减速式起动机

1—滚柱式单向离合器;2—驱动端盖;3—减速装置;4—电枢;5—永久磁铁;6—电刷;7—换向器端盖;8—电磁开关;9—移动叉;30—接蓄电池接线柱;50—吸引、保持线圈接线端;C—磁场接线柱

从图中我们可以看出,减速起动机和其他电磁式起动机很相似,不同的地方在于多了减速装置和把磁极换成了永久磁铁,这样做的目的是:一方面用永久磁铁作为磁极,取消了磁场绕组,简化了起动机结构、体积和重量,同时也降低了蓄电池的负担。另一方面通过减速装置的降速增扭,使起动机的输出转矩变大了,起动能力增强。

减速装置通常安装在电枢轴和单向离合器之间,其他结构和电磁式起动机相类似。这样根据降速增扭的原理,我们可以将起动机的电枢转速提高,再通过减速获得更大的转矩,这样我们就可以通过采用小功率的电动机,获得比较大的转矩了。

起动机的减速装置按传动方式分为外啮合式、内啮合式和行星齿轮式。如图1-1-15所示为较为常见的三种减速装置。减速起动机的控制电路,如图1-1-16所示。

图中的起动机采用的是永磁式直流电动机,不需要磁场绕组产生磁场,所以,吸引线圈通过C接线柱直接连到了电枢的正电刷上。

闭合点火开关10,吸引线圈和保持线圈都通电,产生电磁吸力,使活动铁芯向右运动,带动拨叉向左运动,推动驱动齿轮与飞轮齿圈进入啮合。在这个过程中,由于吸引线圈与电枢绕组串联,减小了电枢绕组的电流,使电枢转动缓慢,齿轮接合柔顺。

当活动铁芯移动至最右端,一方面将驱动齿轮与飞轮齿圈完全啮合,另一方面将接线柱30电路中的开关闭合,将吸引线圈短路,蓄电池电流直接进入电枢,即电动机主电路接通,使

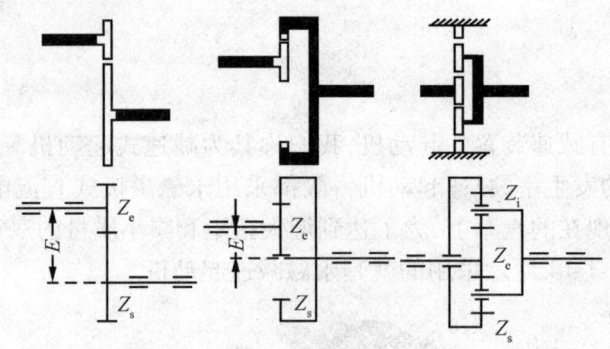

(a)外啮合式　　(b)内啮合式　　(c)行星齿轮式

图 1-1-15　减速装置传动方式

E—中心距；Z_e—主动齿轮；Z_a—从动齿轮；Z_i—行星齿轮

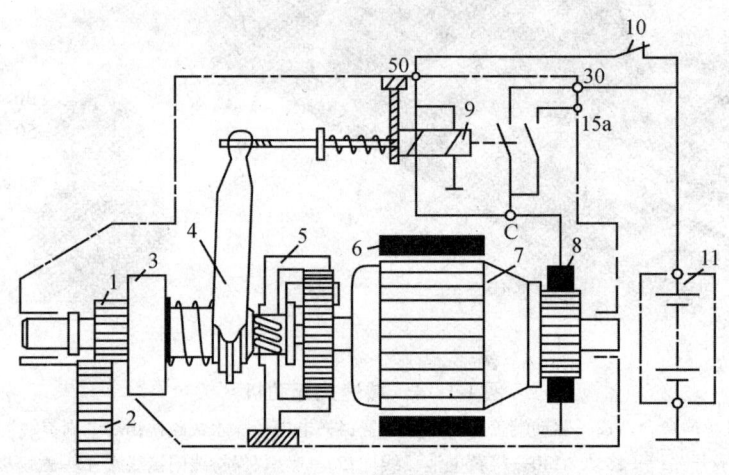

图 1-1-16　减速型起动机控制电路

1—驱动齿轮；2—飞轮；3—单向离合器；4—拨叉；5—行星齿轮减速装置；6—永久磁
铁；7—电枢；8—电刷；9—电磁开关；10—点火开关；11—蓄电池

电枢电流增大,转矩和转速都得到提高。在这个过程中,电动机的转矩经过行星齿轮减速装置
→单向离合器→发动机飞轮,转矩经过降速增扭后,通过离合器给发动机飞轮,克服发动机阻
力来起动发动机。

当发动机起动后,松开钥匙门,点火开关自动回转到行车挡并切断起动电路,此时电流经
30 和 C 接线柱反向流入吸引线圈,使两个线圈的吸力相抵消。在回位弹簧的作用下,活动铁
芯回位,带动驱动齿轮与飞轮齿圈脱离,同时,30 接线柱的触点断开,整个起动机停止工作。

任务1.2 挖掘机起动系统的控制原理

起动机的控制装置通常分为机械式和电磁啮合式两种。机械式现今基本上已经没有了，电磁啮合式就是通过电磁开关控制起动机的通断电及起动机与发动机的动力连接，所以电磁啮合式起动机的控制装置一般来说，就是指电磁开关以及起动继电器等。

一、电磁开关

电磁开关是用来控制起动机主电路导通还是截止，并操纵传动机构的。电磁开关的构造如图1-2-1所示，主要包括吸引线圈、保持线圈、起动开关、活动铁芯、拨叉以及接触盘等。

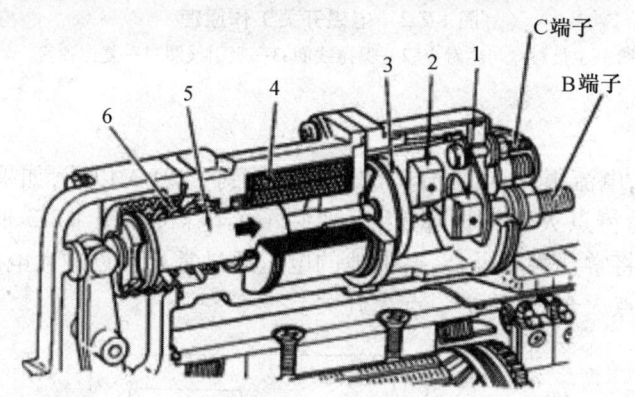

图1-2-1 电磁开关构造
1、2—主接线柱；3—主接触盘；4—线圈；5—推杆；6—复位弹簧

如图1-2-2所示，起动时，接通起动开关，起动机的吸引线圈3与保持线圈2通电，两个线圈产生两个同向的电磁力吸引活动铁芯向右移动，并带动拨叉绕着拨叉中部的销旋转，从而顺着电枢轴向右移动，推动驱动小齿轮与飞轮齿圈啮合。同时，吸引线圈中的电流流过电动机的磁场绕组、电枢绕组然后搭铁。电枢开始旋转，小齿轮在旋转中继续向右滑出，减少其与飞轮齿圈的冲撞。而且，此时的电流较小，电枢轴的移动速度缓慢，能够使两个齿轮的接触更加柔和。

在吸引线圈和保持线圈磁力的作用下，铁芯向左移动到使主接触盘与主触点相接通，起动机开始起动发动机。此时由于吸引线圈被短路，不再发挥作用，而保持线圈仍然通电使铁芯保持在最右端，使蓄电池电流能够持续地直接传递给磁场绕组而不必经过吸引线圈，因此，起动机内电流增大，磁场增强，从而使起动机对外输出功率增大。

当起动机起动以后，松开起动开关，保持线圈也断电，没有电磁吸力的作用，铁芯在复位弹簧的作用下向右移动到原位。蓄电池与起动机断开连接，起动机停止工作。与此同时，拨叉在铁芯的带动下向左移动，脱离与飞轮的啮合。

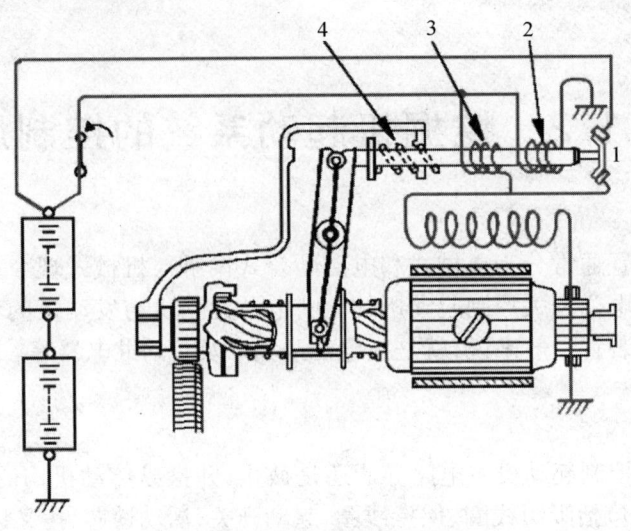

图 1-2-2 电磁开关工作原理
1—主接触盘与主触点;2—保持线圈;3—吸引线圈;4—复位弹簧

二、继电器

起动机在工作时,电流很大,电磁开关的电流也达到了 20 A 以上,如果通过点火开关起动挡来控制的话,很容易将点火开关损坏,因而加装了继电器,如图 1-2-3 所示,当接通点火开关,起动继电器通电,将常开触点吸合,蓄电池的电流通过常开触点进入电磁开关,从而避免了起动机电流直接通过点火开关,保护了点火开关。

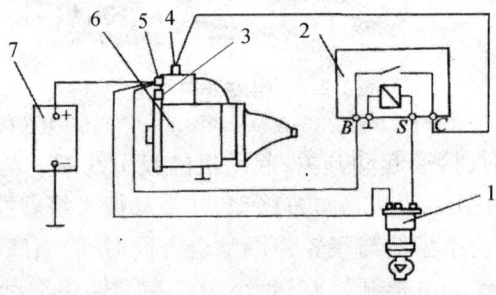

图 1-2-3 起动系统线路图
1—点火开关;2—起动继电器;3—接点火线圈接线柱;4—接蓄电池接线柱;5—起动机主
接线柱;6—起动机;7—蓄电池

此外,有些起动机还装配有蓄电池继电器,只有在点火开关闭合时才能将全车电路接通,工程机械类起动系统大部分都配用这种继电器来控制全车回路,其线路连接图如图 1-2-4 所示,内部线路连接图如图 1-2-5 所示。

随着半导体材料的发展,电子式组合安全继电器也在实际中得到了应用,并且工作可靠性能提高(如图 1-2-6 所示),其工作过程见图 1-2-7、图 1-2-8 和图 1-2-9。

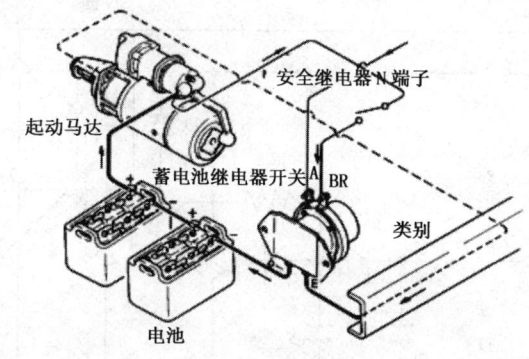

图 1-2-4　蓄电池继电器线路连接图

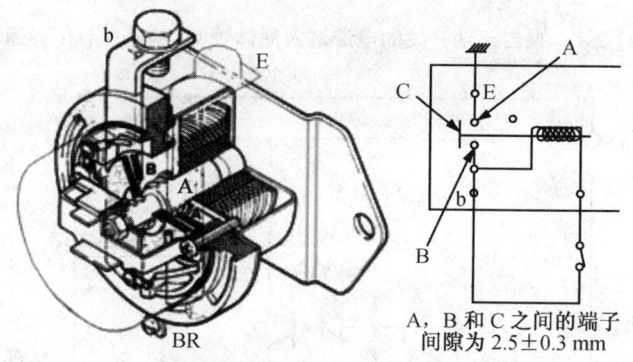

图 1-2-5　蓄电池继电器内部线路连接图

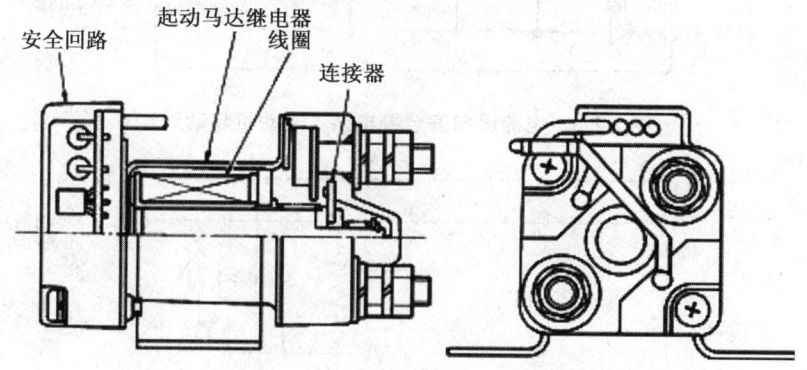

图 1-2-6　电子式组合安全继电器

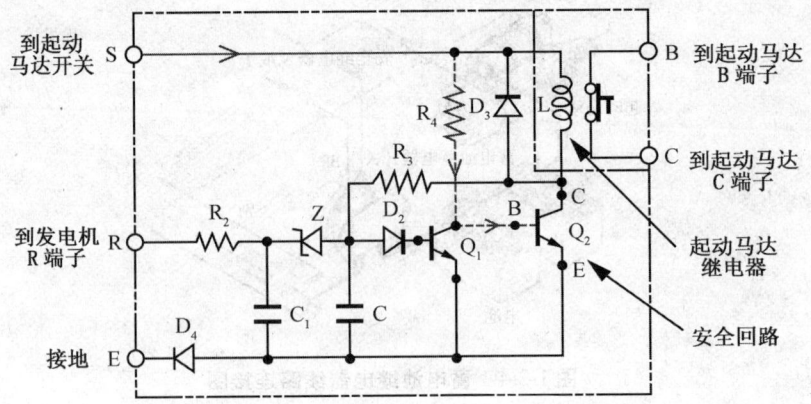

图 1-2-7 来自起动开关的电流进入晶体管 Q_2 的基极（Q_2 导通）

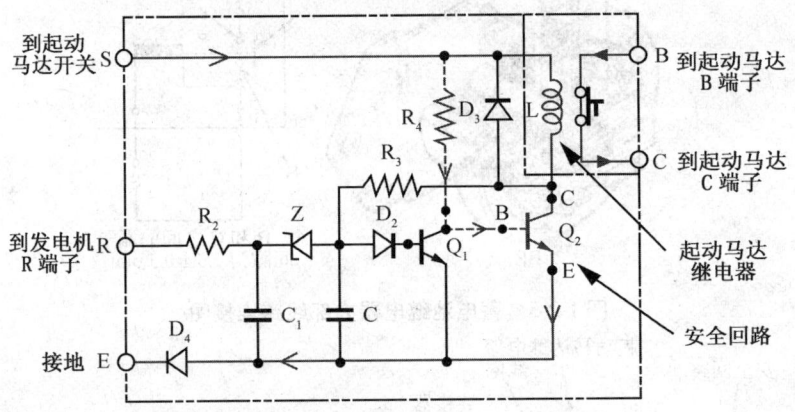

图 1-2-8 电流流向安全继电器（发动机起动时）

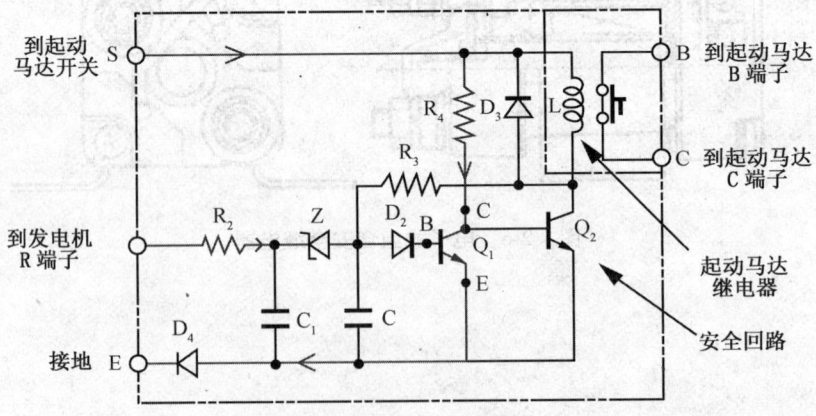

图 1-2-9 电流流过半导体型安全继电器（在发动机起动后）

任务 1.3　挖掘机起动系统的故障诊断

发动机不能起动的故障可能由很多原因引起,包括起动系统、点火系统、燃油供给系统等多方面原因。因此,当发动机不能起动时,应该一个系统一个系统地检查,本节只针对起动系统出现的故障进行检查。

一、起动机不转

起动机不转,是指当点火开关打到起动挡时,起动机不能运转。

原因:

(1)蓄电池严重亏电,能量不足导致不转。

(2)导线连接处接触不良或者接头松动、接线柱氧化污损。

(3)起动机电磁开关触点烧蚀或调整不当不能闭合。

(4)磁场绕组或电枢绕组有断路、短路或者搭铁。

(5)起动继电器的触点不能闭合或触点烧蚀;保护继电器触点烧蚀或者不能闭合。

(6)电刷、换向器、弹簧、搭铁等可能出现问题。

诊断方法:

(1)检查蓄电池:应先检查蓄电池是否亏电,通过按喇叭、开大灯等方法听声音大小或看灯光明暗来判断。如果蓄电池没有亏电,接着检查起动系统的导线连接、蓄电池的极柱、电缆及搭铁。若正常,就是起动机、电磁开关或者复合继电器出现了问题。

(2)检查起动机:如图 1-1-12 所示,用螺丝刀将起动机上的蓄电池电缆线与起动机电磁开关连接电动机的接线柱短接即 1、2 短接,直接给起动机供电。

若起动机不工作,说明起动机有故障。如果搭接时有强烈火花,起动机却不转,说明起动机内部有短路或者搭铁;如果搭接没有火花,说明起动机内部断路。

若起动机运转,说明故障出在复合继电器或者电磁开关:将 1、3 短接,如果起动机能够起动,则问题出在电磁开关上。如果起动机不能转动,则问题肯定出在复合继电器上。

(3)将复合继电器的 S 与 B 接线柱短接,即短路掉起动继电器,如果起动机能转,则是起动继电器的故障。

二、起动机运转无力

接通起动开关,如果起动机能运转,就说明控制电路工作正常,而运转无力,则可能是输出功率下降。

原因:

(1)蓄电池亏电、内阻增大、短路故障使供电能力下降。

(2)电动机主电路接触电阻增大使起动机主电路电流过小。例如电刷接触不良等。

(3)磁场绕组或电枢绕组局部短路或者搭铁,使输出功率下降。

（4）温度过低或者装配过紧，导致机械阻力增大。

三、起动机空转

原因：

单向离合器打滑。

四、驱动齿轮周期性的发出"哒哒"声

原因：

（1）保持线圈断路、短路或者搭铁。

（2）蓄电池亏电。

诊断方法：

检测蓄电池电压。如果正常，在接通起动机后，再检测起动机电压，起动机各部分正常电压如图 1-3-1 所示，接通起动机后，蓄电池端电压不得小于 9.6 V，起动机的工作电压小于 9 V。

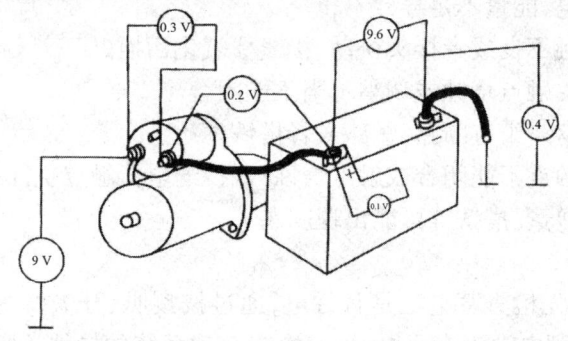

图 1-3-1　起动机工作系统电压检测

五、驱动齿轮与飞轮齿圈不能啮合而发出撞击声

起动发动机时，起动机驱动齿轮与发动机飞轮齿圈发出打齿的声音。

原因：

（1）驱动齿轮或飞轮齿圈磨损过度或者损坏。

（2）开关闭合过早，起动机驱动齿轮还没进入啮合就开始起动发动机。

六、进行电气系统故障诊断之前的准备工作

了解保险丝盒接线表的相关信息。接线表设备为保险丝盒电源对其供电的设备（开关电源是当起动开关在"ON"位置时供电的设备，而恒定电源是当起动开关在"OFF"和"ON"位置时都供电的设备）。当进行与电气系统相关的故障诊断时，应检查保险丝和熔线，查看电源是否正常供电。

进行故障诊断前，要仔细查看相关电路，图 1-3-2 所示为挖掘机起动电气系统图。图1-3-3 为蓄电池、起动机相关电路图。

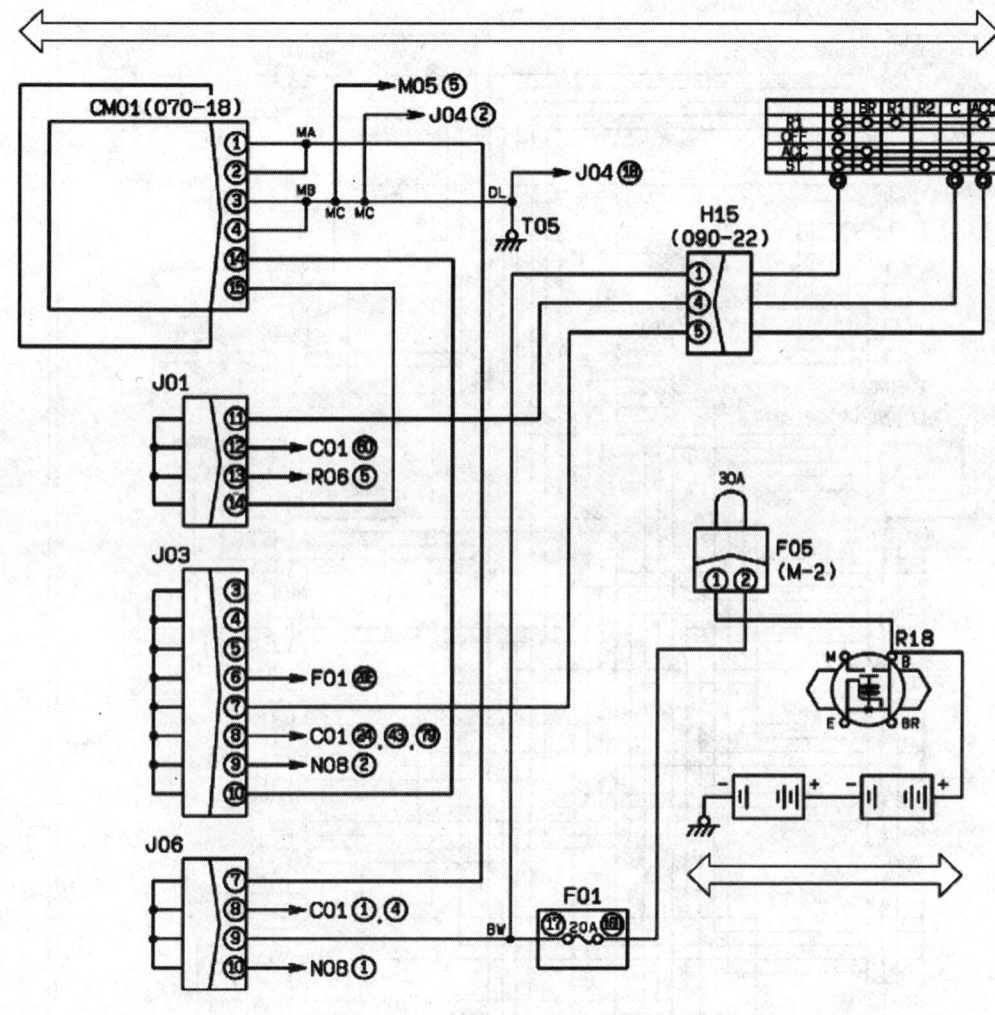

图 1-3-2　挖掘机起动电气系统图

七、故障诊断实例分析

(一)故障现象

当起动开关转到"ON"位置时,机器监控器无任何显示。

(二)正常状态

当起动开关转到"ON"位置时,机器监控器按顺序显示 KOMATSU 标志、输入密码的屏幕(如果设定)、检查破碎器模式的屏幕(如果设定)、起动前检查的屏幕、检查工作模式和行走速度的屏幕以及普通屏幕。

(三)故障起因分析

表 1-3-1 中给出假定的起因。给出的数字为参考编号,不代表任何优先顺序,根据描述的内容判断假定起因在正常状态下的标准值。判断的备注提供几种可能性,如导线线束故障、断

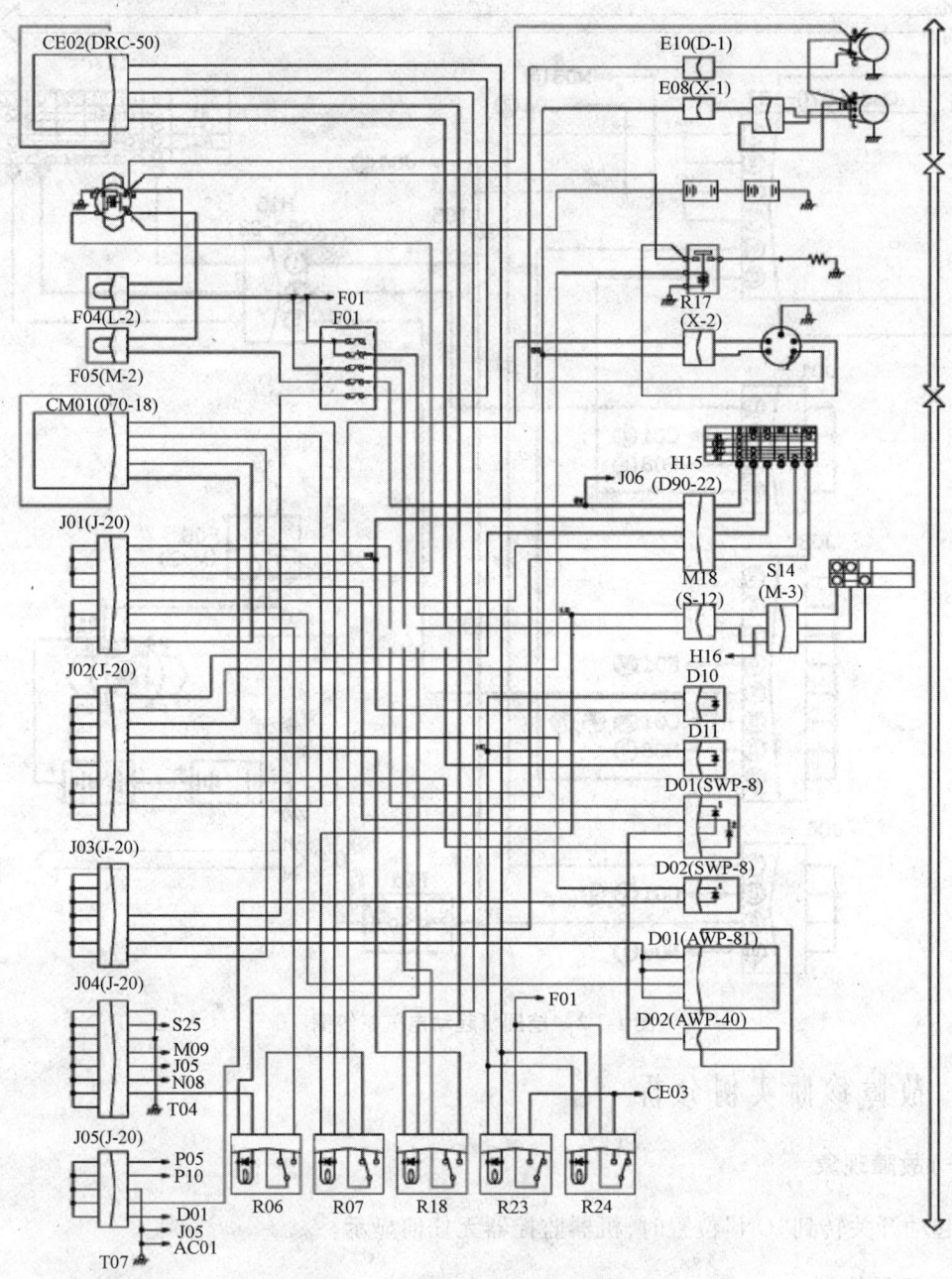

图 1-3-3　蓄电池、起动机相关电路图

路、连接器接触不良或导线线束断路、接地故障、不应接入底盘接地电路的导线线束与底盘接地电路接触、短路、不应接入电源(24 V)电路的导线线束与电源(24 V)电路接触、独立的导线线束异常地相互接触等等。

(四)故障诊断的注意事项

(1)显示连接器编号和处理 T 形接头的方法除非另行说明,开始故障诊断前按下列方法插入或连接 T 形接头,如果连接器编号没有标明"阳"和"阴",断开连接器,把 T 形接头连入"阳"端,也连入"阴"端。如果连接器编号标明"阳"和"阴",断开连接器,只把 T 形接头连入"阳"端,或连入"阴"端。

　　(2)针脚号的插入顺序和测试器导线的处理,除非另行说明,按进行故障诊断的下列方法连接测试器的正极(＋)导线和负极(－)导线,将正极(＋)导线和插入前侧的针脚号或导线线束连接将负极(－)导线和插入后侧的针脚号或导线线束连接。

表 1-3-1　故障的起因与在正常状态下的标准值

	起因	正常状态下的标准值/故障诊断备注		
1	蓄电池充电不足	★ 将起动开关转到"OFF"位置做好准备,然后在起动开关不转到"ON"位置的状态下,进行故障诊断		
		蓄电池电压(2 件)		电解液比重(1 件)
		最小值 24 V		最小值 1.26
2	熔线 F05 或保险丝 No.17 故障	如果熔线或保险丝熔断,电路可能接地故障(参见起因 5)		
3	连接器连接错误	机器监控器连接器可能连接错误。直接检查连接器(检查带连接器的安装支架板)		
4	导线线束断路(导线断路或连接器接触不良)	★ 将起动开关转到"OFF"位置做好准备,然后在起动开关不转到"ON"位置的状态下,进行故障诊断		
		蓄电池(－)—底盘接地之间的导线线束	电阻值	最大值 1 Ω
		蓄电池(＋)—R04—F05(凸)(1)之间的导线线束	电阻值	最大值 1 Ω
		F05(凸)(2)—F01-16D 之间的导线线束	电阻值	最大值 1 Ω
		F01-17—J06—CM01(凹)(1)、(2)之间的导线线束	电阻值	最大值 1 Ω
		CM01(凹)(3)、(4)—底盘接地(T05)之间的导线线束	电阻值	最大值 1 Ω
		F01-17—H15(凹)(1)之间的导线线束	电阻值	最大值 1 Ω
		H15(凹)(5)—J03—CM01(凹)(14)之间的导线线束	电阻值	最大值 1 Ω
5	导线线束接地故障(与接地电路短路)	★ 将起动开关转到"OFF"位置做好准备,然后在起动开关不转到"ON"位置的状态下,进行故障诊断		
		蓄电池(＋)—R04—F05(凸)(1)之间的导线线束	电阻值	最小值 1 MΩ
		F05(凸)(2)—F01-16D 之间的导线线束	电阻值	最小值 1 MΩ
		F01-17—J06—CM01(凹)(1)、(2)之间的导线线束	电阻值	最小值 1 MΩ
		F01-17— H15(凹)(1)之间的导线线束	电阻值	最小值 1 MΩ
		H15(凹)(5)—J03—CM01(凹)(14)之间的导线线束	电阻值	最小值 1 MΩ
6	机器监控器故障	★ 将起动开关转到"OFF"位置做好准备,然后分别保持起动开关的"OFF"和"ON",进行故障诊断		
		CM01	起动开关	电压
		在(1)、(2)—(3)、(4)之间	OFF	20～30 V
		在(14)—(3)、(4)之间	ON	20～30 V

任务1.4　起动机的检查

一、磁场绕组的检查

用万用表欧姆挡分别接触电刷和起动机外壳,其阻值应为无穷大,否则就说明有搭铁故障;用万用表欧姆挡测量磁场绕组两端,如果阻值为无穷大,表明有断路故障,如图1-4-1所示。

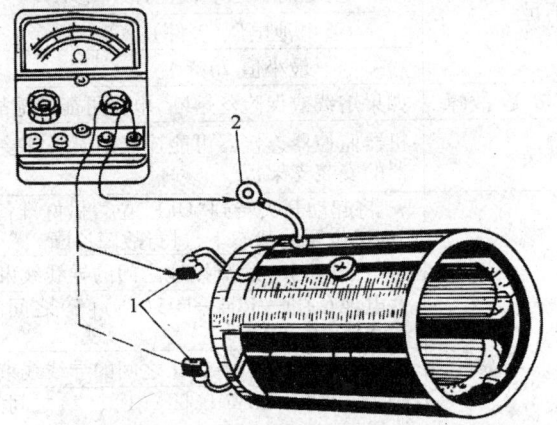

图1-4-1　磁场绕组断路及搭铁故障的检查

1—绝缘电刷;2—电流输入接线柱

如图1-4-2所示,将蓄电池的电压加在磁场绕组的两端,要控制电流的大小,用螺丝刀分别感觉四个磁极附近的磁吸力大小。如果某个磁极附近的吸力明显弱,说明该磁极的绕组有短路现象。

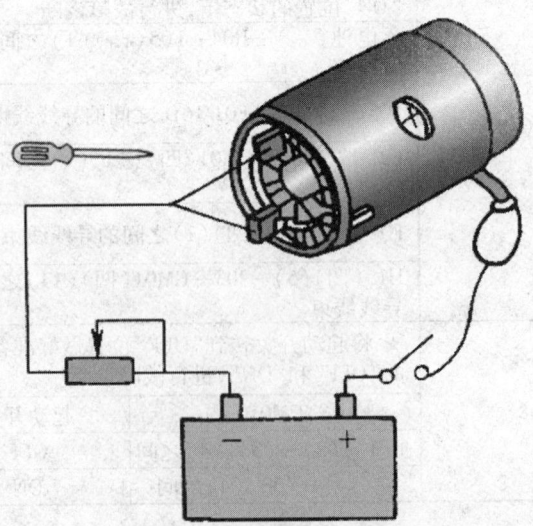

图1-4-2　磁场绕组短路的检查方法

二、电枢绕组的检查

用万用表欧姆挡测量换向器和电枢轴的电阻,电阻值应为无穷大,否则表示电枢绕组有搭铁现象。

断路故障一般都是发生在换向片的焊点处,仔细观察就可以发现。

如图 1-4-3 所示是用电枢感应仪检查电枢绕组的短路故障。电枢感应仪是一个 V 形的绕有线圈的装置。当线圈上通有 220 V 交流电,磁路中就产生交变磁场,如果电枢放置在这个装置上,就会在磁场中产生感应电动势。将一薄钢片放在电枢铁芯的上方,如果钢片在某一槽上有振动,就表明有短路故障。如果是相邻两换向片短路,则会在四个槽振动,如果是同一个槽上下层短路,所有槽都会振动。

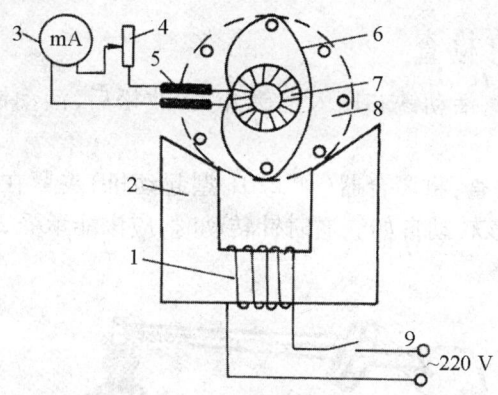

图 1-4-3 用电枢感应仪检查电枢绕组断路
1—感应仪线圈;2—感应仪铁芯;3—毫安表;4—可
变电阻;5—毫安表触针;6—电枢绕组;7—换向器;
8—电枢铁芯;9—开关

三、换向器的检查

换向器铜片厚度不能小于 2 mm,轻微烧蚀可用 00 号砂布打磨,严重烧蚀,可在车床上加工。换向器的主要故障是表面烧蚀和失圆。

四、电枢轴与轴套的检查

(1)电枢轴不能有弯曲。使用千分表检查,如图 1-4-4 所示,其摆差不能大于 0.15 mm。否则应校直。

(2)电枢轴与铜套的配合间隙应符合表 1-4-1 的要求,如果间隙过大,应更换轴套。

表 1-4-1 铜套与轴的配合间隙(适用于一般起动机)

名称	标准间隙(mm)	允许最大间隙(mm)	铜套外圆与孔的过盈(mm)
前端盖铜套	0.04～0.09	0.18	0.08～0.18
后端盖铜套	0.04～0.09	0.18	0.08～0.18
中间轴支承板铜套	0.085～0.15	0.25	0.08～0.18
驱动齿轮铜套	0.03～0.09	0.23	0.08～0.18

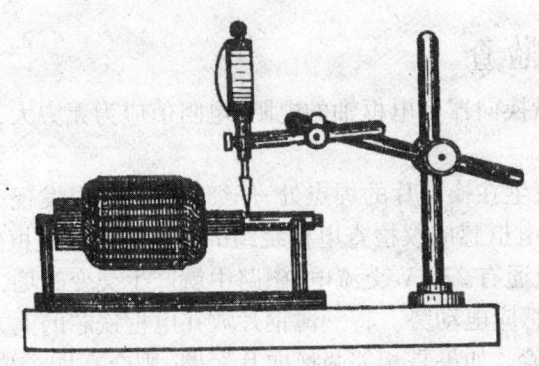

图 1-4-4　用千分表检查电枢轴

五、单向离合器的检查

（1）弹簧的检查：用手将活动铁芯压入电磁开关，放松后，活动铁芯能够迅速复位。否则弹簧失效，应更换。

（2）离合器单向传力检查：将离合器（如 2201 型起动机）夹紧在虎钳上，如图 1-4-5 所示，用扭力扳手顺时针方向应该转动自如。逆时针转动时，应该能承受 25.5 N·m（制动试验时的最大扭矩）的扭矩而不打滑。

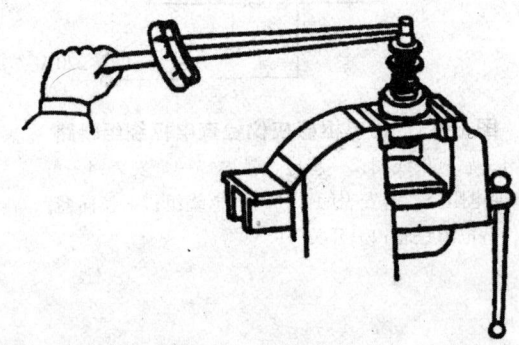

图 1-4-5　单向离合器检查

六、电刷的检查

（1）用万用表测量电刷端盖和正电刷架，电阻应为无穷大，即绝缘。电刷高度应为 14 mm，极限磨损高度为 6 mm，低于此值就需要更换了。

（2）电刷弹簧的检查：按如图 1-4-6 所示的方法向上拉弹簧，弹簧压力应该在 11.7 ~ 14.7 N 之间。

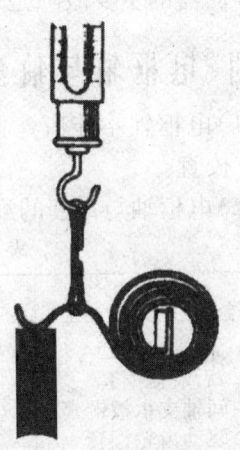

图 1-4-6　检测弹簧拉力的方法

项目二
挖掘机整机动作慢故障

项目描述：

　　本项目是以小松挖掘机整机动作慢故障现象为载体,学习液压泵和液压控制阀的结构与工作原理,掌握挖掘机液压系统控制原理,能够对液压泵和液压控制阀进行正确拆解与装配,并能够对液压系统常见故障现象进行诊断与排除。

知识目标：

　　(1)掌握液压泵结构与控制原理;

　　(2)掌握液压控制阀结构与控制原理;

　　(3)掌握挖掘机液压系统控制原理;

　　(4)掌握挖掘机液压系统常见故障诊断与维修方法。

能力目标：

　　(1)能够正确使用压力表、流量计等液压系统常用检测工具;

　　(2)能够按照操作规程对液压泵进行拆解、装配和调试;

　　(3)能够按照操作规程对液压控制阀进行拆解、装配和调试;

　　(4)能够对挖掘机液压系统进行分析;

　　(5)能够对挖掘机液压系统常见故障进行检测与维修。

素质目标：

　　(1)为客户服务时具有较强的沟通能力;

　　(2)工作时要有团队意识及友好协作精神;

　　(3)工作时要具有诚实守信、勤奋进取的敬业精神;

　　(4)工作时要具有不断创新和可持续发展的探索精神。

任务2.1 液压泵控制系统故障诊断与排除

任务描述:

在挖掘机上介绍液压泵的结构与工作原理,在液压系统图上进行流量控制原理分析,对液压泵控制系统常见故障现象进行诊断,并提出正确排除方法。

一、液压泵结构与工作原理

(一)挖掘机液压系统组成

挖掘机的液压系统主要由液压泵、液压控制阀、液压油缸、液压马达及油箱、油管等组成,如图2-1-1所示。液压泵是一种能量转换装置,它将发动机输出的机械能转换为液压能,为液压系统提供具有一定流量的压力油,驱动液压油缸和液压马达,是整个液压系统的动力源。液压泵在车上的位置及与其他部件的关系如图2-1-1所示。

(二)液压泵位置及与其他部件关系

液压泵安装在发动机飞轮侧,如图2-1-2所示,它与液压系统其他元件的关系如图2-1-3所示。

主泵型号为HPV95+95,其中H表示液压型,P表示柱塞型(其他还有齿轮型、叶片型和螺杆型),V表示可变流量型(其他还有不变流量型),95+95表示每个泵排量为95 cc(95 mL),共2个泵。

请思考:若发动机以2 200 r/min速度旋转,每个泵每分钟可泵出多少升油呢?

结论:考虑到微量泄漏等因素,发动机全负荷工作时,每个泵每分钟可泵出214 L压力油。

(三)液压泵测量口及油口

图2-1-4是液压泵在不同方向的视图,通过这些视图,我们可以了解到泵上所有的各种测量口与油口的名称与位置。另外,如PAF、PENR这些油口名称和后面液压回路全图上所标注的油口名称也完全一致,可便于阅读全图时参考。

(四)液压泵构造

该液压泵由前后两个变量柱塞泵串联而成,并通过花键轴与发动机飞轮输出端的减振器相连。为示区分,靠近发动机侧的称为前泵,远离的称为后泵,前、后两个柱塞泵的结构几乎完全相同。

液压泵的结构如图2-1-5所示,主要由前泵体、中间泵体、后泵体、输入轴及两个柱塞泵所

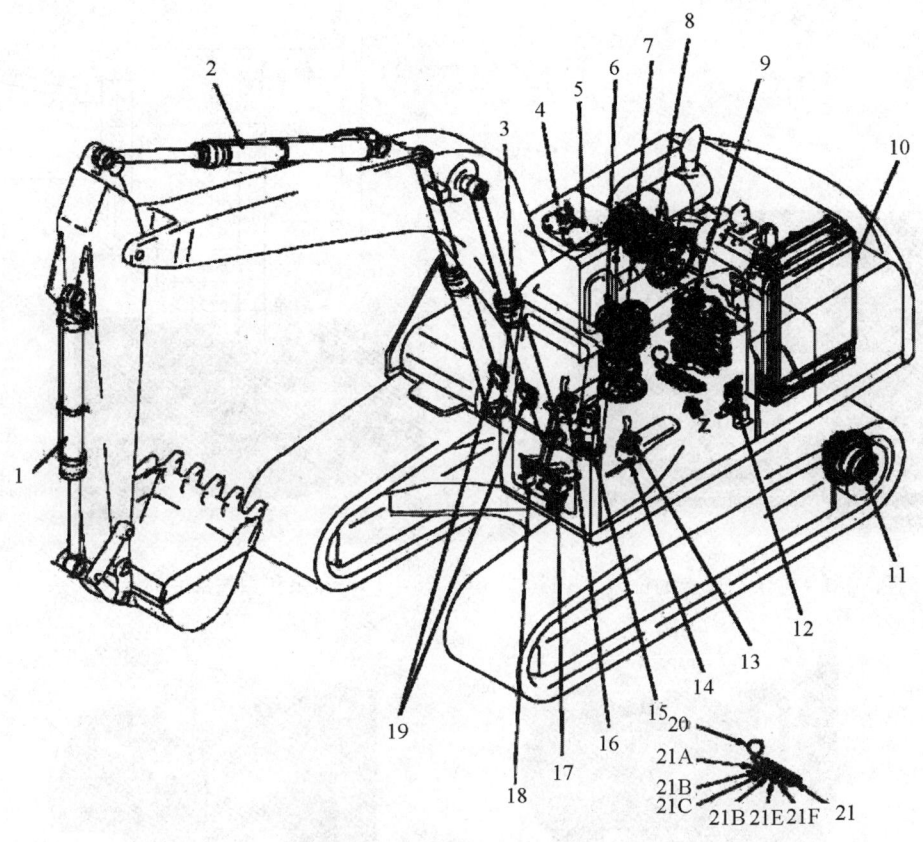

图 2-1-1　挖掘机液压系统

1—铲斗油缸;2—斗杆油缸;3—动臂油缸;4—液压油箱;5—液压油滤芯;6—右行走马达;7—回转马达;8—主泵;9—主阀;10—油冷却器;11—左行走马达;12—多路选择阀(选装);13—左 PPC 阀;14—安全锁紧杆;15—中心回转接头;16—右 PPC 阀;17—行走 PPC 阀;18—附件油路选择阀;19—动臂自然下降防止阀;20—蓄能器;21—电磁阀总成;21A—PPC 锁定电磁阀;21B—行走接合电磁阀;21C—泵合流/分流电磁阀;21D—行走速度电磁阀;21E—回转制动电磁阀;21F—2 级溢流电磁阀

组成,每个柱塞泵由缸体、柱塞、配流盘、斜盘、伺服活塞及流量调节器所组成。

(五)柱塞泵工作原理

液压泵的原理其实并不复杂,在生活中到处可以找到这样的例子,比如打针用的针筒和打水的水井(如图 2-1-6 所示)。

1. 两个要点

(1)活塞往回抽,吸水;往外推,打水。

(2)活塞动的幅度越大,吸排水的量也越大。

2. 液压泵工作过程

(1)柱塞在缸体上往复运动,当它后退时吸油,当它前进时排油。

(2)1 个柱塞泵共有 9 个柱塞,可轮流打出液压油。

(3)柱塞的行程靠改变斜盘 4 的角度而变化,从而改变排油量。

(4)柱塞泵主要由主轴 1、缸体 7、柱塞 6、配流盘 8 和斜盘 4 组成。

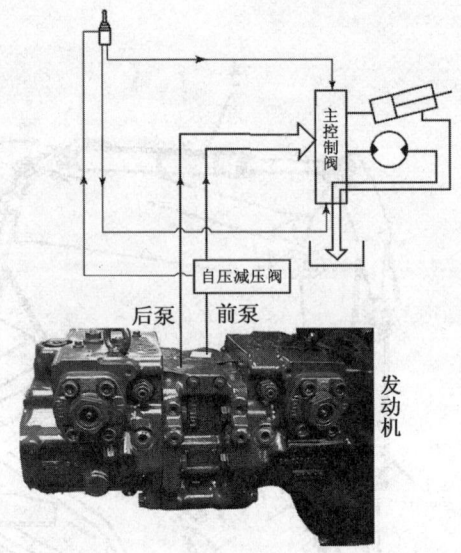

图 2-1-2　主泵在车上的位置　　　　　图 2-1-3　泵和相关部件的连接关系

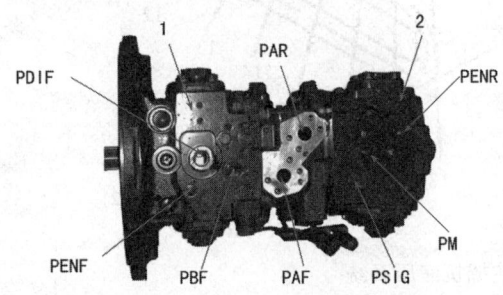

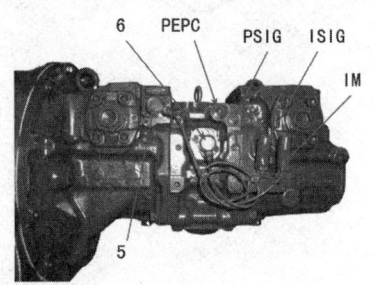

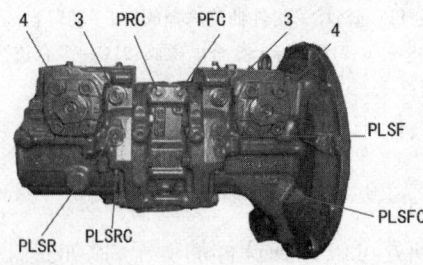

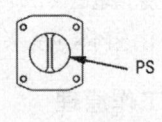

图 2-1-4　液压泵各部分名称

1—前主泵;2—后主泵;3—LS 阀;4—PC 阀;5—LS-EPC 阀;6—PC—EPC 阀;IM—PC-EPC 连接器;ISIG—LS-EPC 连接器;PAF—前泵出油口;PFC—前泵压力检测口;PAR—后泵出油口;PRC—后泵压力检测口;PBF—泵压力入口;PD1F—壳体排放口;PENF—前泵伺服活塞进口压力检测口;PENR—后泵伺服活塞进口压力检测口;PLSF—前泵 PLS 压力入口;PLSFC—前泵 PLS 压力检测口;PLSR—后泵 PLS 压力入口;PLSRC—后泵 PLS 压力检测口;PS—泵吸油口;PSIG—LS-EPC 阀出口压力检测口;PM—PC-EPC 阀出口压力检测口;PEPC—EPC 基本压力入口

　　(5)液压泵的主轴 1 用花键连在缸上,叫作缸体,缸体上均匀安装 9 个柱塞。

　　(6)缸体上也装有一个月牙形圆盘,叫作配流盘,配流盘上的油口布置成当柱塞后退时经过吸油口,当柱塞推进时经过出油口。

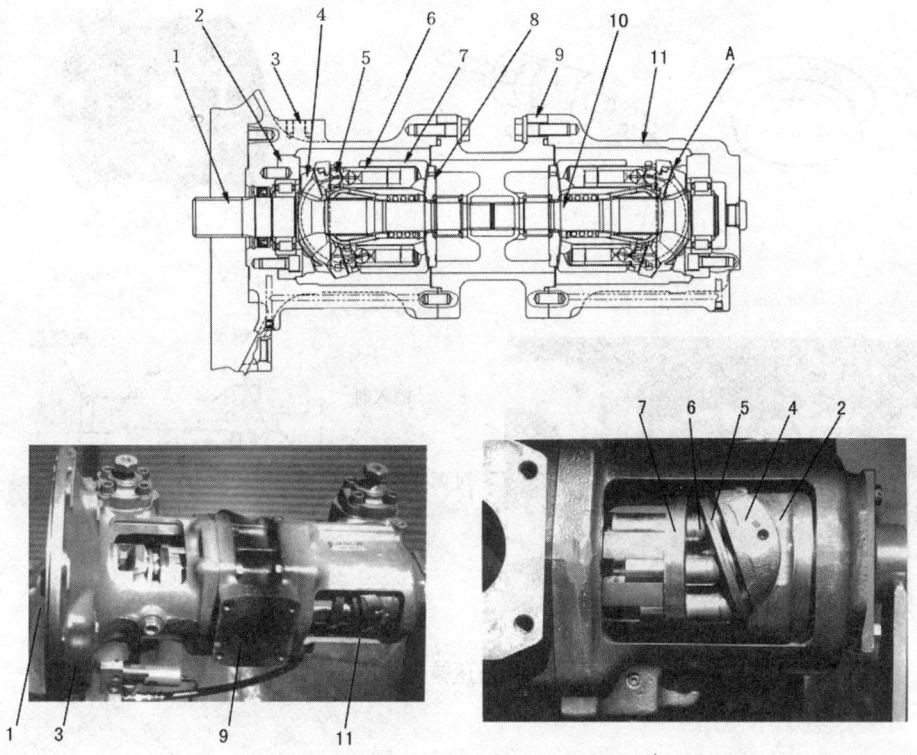

图 2-1-5　液压泵结构

1—轴（前）；2—支架；3—壳体（前）；4—凸轮斜盘；5—滑板；6—柱塞；7—缸体；8—配流盘；9—端罩；
10—轴（后）；11—壳体（后）

（7）有个带有支承着柱塞的圆盘的零件叫作斜盘，斜盘的角度可调大或调小，以改变柱塞的行程，也就改变了排出液压油的量。斜盘的角度越大，排出的液压油量就越多。

（8）当输入轴 1 转动时，缸体 7 也转动，当斜盘 4 倾斜时，缸体内的柱塞 6 就一边随缸体做圆周运动，一边做轴向往复运动。这样，当柱塞经过吸油口时就吸油，当经过出油口时就排油，这样的液压泵就叫斜盘式轴向变量柱塞泵。

3. 注意事项

由于主泵内部严密配合的零件和精密加工的表面，因此清洁度和纯正、优质的液压油是延长使用寿命的关键因素。

（1）为形成高压，柱塞 6 和缸体 7 之间及缸体 7 和配流盘 8 之间须紧密配合。否则，油会从这些间隙中漏掉，达不到 300 kg/cm^2（29.4 MPa）以上的高压。所以实际的尺寸要求精确至：柱塞 6 与缸体 7 之间，间隙小于 0.02 mm；缸体 7 端面与配流盘 8 之间，接触面积不小于 90%。

（2）流量调节：斜盘 4 须能自由滑动，以带动柱塞改变行程。若斜盘卡住或其他原因造成斜盘不动，泵就会始终处于一种流量不变状态。当一直处于小流量状态时，车子速度就会很慢。若一直处于大流量状态，则发动机会停车或冒黑烟。

6　7

 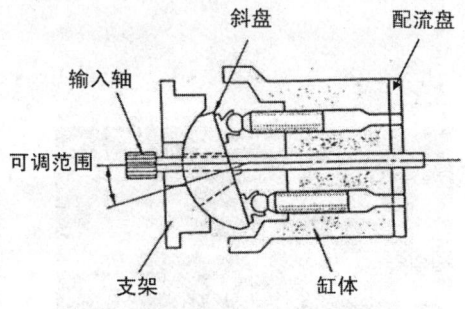

斜盘　　　　配流盘
输入轴
可调范围
支架　　　缸体

图 2-1-6　液压泵工作原理

6　7

7

8

4

图 2-1-7　液压泵流量调节原理

二、液压泵流量控制系统

(一)液压泵控制原理

为了使泵与发动机的功率达到最佳匹配,充分发挥发动机的作用,节省燃油,提高生产率,小松公司对泵与发动机的配置进行了精心设计,用液压闭环控制和电脑控制相结合的方式,使其产品的功率匹配达到了非常好的效果。

1. 泵流量控制简图(以动臂控制为例)

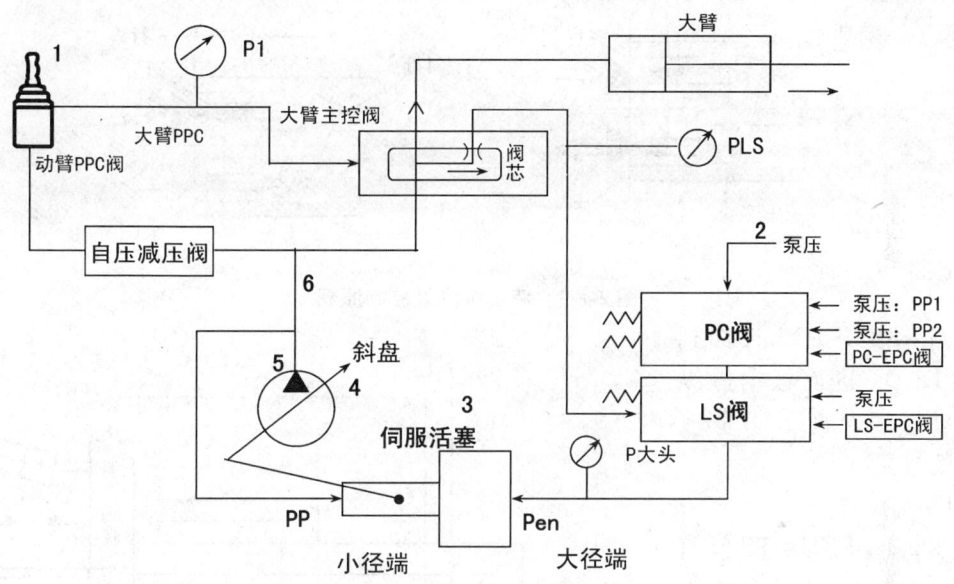

图 2-1-8　液压泵流量控制简图

2. 变量泵控制原理

(1)斜盘 4 可沿曲面 B 运动,所以斜盘 4 的中心线与缸体 7(参见图 2-1-5)的轴线间的夹角 α 也随之变化,夹角 α 称为斜盘角(见图 2-1-9 所示)。

(2)如前所述,柱塞 6 在缸体 7 内做轴向运动,在缸体 7 内产生 F 和 E 的容积差,而 F - E 的容积差导致泵吸油和排油。

(3)斜盘 4 的中心线如与缸体 7 的轴线方向一致时(斜盘角 $\alpha = 0°$),缸体 7 内 F 与 E 容积差变为 0,泵就不进行吸油和排油(实际上不会形成斜盘角为 0° 的状态)。

(4)如图 2-1-9 所示,随着斜盘角 $\alpha\uparrow\to$柱塞行程$\uparrow\to$F - E 容积差$\uparrow\to$流量$\uparrow$。

(5)斜盘角 α 是随伺服活塞的移动而改变的,伺服活塞的移动是靠改变伺服活塞大直径端的压力来实现的(伺服活塞小直径端始终通的是主泵压力);而伺服活塞大直径端的压力是靠一组起不同作用的阀(LS 阀、LS-EPC 阀、PC 阀及 PC-EPC 阀)来改变的。

(二)LS 阀

LS 阀主要的作用是感知驾驶员操纵杆行程大小状态,给泵相应信号以调节合适流量。

操纵杆的动作改变主控制阀内部阀芯的移动。主控制阀的移动产生 PLS 压力(代表阀芯

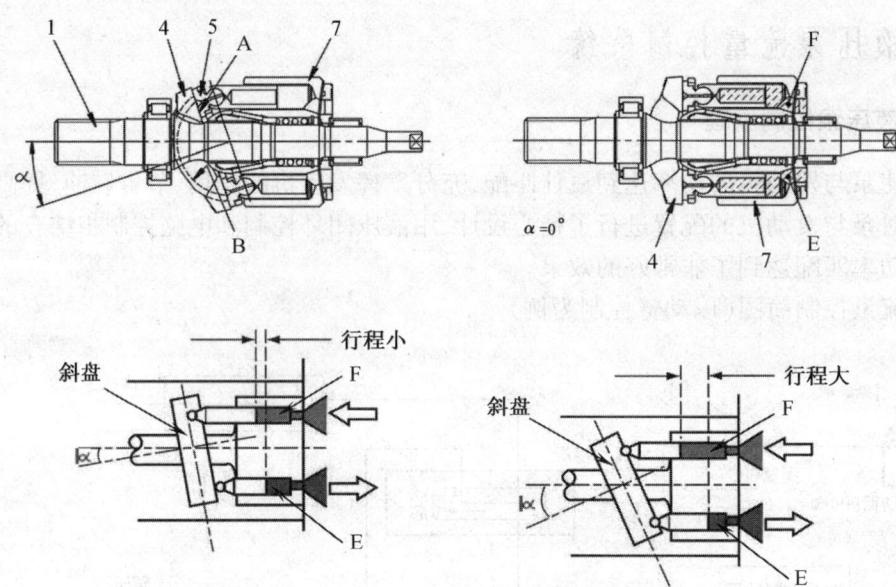

图 2-1-9　液压泵流量控制原理

的移动量）。PLS 压力反馈到主泵的 LS 阀,进而根据操纵杆的移动量多少通过 LS 阀改变主泵的排量。

1. LS 阀位置

如图 2-1-10 所示,LS 阀直接安装在主泵上。PLS 压力管一端直接安装在主泵上（与 6 型机安装在 LS 阀上不同）,另一端直接与主控阀相连。这两根 PLS 压力管非常重要,它反映了操纵杆的运动状态,请在实际机器上确认 LS 阀与 PLS 压力管。

2. LS 阀构造

LS 阀的构造见图 2-1-11。

3. LS 阀工作原理

（1）如图 2-1-12 所示,LS 阀阀芯 6 共受到 4 个力的作用。左边受到主控阀来的 PLS

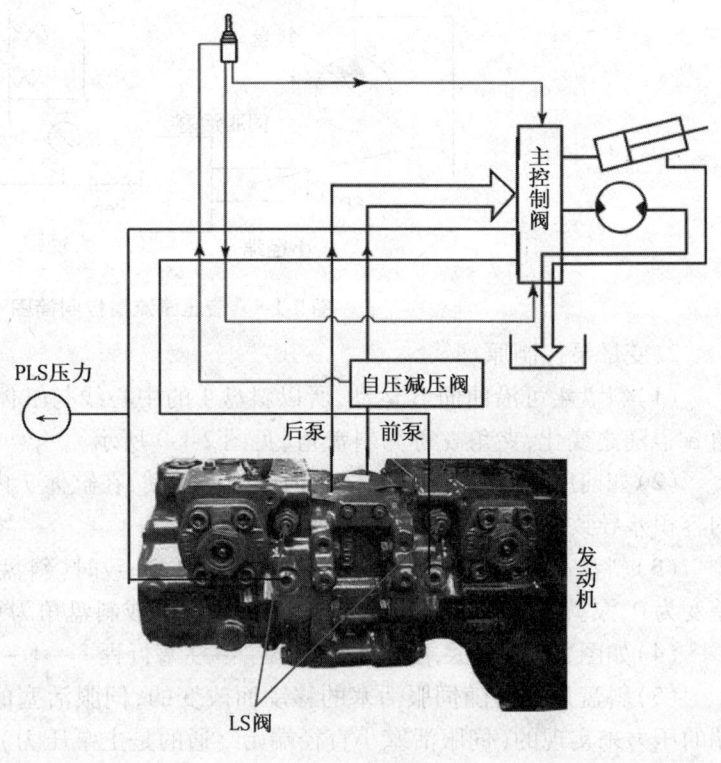

图 2-1-10　LS 阀位置

压力和弹簧 4 的力;右边受到主泵来的 PP 压力和 LS-EPC 阀输出的压力。由这几个力的综合作用,决定了阀芯 6 的左右移动。

（2）随阀芯 6 的移动,C、D、E 三个油口之间通断及通断程度不同,使到伺服活塞大直径端

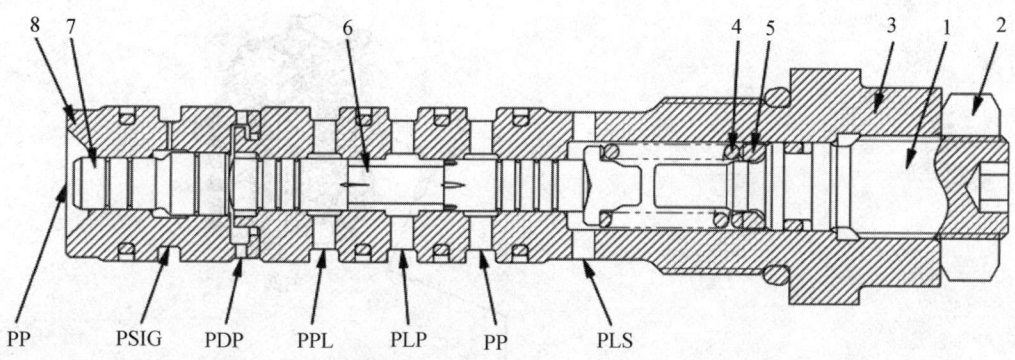

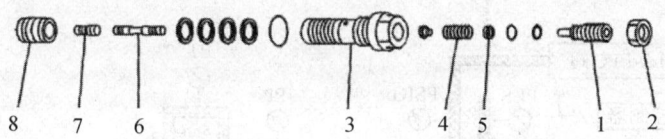

图 2-1-11　LS 阀结构

1—塞;2—锁紧螺母;3—阀体;4—弹簧;5—座;6—阀芯;7—柱塞;8—阀体;PP—泵压输入口;PSIG—LS-EPC 阀输出压入口;PDP—泄油口;PPL—PC 阀控制压力入口;PLP—LS 阀控制压出口;PLS—LS 压力输入口

的压力不同,进而使伺服活塞 12 移动,从而带动斜盘角度发生变化,最终改变了主泵输出的流量。

当操纵杆行程拉大时:

①PLS 上升
↓

②ΔPLS 压力(主泵压 PP－PLS 压力)变小
↓

③阀芯 6 右移
↓

④C、D 逐渐断;D、E 逐渐通
↓

⑤伺服活塞大径端压力逐渐回油箱
↓

⑥伺服活塞大径端压力下降
↓

⑦伺服活塞向右移动
↓

⑧斜板角度变大
↓

⑨流量 Q 增大。

操纵杆移动量变小时与此同理。

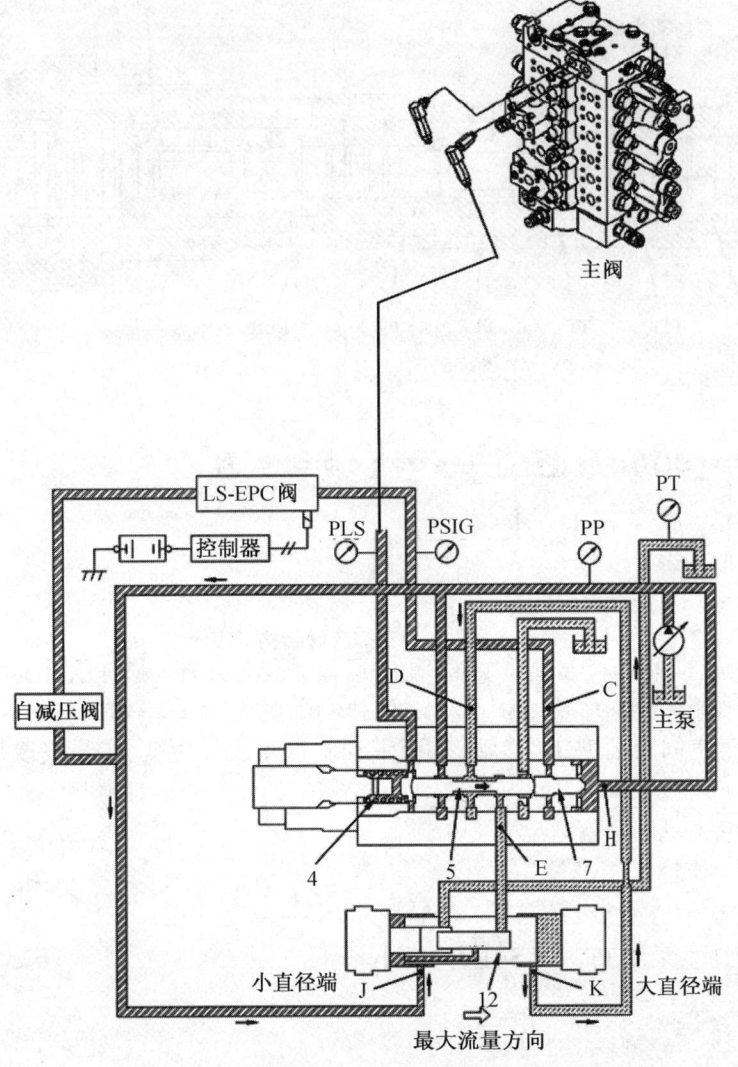

图 2-1-12　LS 阀控制原理

4. 故障诊断

（1）故障现象：不管操纵杆怎么变化，各种工作装置速度不变。

（2）故障分析：发生此类故障的可能原因有泵内斜板、伺服活塞、PC 阀、LS 阀内部机械零件卡死以及主控阀反馈到泵里 LS 回路卡死。

（3）检查结果：PLS 回路中慢回阀阀芯中的小孔堵死（见图 2-1-12）。

（4）故障处置：清洗慢回阀，清洗 PLS 油管，更换液压油滤芯及液压油后试车，故障排除。

5. 测试与调整

（1）拆下油压测量塞 1、2、3 和 4、5、6，安装 M10 快换接头及 58 MPa（600 kg/cm²）油压表。

①塞 1：用于测量前泵输送压力；

②塞 2：用于测量后泵输送压力；

③塞 3：用于测量前泵 LS 阀输出压力；

④塞 4：用于测量后泵 LS 阀输出压力；

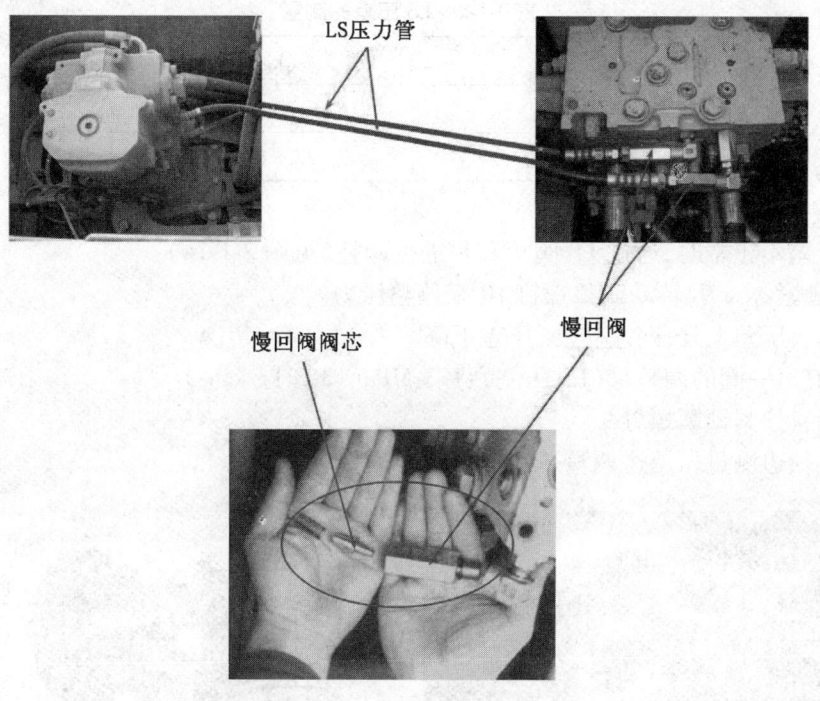

图 2-1-13　慢回阀故障

⑤塞5:用于测量前泵 PLS 压力;

⑥塞6:用于测量后泵 PLS 压力。

(2)测试条件

①液压油温:45～55℃;

②发动机转速:高速;

③工作模式:A 模式;

④行走速度开关:Hi(高速);

⑤支起单边履带。

(3)LS 阀输出压力(伺服活塞大径端输入压力)测量

操纵杆在不同的位置时,主泵压力与 LS 阀输出压力的关系见表 2-1-1 所示。

表 2-1-1　LS 阀输出压力

操纵杆位置	主泵压力与 LS 阀输出压力的关系
所有操纵杆在中位	大致相同
行走操纵杆半行程	LS 阀输出压力约为主泵压力的 3/5

(4)LS 压差的测量(LS 压差 = 泵压 PP – PLS 压力)

操纵杆在不同的位置时,LS 压差的测量值见表 2-1-2。

表 2-1-2　LS 压差的测量

操纵杆位置	LS 压差（kg/cm²）
所有操纵杆在中位	40 ± 10
行走操纵杆半行程	22 ± 1

（5）调整

当 LS 压差不正常时，通过 LS 阀 7 和 8 进行调整（见图 2-1-14）。

①拧松锁紧螺母 9，转动调整螺钉 10 来调整压力。

向右转动，压差上升；向左转动，压差下降。

调整螺钉每一圈的调整量（LS 压差）：1.3 MPa（13.3 kg/cm²）

②调整后，拧紧锁紧螺母 9。

注意：必须边测量压差边调整。

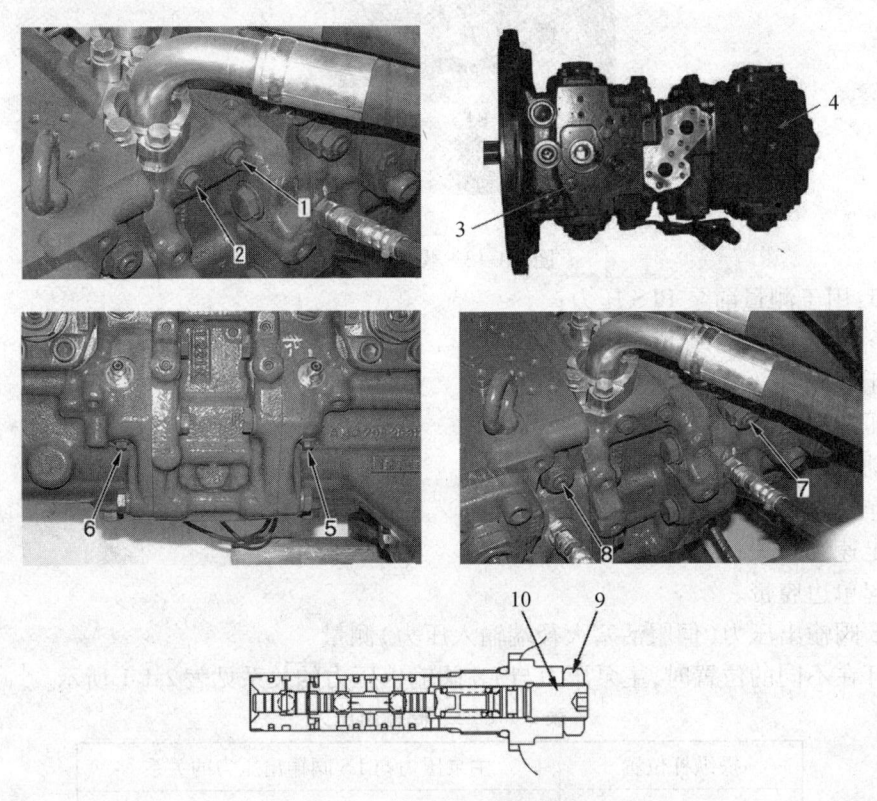

图 2-1-14　LS 压力测试与调整

（三）LS – EPC 电磁阀

LS – EPC 电磁阀（如图 2-1-15 所示），根据驾驶员在监控器上发出的操作命令，此命令传到电脑，由机器电脑发出的指令产生信号压力油，参与 LS 阀的工作使之能更精确地控制主泵流量。

1. LS – EPC 电磁阀位置

打开泵外盖，就可以看到 LS – EPC 电磁阀，它的输入油压来自自压减压阀，电压信号来自

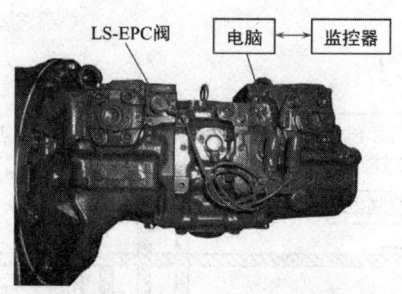

图 2-1-15　LS – EPC 电磁阀位置

电脑板。电脑发出的电压信号不同,内部阀芯的位置不同,而产生的输出油压也不同。此输出油压进入 LS 阀(内部油路看不见)。

2. LS – EPC 电磁阀结构

从图 2-1-16 中可看出,LS – EPC 电磁阀主要由电磁线圈 5、滑阀 2 以及进出口油道组成。来自自压减压阀的油口与去 LS 阀的出油口之间的通与断,以及开口的大小取决于进入电磁线圈 5 的电流的大小,而电流的大小根据各种工作状态不同自动地由计算机给出。

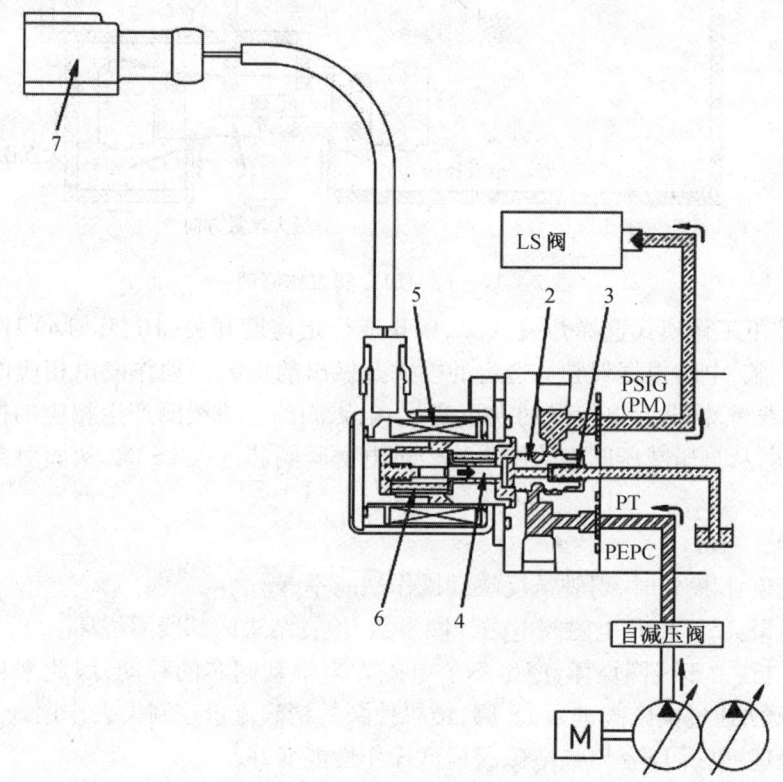

图 2-1-16　LS – EPC 电磁阀结构
1—阀体;2—滑阀;3—弹簧;4—阀杆;5—线圈;6—柱塞;7—连接器;
PSIG(PM)—到 LS(PC)阀;PT—到油箱;PEPC—来自自减压阀

滑阀 2 靠电磁力推动,如果滑阀 2 由于有脏物卡住,则阀芯移动不了,因此尽管电路没有问题,但进入 LS 阀的压力就不能随不同的工作状态而改变,这样就会影响 LS 阀的动作,进而影响整机的动作。

3. LS-EPC 电磁阀工作原理

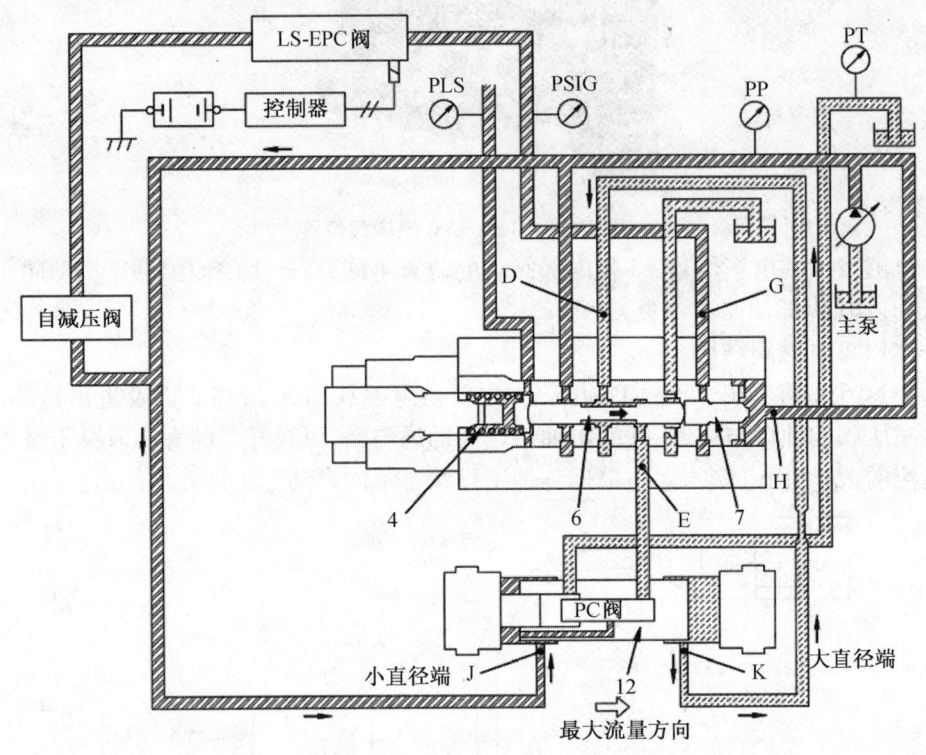

图 2-1-17 LS-EPC 阀工作原理

当驾驶员按下工作模式选择开关 A、E、L、B 或行走速度开关(Hi、Mi、Lo)时,通过监控器将此信息传到电脑,电脑根据驾驶员选定的模式及做出的操纵杆动作发出相应的控制电信号到 LS-EPC 电磁阀,根据此电信号的大小变化,电磁阀的电磁线圈产生相应的推力推动电磁阀芯做相应移动,从自压减压阀来的压力油经过电磁阀阀芯进入 LS 阀,从而对泵流量进行精确控制。

4. 故障诊断

(1)故障现象:L 模式时,驾驶员反映微操作性能不好。

(2)检查结果:LS-EPC 电磁阀电磁线圈发烫,检查结果内部线圈烧坏。

(3)故障分析:由于线圈烧坏,产生不了电磁力来推动阀芯的移动,因此来自自压减压阀的先导压力油无法通过电磁阀进入 LS 阀,结果使泵的精确流量控制失去作用。

(4)故障处理:更换 LS-EPC 电磁阀后微操作性能变好。

5. LS-EPC 电磁阀测试

(1)拆下油压测量塞 5,安装 M10 快换接头及 5.9 MPa(60 kg/cm²)油压表。

(2)测试条件:

①液压油温:45~55℃;

②工作模式:A 模式;

③发动机转速:高速。

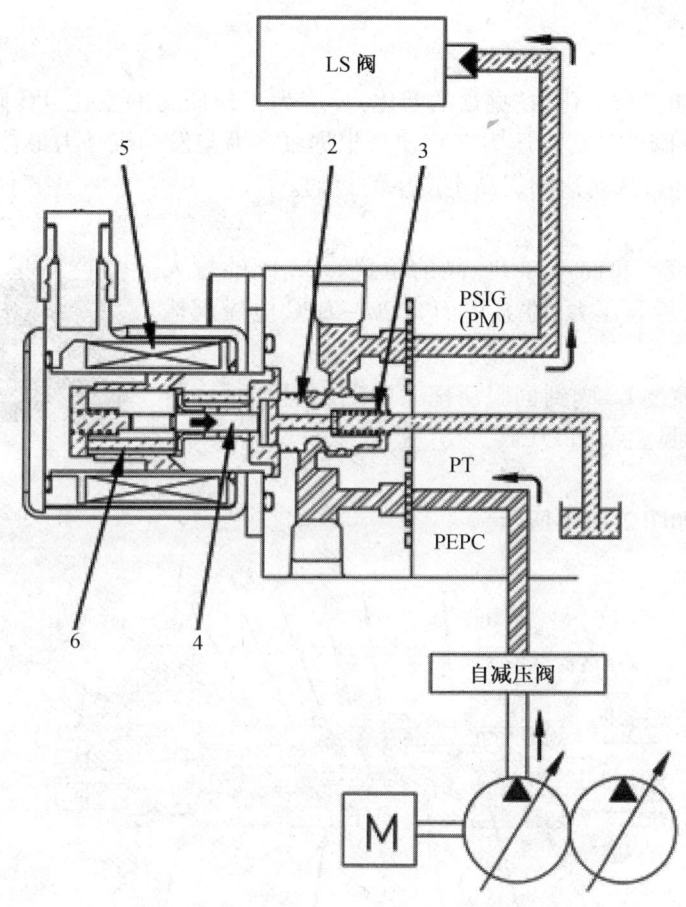

图 2-1-18　LS – EPC 阀工作故障

（3）LS – EPC 阀输出压力的测量（见表 2-1-3）。

图 2-1-19　LS – EPC 电磁阀测试与调整

表 2-1-3　LS – EPC 阀输出压力的测量

行走速度开关	行走操纵杆	LS – EPC 阀输出压力
低速	中位	2.9 MPa（约 30 kg/cm^2）
高速	轻微操作	0 MPa（0 kg/cm^2）

(四)PC 阀

外载的变化(如土质变化、挖掘量的变化)反应为工作压力的变化,PC 阀能感知此压力的变化(通过输入 PC 阀的前后泵压力来感知),根据泵马力与发动机马力最佳匹配的原则,自动地调节相应的泵排量,从而达到提高生产率的目的。

1.PC 阀位置

如图 2-1-20 所示,我们可知 PC 阀的位置。PC 阀的输入信号有三个(前泵、后泵压力(在泵里面)、PC – EPC 电磁阀输出压力)。

PC 阀的输出经过 LS 阀到伺服活塞大端(在泵里面)。打开泵的侧板就可看见主泵和 PC 阀。

2.PC 阀构造

PC 阀的构造如图 2-1-21 所示。

图 2-1-20　PC 阀位置

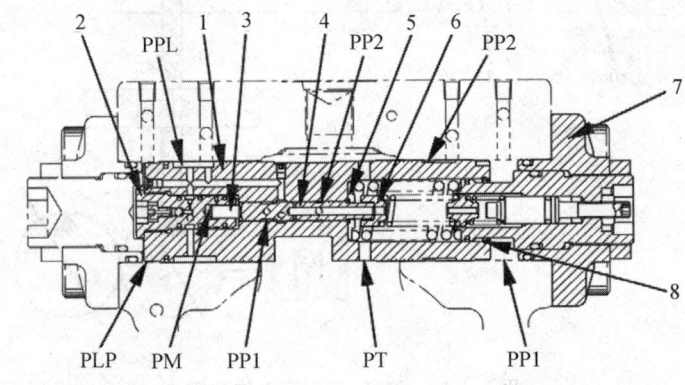

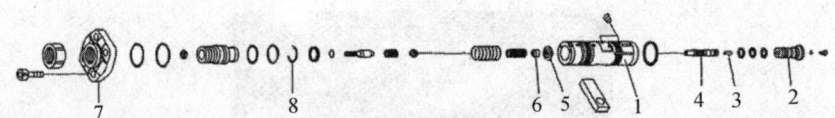

图 2-1-21　PC 阀结构

1—伺服活塞总成;2—塞;3—销;4—阀芯;5—保持架;6—座;7—盖;8—线环;PPL—PC 阀控制压力出口;PP2—另泵压入口;PLP—LS 阀控制压力入口;PM—PC – EPC 阀输出压力入口;PP1—自泵压入口;PT—泄油口

3.PC 阀功能

在某一个作业状态(如主泵压力为 280 kg/cm^2),此时泵的吸收功率(泵排量×压力)与发动机输出功率处于平衡状态。当外部土质变硬,泵的压力随之升高,为了保持泵吸收功率与发动机输出功率平衡,泵的排量应根据泵压力的升高而下降。相反,当土质变软时,泵压力下降,泵的排量可以增加以免浪费发动机的马力,PC 阀能自动完成这个过程。

（1）当主泵压力 PP 约 300 kg/cm² 时：

①土质由硬变软，PP 压力降至 250 kg/cm²

↓

②阀芯在弹簧作用下向右移动

↓

③ C、D 口逐渐通；C、E 口逐渐断

↓

④PC 阀出口压力 p_c 压力下降

↓

⑤伺服活塞大径端压力 p_{en} 压力下降

↓

⑥伺服活塞往右移动

↓

⑦斜盘角变大

↓

⑧泵流量增大。

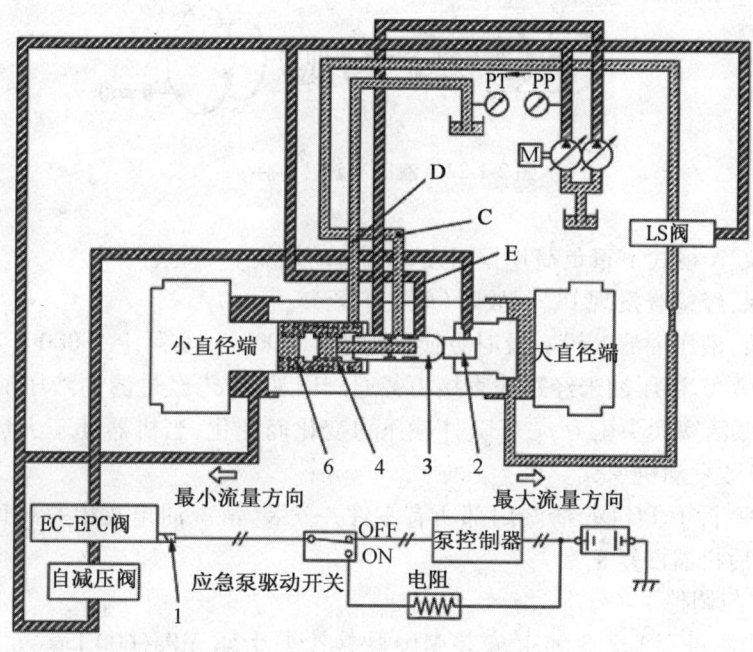

图 2-1-22　PC 阀控制原理

（2）当主泵压力 PP 约 250 kg/cm² 时：

①土质由软变硬 PP 压力升至 300 kg/cm²

↓

②阀芯在泵压作用下向左移动

↓

③ C、D 口逐渐断；C、E 口逐渐通

↓

④PC 阀出口压力 p_c 压力上升

↓

⑤伺服活塞大径端压力 p_{en} 压力上升

↓

⑥伺服活塞往左移动

↓

⑦斜盘角变小

↓

⑧泵流量减小。

注：上面叙述的是在外界土质变化的情况下液压系统的自我控制方式。当驾驶员根据工况改变工作模式时，PC－EPC 电磁阀输出到 PC 阀的压力也会变化。此压力也会通过 PC 阀改变泵的流量，有关 PC－EPC 电磁阀的叙述将在后面进行。

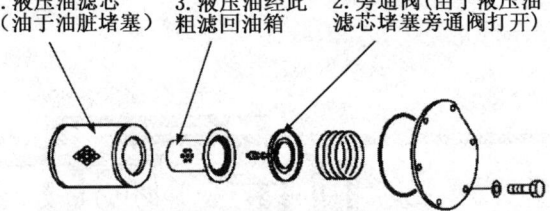

1. 液压油滤芯　　　3. 液压油经此　　　2. 旁通阀(由于液压油
（油于油脏堵塞）　粗滤回油箱　　　滤芯堵塞旁通阀打开）

图 2-1-23　液压油滤芯零件

4. 故障案例

（1）故障现象：A 模式下重负荷挖掘时发动机自动熄火。

（2）检查结果：经检查发现 PC 阀故障（阀芯卡死）。

（3）检查分析：液压油滤芯没有及时更换（规定为 1 000 h，实际上 2 000 h 都没有更换），液压油滤芯严重堵塞，液压油未经过滤直接由旁通阀回油箱，未经过滤的液压油进入 PC 阀使阀芯卡死导致伺服活塞大头压力 p_{en} 不随外载压力变化而变化，当机器处于大负荷状态时，由于泵流量过大，导致发动机熄火。

（4）故障处理：拆下 PC 阀，清洗内部所有零件并安装，清洗油箱及相关油管，更换液压油滤芯，装上 PC 阀后机器恢复正常。

5. PC 阀测试与调整

（1）拆下油压测量塞 1、2、3 和 4，安装 M10 快换接头及 58 MPa（600 kg/cm²）油压表。

①塞 1：用于测量前泵输送压力；

②塞 2：用于测量后泵输送压力；

③塞 3：用于测量前泵 PC 阀输送压力；

④塞 4：用于测量后泵 PC 阀输送压力。

（2）测量条件：

①液压油温：45～55℃；

②发动机转速：高速；

③工作模式:A 模式;

④回转锁紧开关:ON。

(3) PC 阀输出压力(伺服活塞输入压力)测量(见表 2-1-4)。

表 2-1-4　PC 阀输出压力测量

操纵杆位置	压力比率
斗杆挖掘溢流	PC 阀输出压力≈3/5 主泵压力

注:若 PC 阀或伺服活塞有任何异常,PC 阀输出压力(伺服活塞输入压力)等于主泵压力,或接近于 0 压力。

(4)调整

当发生以下两种情况之一,且主泵压力和 LS 压差都正常时,需要调整 PC 阀 6 和 7。

①当工作负荷增加时,发动机转速急剧下降。

②发动机转速正常时,工作装置速度慢。

图 2-1-24　PC 阀测试

调整时需按如下要领:

①拧松锁紧螺母 8,转动调整螺丝 9 进行调整。

速度慢时,把调整螺丝向右转动,流量增大,泵吸收扭矩上升。

发动机转速下降时,把调整螺丝向左转动,流量减小,泵吸收扭矩下降。

注意:调整螺钉的调整范围为左转时少于 1 圈;右转时少于 1/2 圈。

②调整后,拧紧锁紧螺母,并按前面所述的测量步骤,确认压力已恢复正常。

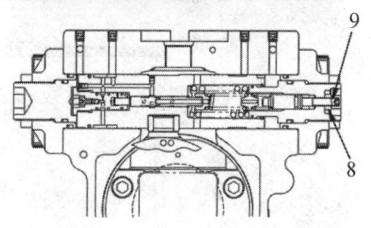

(五)PC - EPC 阀

PC - EPC 阀主要是感知发动机实际转速状态,给予

图 2-1-25　PC 阀调整

相应信号调节泵流量。由于工况变化,发动机的转速也会变化,此时与发动机匹配的泵流量也应相应变化。发动机的转速变化通过安装于发动机飞轮壳上转速传感器传给电脑,然后电脑发出泵流量变化的命令,PC - EPC 电磁阀接收此命令。通过 PC 阀适当调节泵流量,以对应发动机转速的变化。

此外,PC - EPC 的电流大小,还与监控器指令、主泵压力等因素有关。

1. 位置和关系

由图 2-1-26 可知 PC - EPC 阀的位置,此 PC - EPC 阀与 PC200 - 6 的 PC - EPC 阀相比已经小型化,且内置于泵体内。

2. 构造

PC - EPC 电磁阀的结构与 LS - EPC 电磁阀结构完全相同。

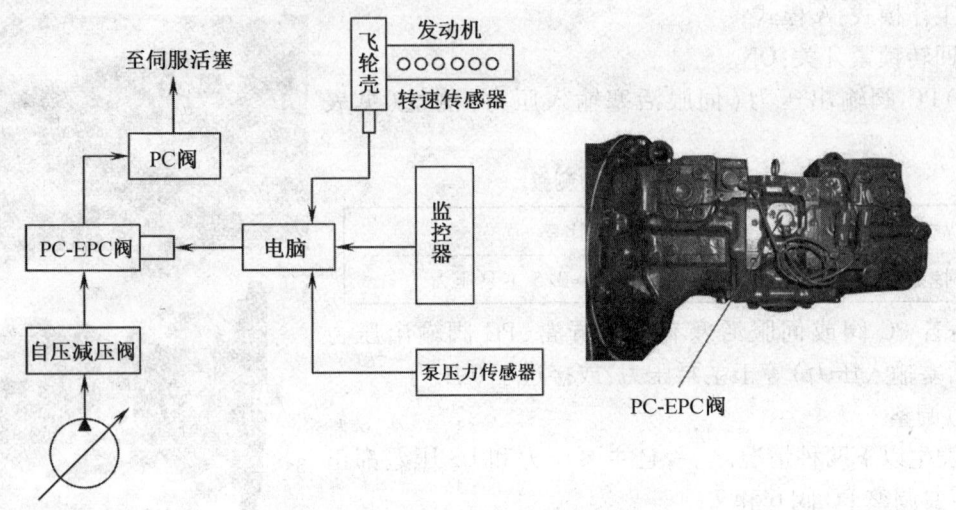

图 2-1-26　PC－EPC 阀位置与关系

3. 工作原理

电脑通过转速传感器检测发动机的实际转速,当负荷增大,造成发动机转速下降时,电脑就会向 PC－EPC 阀发出指令,使流向 PC－EPC 电磁阀的指令电流按照发动机转速的下降量而增大,以减小泵的斜盘角度,降低泵的输出流量,从而使发动机转速恢复。

具体描述如下:发动机转速↓→从电脑进入 PC－EPC 阀的电流↑→PC－EPC 出口压力↑→PC 阀阀芯 3 向左移动→ C、D 口逐渐断;C、E 口逐渐通→PC 阀出口压力↑→进入伺服活塞大径端压力 p_{en}↑→伺服活塞左移→泵流量;Q↓→泵吸收扭矩↓→发动机转速恢复。

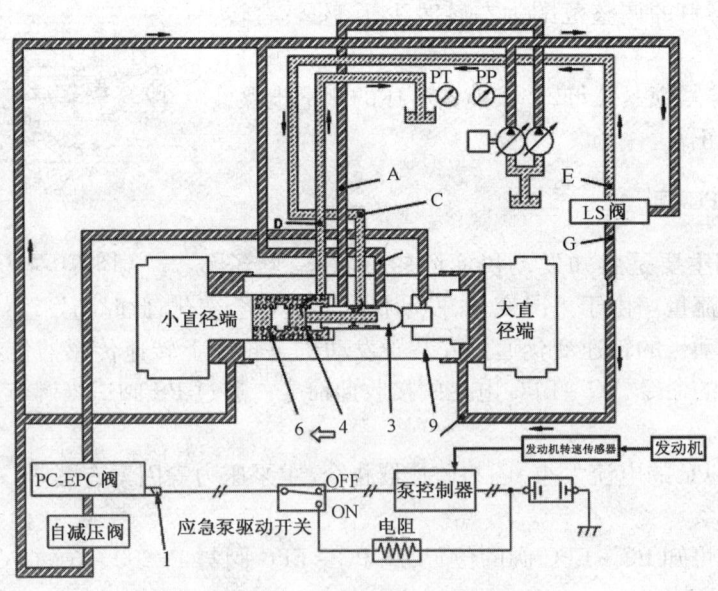

图 2-1-27　PC－EPC 电磁阀工作原理

4. 故障诊断

(1)故障现象:发动机重负荷挖掘时冒黑烟,有时会熄火。

(2)检查结果:检查结果 PC－EPC 电磁阀线圈电阻为 0 Ω(标准值为 7～14 Ω),确认内部线圈烧坏。

（3）故障分析：重负荷挖掘时，电脑发出的降低泵流量的命令 PC – EPC 阀无法接收，故 PC 阀无法对重载时的泵流量进行调节，故泵流量过大造成泵马力大于发动机马力，所以发动机冒黑烟，甚至熄火。

（4）故障处理：更换 PC – EPC 电磁阀，机器运转正常。

5. 测试

（1）拆下油压测量塞 5（如图 2-1-28 所示），安装 M10 快换接头及 5.9 MPa（60 kg/cm²）油压表。

（2）测试条件

①液压油温：45 ~ 55℃；

②工作模式：A 模式。

（3）PC – EPC 阀输出压力的测量

图 2-1-28　PC – EPC 电磁阀测

表 2-1-5　PC – EPC 阀输出压力的测量

发动机转速	操纵杆	PC – EPC 阀输出压力
低怠速	中立	2.9 MPa（30 kg/cm²）
高怠速		0 MPa（0 kg/cm²）

三、先导控制系统

（一）自压减压阀

小松 PC – 6 以后的挖掘机取消了先导泵，而是利用自压减压阀将主泵输出油液取出一部分，降低压力后作为控制压力向整个控制系统供油，作用于电磁阀和 PPC 阀等控制系统。

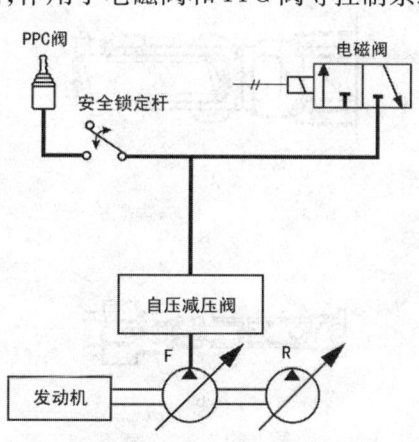

自压减压阀

图 2-1-29　自压减压阀车上位置及与其他部件关系

1. 位置和关系

自压减压阀和合分流阀以及行走连接阀在同一阀体上，此阀体安装在主控阀的后面中间部位。

2. 自压减压阀构造

（1）外观图

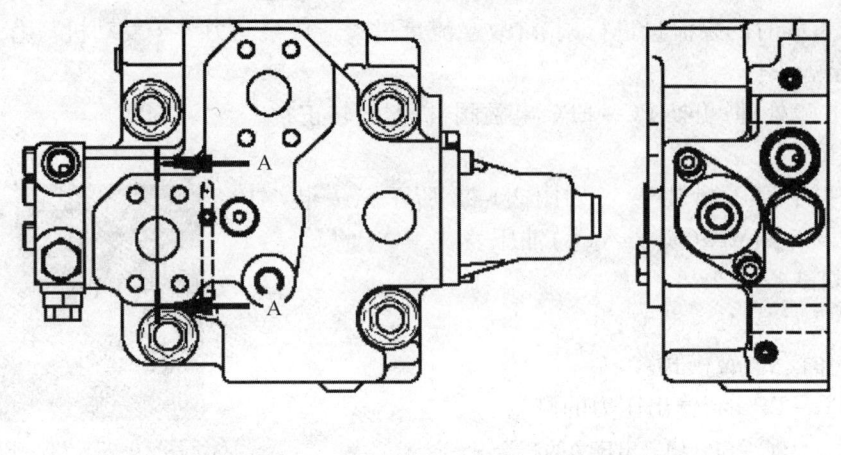

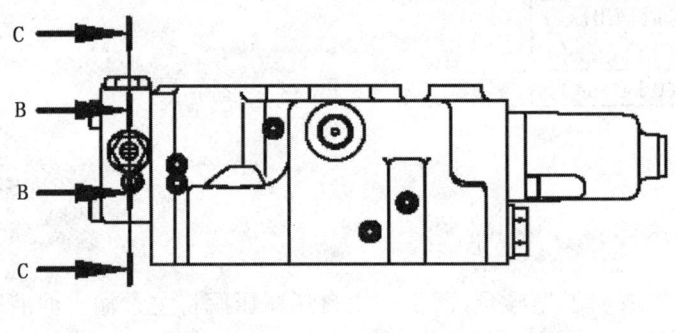

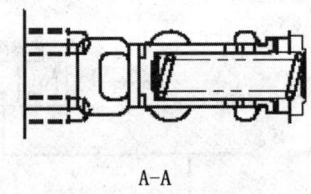

A-A

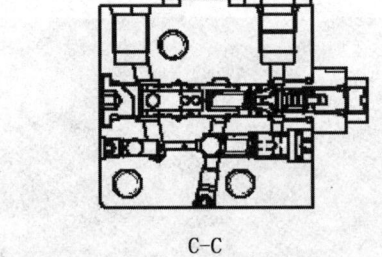

C-C

B-B

图 2-1-30　自压减压阀构造

（2）零件分解图

如图 2-1-31 所示。

3. 自压减压阀工作原理

功能：能把主泵的输出压力减小并稳定在 33 ± 2 kg/cm^2，形成控制油压。

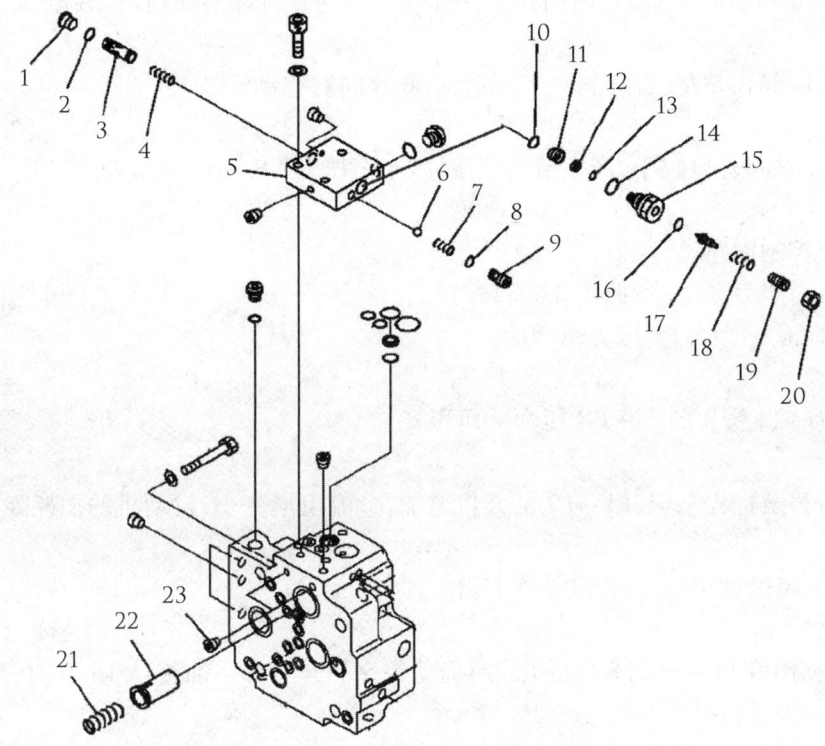

图 2-1-31 自压减压阀分解图

1—塞;2—O 形圈;3—滑阀;4—弹簧;5—阀块;6—钢球;7—弹簧;8—O 形圈;9—座;10—O 形圈;

11—护环;12—滤网;13—O 形圈;14—O 形圈;15—套筒;16—O 形圈;17—提动头;18—弹簧;

19—螺钉;20—螺母;21—弹簧;22—阀;23—塞

(1)发动机停止时(参照图 2-1-32(a))

①弹簧 6 把提动头 5 推向阀座,油口 PR→TS 的通道被关闭。

②弹簧 7 把滑阀 8 推到左边,油口 P1→PR 的通道被打开。

③弹簧 3 把阀 2 推到左边,油口 P1→P2 的通道被关闭。

(2)中立时,以及 P2 负荷压力低时(大臂、小臂因自重落下时)(参照图 2-1-32(b))

①负荷 P2 低于自压减压阀的 PR 输出

↓

②弹簧 3 以及 PR 压力把阀 2 向左推

↓

③P1→P2 之间开口减小

↓

④P1 压力 $\times d_1$ 面积 ≈ 弹簧 3 的力 + PR 压力 × 面积 d_1

↓

⑤P1→P2 的开口调整到使 P1 压力高于 PR 压力

↓

⑥PR 压力超过设定压力,提动头 5 打开

↓

⑦工作油沿 PR 口→滑阀 8 内的孔 a →提动头 5 的开口部→油箱口 TS 流动

↓

⑧滑阀 8 内部孔 a 左、右两侧产生压差,滑阀 8 向右移动

↓

⑨P1→PR 之间开口减小,产生节流减压,减小至压力 PR 为设定压力

↓

⑩输出至控制回路。

(3)P2 负荷压力高时(参照图 2-1-32(c))

①P2 负荷压力增加,P1 压力也增加

↓

②P1 压力 > 弹簧 3 的力 + PR 压力 × 面积 d

↓

③阀 2 右移至行程末端,P1→P2 的开口增加,节流阻尼变小,发动机的损耗降低

↓

④PR 压力超过设定压力,提动头 5 打开

↓

⑤工作油沿 PR 口→滑阀 8 内的孔 a→提动头 5 的开口部→油箱口 TS 流动

↓

⑥滑阀 8 内部孔 a 左、右两侧产生压差

↓

⑦滑阀 8 向右移动

↓

⑧P1→PR 之间开口减小,产生节流减压

↓

⑨减小至 PR 压力为设定压力

↓

⑩输出至控制回路。

(4)发生异常高压时(参照图 2-1-32(d))

①PR 压力出现异常高压

↓

②克服弹簧 9 的力推动钢球 10

↓

③异常高压油自 PR 口流向油箱 T 口

↓

④PR 压力下降

↓

⑤保护了液压系统的控制元件(PPC 阀、电磁阀等)。

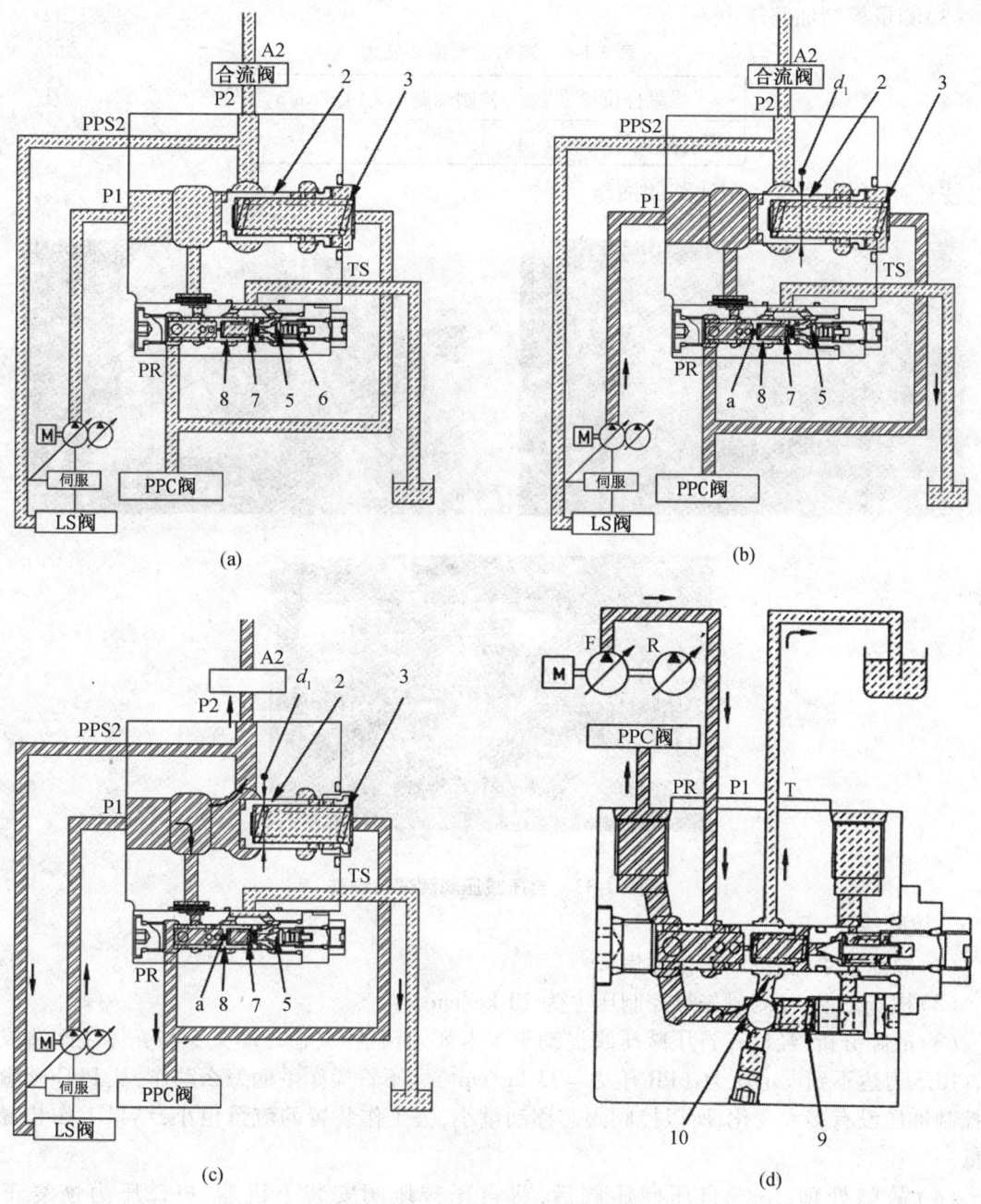

图 2-1-32 自压减压阀控制原理

4.控制油路压力的检查

(1)拆下油压测量塞,安装快换接头 J2,并连接到 5.9 MPa(60 kg/cm^2)的油压表上。

(2)测试条件

①液压油温:45~55℃;

②发动机转速:高速;

③工作模式:A 模式。

（3）测量控制油路压力

表 2-1-6　测量控制油路压力

操纵杆位置	控制油路压力（kg/cm²）
所有操纵杆在中位	33 ± 2

注意：不允许调整控制油路的油压。

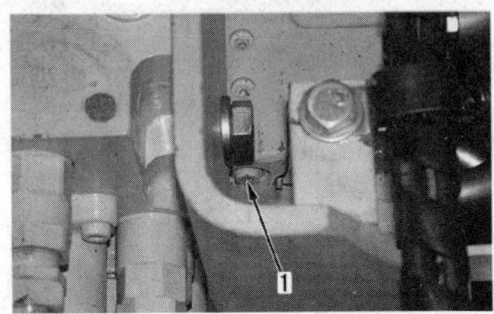

图 2-1-33　自压减压阀测试与调整

5. 故障诊断

（1）故障现象：整机动作速度慢。

（2）检查结果：经测量先导控制压力为 20 kg/cm²。

（3）故障分析：经检查自压减压阀提动头 5 卡死，有脏物夹在提动头 5 与壳体之间造成缝隙，PR 压力达不到设定压力（PR 压力 =33 kg/cm²）。不管操作手柄怎么动作，从 PPC 阀输出的控制油压没有多大变化，所以控阀阀芯移动量小，去工作装置的流量也小，结果工作装置速度低。

（4）故障处理：清洗自压减压阀后，将自压减压阀安装上机器，PPC 压力恢复正常（33 kg/cm²），整机速度也恢复正常。

（二）蓄能器（PPC 阀用）

挖掘机在控制油路中配备有蓄能器，蓄能器是储存控制油路压力的一种装置。蓄能器安装在主泵与 PPC 阀之间。它的作用是保持控制油路压力的稳定以及当发动机熄火后，仍可放下工作装置，以保证机器安全。

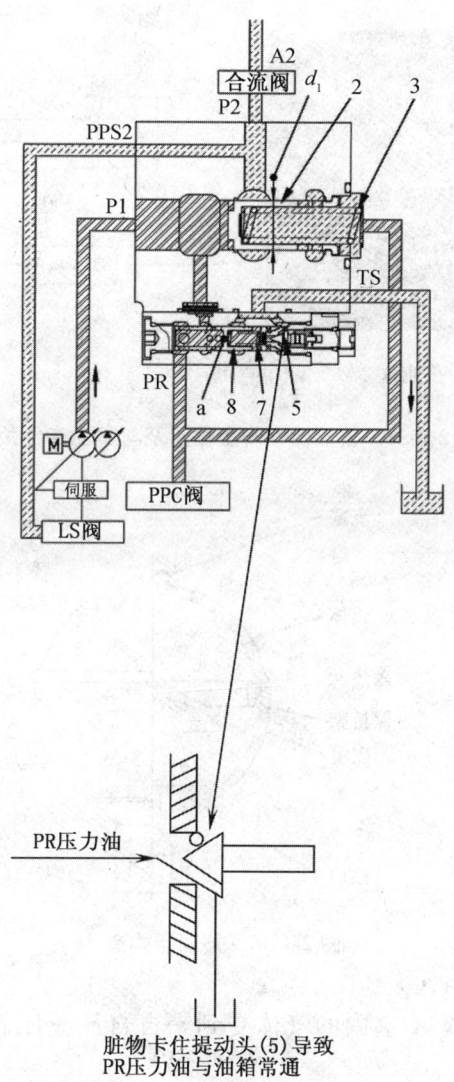

脏物卡住提动头(5)导致
PR压力油与油箱常通

图 2-1-34　自压减压阀故障

1. 位置和关系

打开主控阀盖板,从上往下看就可以看到蓄能器。

2. 构造

(1)剖视图(如图 2-1-36 所示)

蓄能器内有一个皮囊,用来包容从气塞充入的气体,并把它与液压油液隔离。

(2)要点

蓄能器内充有高压氮气,如果用错误的方法来处理则是很危险的。

要遵守下列注意事项:

①不能在蓄能器上打孔或用火焰来烧。

②不能在蓄能器上焊接任何凸台。

③当处理蓄能器,需要从蓄能器中放气时,请与经销商联系。

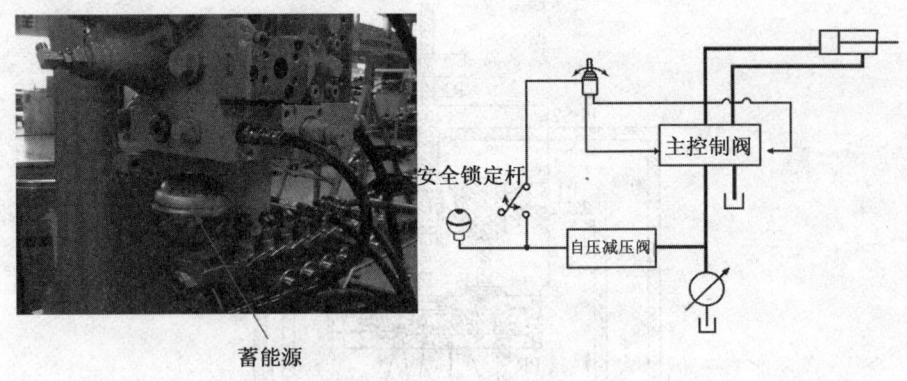

蓄能源

图 2-1-35　蓄能器在车上位置及与其他部件关系

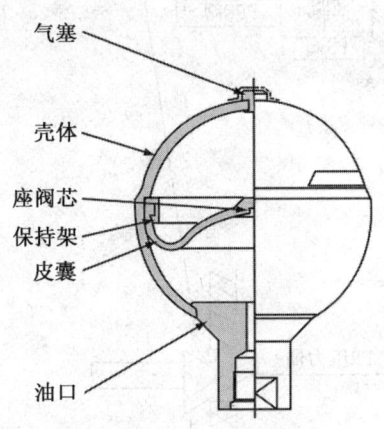

图 2-1-36　蓄能器构造

3. 工作原理

（1）发动机起动后，皮囊 A 室内的气体受到来自自压减压阀油压的作用而处于被压缩状态。

（2）发动机停止后，皮囊内的气体继续处于被压缩状态。

（3）此时操纵 PPC 阀后，依靠 A 室内气体的压力使气囊扩张，B 室内的油作为控制压力油而驱动主控制阀工作，工作装置在自重的作用下向下移动。

4. 故障诊断

（1）故障现象：发动机关闭后，操纵杆移到工作装置"下降"位置，工作装置不动作。

（2）检查结果：蓄能器内氮气泄漏。

（3）故障分析：蓄能器内气体漏掉，发动机起动后，皮囊因 B 室油压压缩，但 A 室内气体不压缩，进入 B 室的油就不能作为控制压力油去推动主控制阀，因此操作操纵阀，工作装置不动作。

（4）故障处理：更换蓄能器。

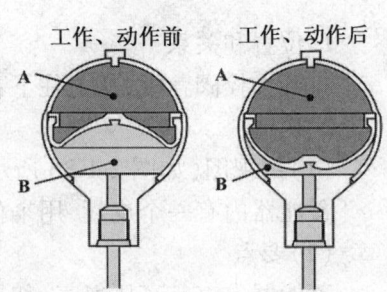

图 2-1-37　蓄能器工作原理

（三）PPC 阀

PPC 阀是一种比例压力控制阀,安装在驾驶室各操作手柄下面,它可以根据驾驶员操作手柄行程大小,输出相应的控制油压,使主控制阀芯有相应的移动量,从而控制工作装置的速度。

1. 位置和关系

通过图 2-1-38 我们可以了解 PPC 阀的位置及与其他液压元件的连接关系。

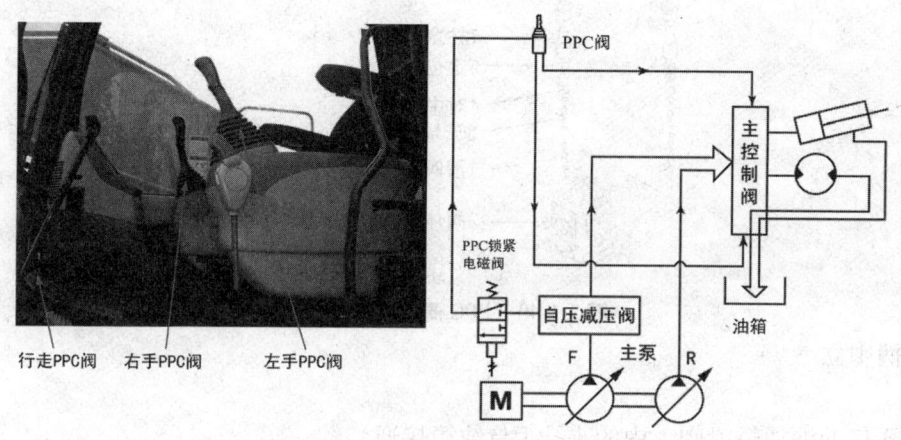

图 2-1-38　PPC 阀与相关部件关系

2. 构造

（1）外观和剖视图（见图 2-1-39）

通过各零件的一一对应,可以很清楚地理解 PPC 阀的构造。

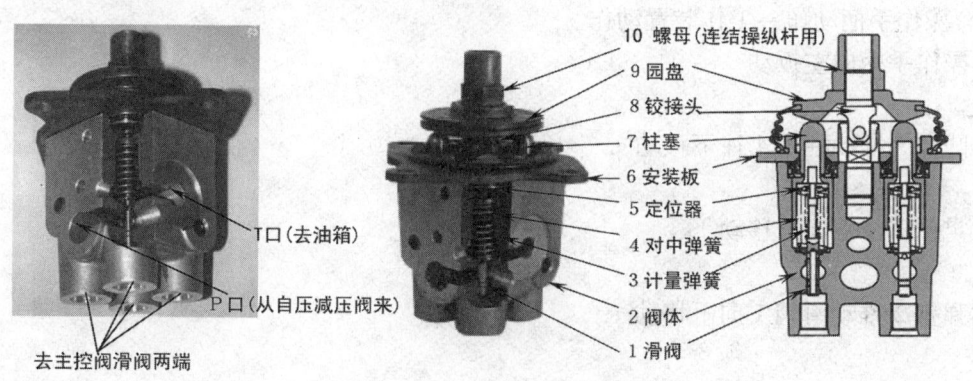

图 2-1-39　PPC 阀外观图

（2）PPC 阀的零件分解图（见图 2-1-40）

①滑阀 1 中有细小孔,若堵塞,则 PPC 阀将失去作用,所以务必保持油的清洁。

②圆盘 9 与铰接头 8 用螺母 10 紧固,若松动,则 PPC 控制将不精确。

3. PPC 阀的控制原理

（1）操作手柄中立→工作装置不动作

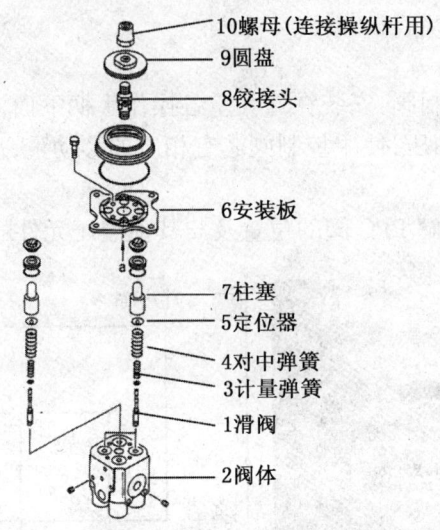

图 2-1-40   PPC 阀零件分解图

①手柄中立

↓

②A、B 口的油通过滑阀 1 内的小孔 f 与油箱接通

↓

③先导油液到此截止

↓

④工作装置不动作。

（2）操作手柄动作→工作装置动作

①操作手柄向左扳动

↓

②圆盘 5 推动柱塞 4 往下移动

↓

③定位器 9 也向下移动

↓

④弹簧 2 推动滑阀 1 向下移动

↓

⑤PPC 阀 P1 口与滑阀 1 上的 f 口接通

↓

⑥先导压力油通过控制小孔 f 流到油口 A

↓

⑦主控制阀阀芯往右移动

↓

⑧从主泵来的油经过此阀芯流向工作装置

↓

⑨工作装置开始动作。

（3）若手柄行程变大→工作装置速度加大

①操作手柄行程变大

↓

②弹簧 2 的压缩量变大

↓

③弹簧 2 作用力变大

↓

④滑阀 1 往下移动量变大

↓

⑤小孔 f 口的流通面积变大

↓

⑥P1 口压力变大

↓

⑦主控制阀阀芯移动量变大

↓

⑧去工作装置的流量变大

↓

⑨工作装置工作速度加快。

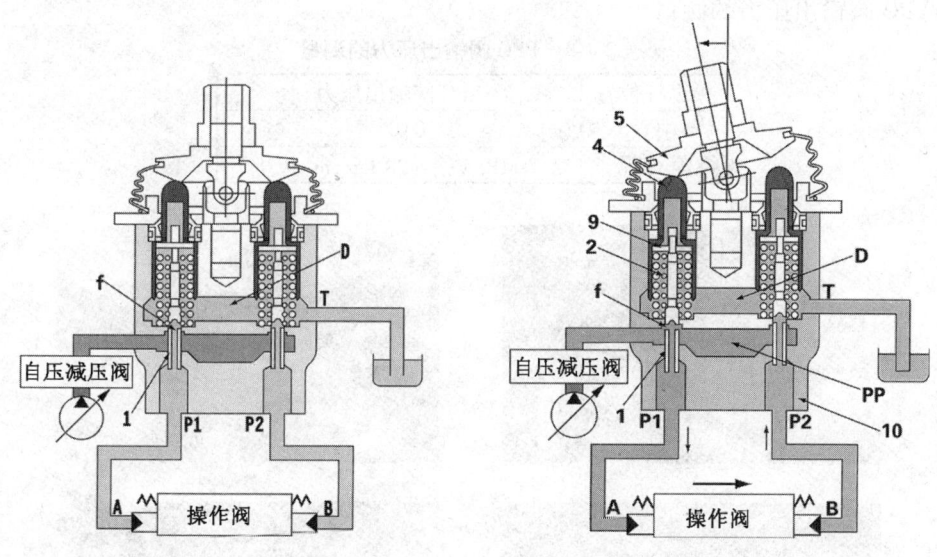

图 2-1-41　PPC 阀工作原理

4.故障案例

（1）故障现象：不能左旋转。

（2）检查结果：油脏导致左回转 PPC 阀滑阀 1 卡死。

（3）故障分析：没有按时换液压滤油器滤芯,导致滤芯堵死,滤油器旁通阀打开,变脏的液压油在无过滤情况下进入先导控制回路,导致 PPC 阀内滑阀 1 卡死,控制油压无法经左回转 PPC 阀流至回转主控阀,导致左回转失灵。

（4）故障处理：清洗回转 PPC 阀，更换液压滤油器
滤芯、液压油，并清洗相关油路。

5. PPC 阀输出压力的测量

（1）针对需测量的 PPC 输出压力，从 1 到 10 中选出
对应的油压开关并拆下，安装连接器，并连接 5.9 MPa
（60 kg/cm^2）的油压表。

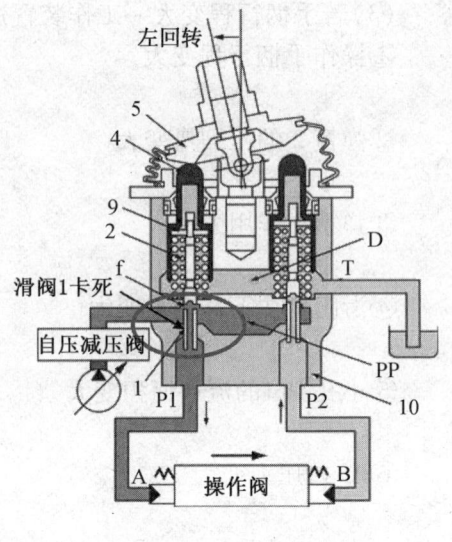

图 2-1-42　PPC 阀故障

表 2-1-7　PPC 阀输出压力的测量项目

序号	被测量油路	序号	被测量油路
1	动臂提升	7	左回转
2	动臂下降	8	右回转
3	斗杆挖掘	9	行走（黑）
4	斗杆卸载	10	转向（红）
5	铲斗挖掘	6	铲斗卸载

（2）测试条件

①液压油温：45~55℃；

②发动机转速：高速；

③控制油路初始压力：正常。

（3）PPC 阀输出压力的测量

表 2-1-8　PPC 阀输出压力的测量

操纵杆位置	PPC 阀输出压力
中立	0{0}
全行程	2.7 MPa 以上（28 kg/cm^2 以上）

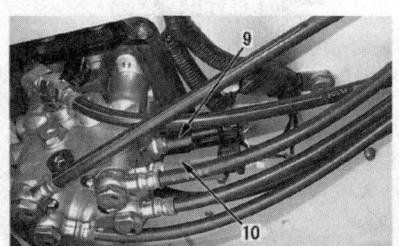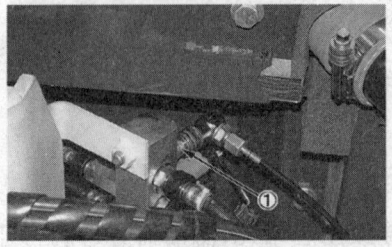

图 2-1-43　PPC 压力的测量

任务2.2 液压控制阀故障诊断与排除

任务描述:

在挖掘机上介绍各种液压阀的结构与工作原理,结合液压系统图,对液压控制阀常见故障现象进行诊断,并提出正确排除方法。

一、液压控制阀结构与控制原理

(一)液压控制阀组成

液压控制阀受 PPC 阀产生的 PPC 油压作用,控制从主泵至各油缸、马达的液压油的流向及流量。同时,各油缸、马达中的油液需通过该阀返回油箱。

液压控制阀由 6 联阀(整体)、备用阀组成,上面主要由各控制主阀芯、泵合分流阀、主溢流阀、卸荷阀、安全吸油阀等阀所组成(PC－8 多两个阀:快速回油阀、油冷却器旁通阀)。

1. 液压控制阀位置及与其他部件关系

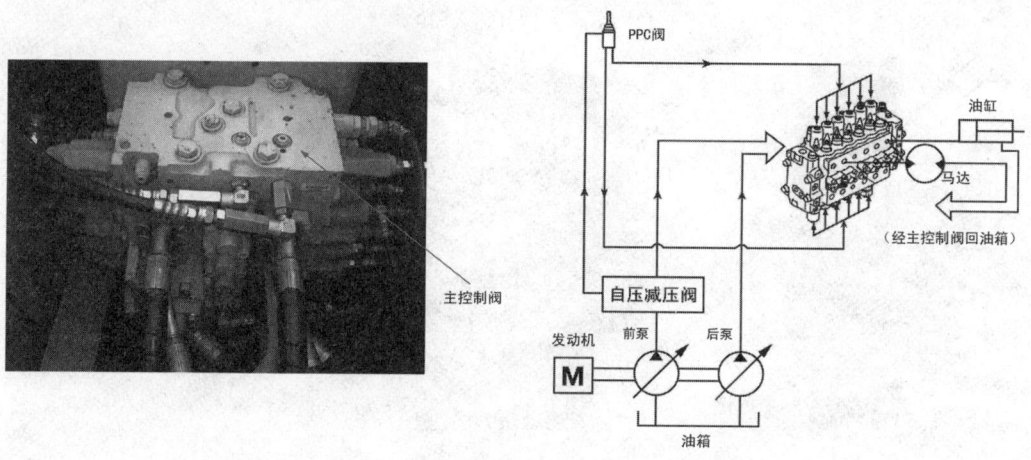

图 2-2-1 液压控制阀位置与关系

从前后泵输出的压力油汇集到主控制阀。在这里,油液被分配至相应的油缸或马达,推动它们工作,最后油液还要经过该主控制阀流回油箱。

2. 液压控制阀构造

(1)PC－7 液压控制阀

该液压控制阀还可以追加 1～3 片备用阀,用螺栓加以连接。每一阀控制一个油缸/马达动作的方向及快慢,该阀油道皆内部相连,结构紧凑,易于维修。

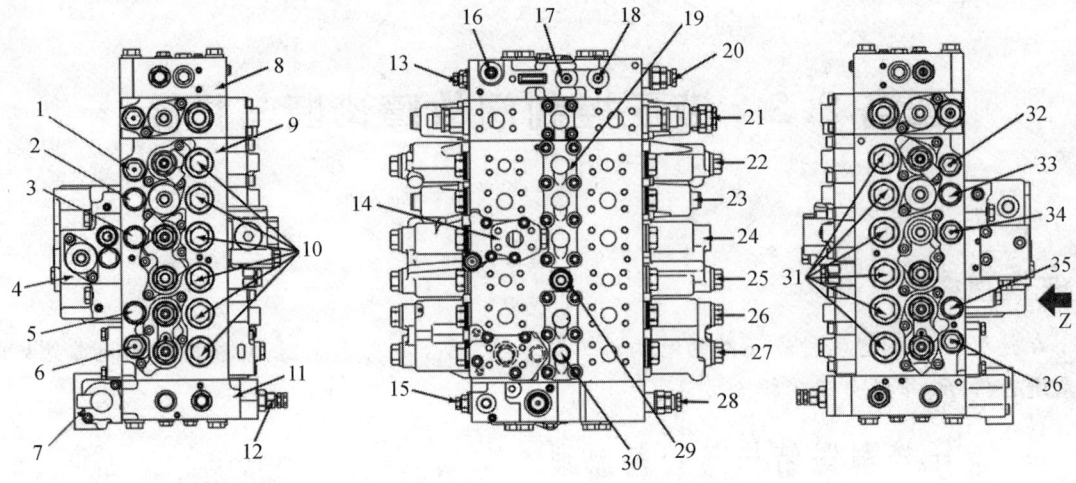

图 2-2-2 PC-7 液压控制阀结构

1—安全吸油阀(铲斗卸载);2—吸油阀(左行走后退);3—吸油阀(动臂提升);4—合流分流阀;5—吸油阀(右行走后退);6—安全吸油阀(斗杆卸载);7—背压阀;8—上端盖;9—6 联阀体;10—压力补偿阀;11—下端盖;12—安全阀(动臂提升);13—卸荷阀;14—大臂保持阀;15—卸荷阀;16—LS 旁通阀;17—PLS(前);18—PLS(后);19—LS梭阀(铲斗端);20—主溢流阀;21—备用阀;22—铲斗;23—左行走;24—大臂;25—回转;26—右行走;27—小臂;28—主溢流阀;29—LS 选择阀;30—LS 梭阀(斗杆端);31—压力补偿阀;32—安全吸油阀(铲斗挖掘);33—吸油阀(左行走前进);34—安全吸油阀(动臂下降);35—吸油阀(右行走前进);36—安全吸油阀(斗杆挖掘)

(2)PC-8 液压控制阀

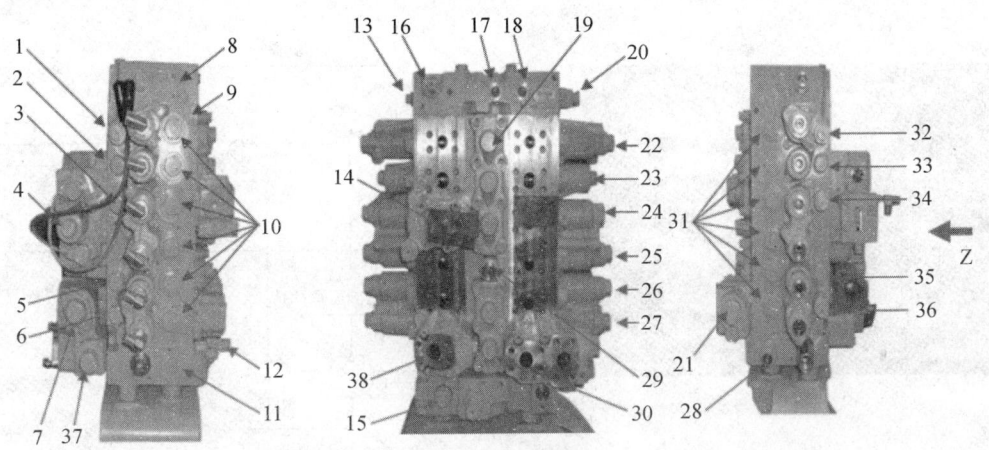

图 2-2-3 PC-8 液压控制阀结构

1—安全吸油阀(铲斗卸载);2—吸油阀(左行走后退);3—吸油阀(动臂提升);4—合流分流阀;5—吸油阀(右行走后退);6—安全吸油阀(斗杆卸载);7—背压阀(冷却器旁通阀);8—上端盖;9—6 联阀体;10—压力补偿阀;11—下端盖;12—安全阀(动臂、斗杆共用);13—卸荷阀;14—大臂保持阀;15—卸荷阀;16—LS 旁通阀;17—PLS(前);18—PLS(后);19—LS 梭阀(铲斗端);20—主溢流阀;21—快速回油阀;22—铲斗;23—左行走;24—大臂;25—回转;26—右行走;27—小臂;28—主溢流阀;29—LS 选择阀;30—LS 梭阀(斗杆端);31—压力补偿阀;32—安全吸油阀(铲斗挖掘);33—吸油阀(左行走前进);34—安全吸油阀(动臂下降);35—吸油阀(右行走前进);36—安全吸油阀(斗杆挖掘);37—ATT 旁通阀;38—斗杆保持阀

（二）液压控制阀工作原理（以斗杆工作为例，PC－7 与 PC－8 相似）

（1）当 PPC 阀处于中位时，至斗杆主阀芯两端的 PPC 油压均为 0，斗杆主阀芯在弹簧 1、2（见图 2-2-4）的作用下，处于中位，从主泵排出的液压油被主阀芯封住，斗杆油缸静止不动。

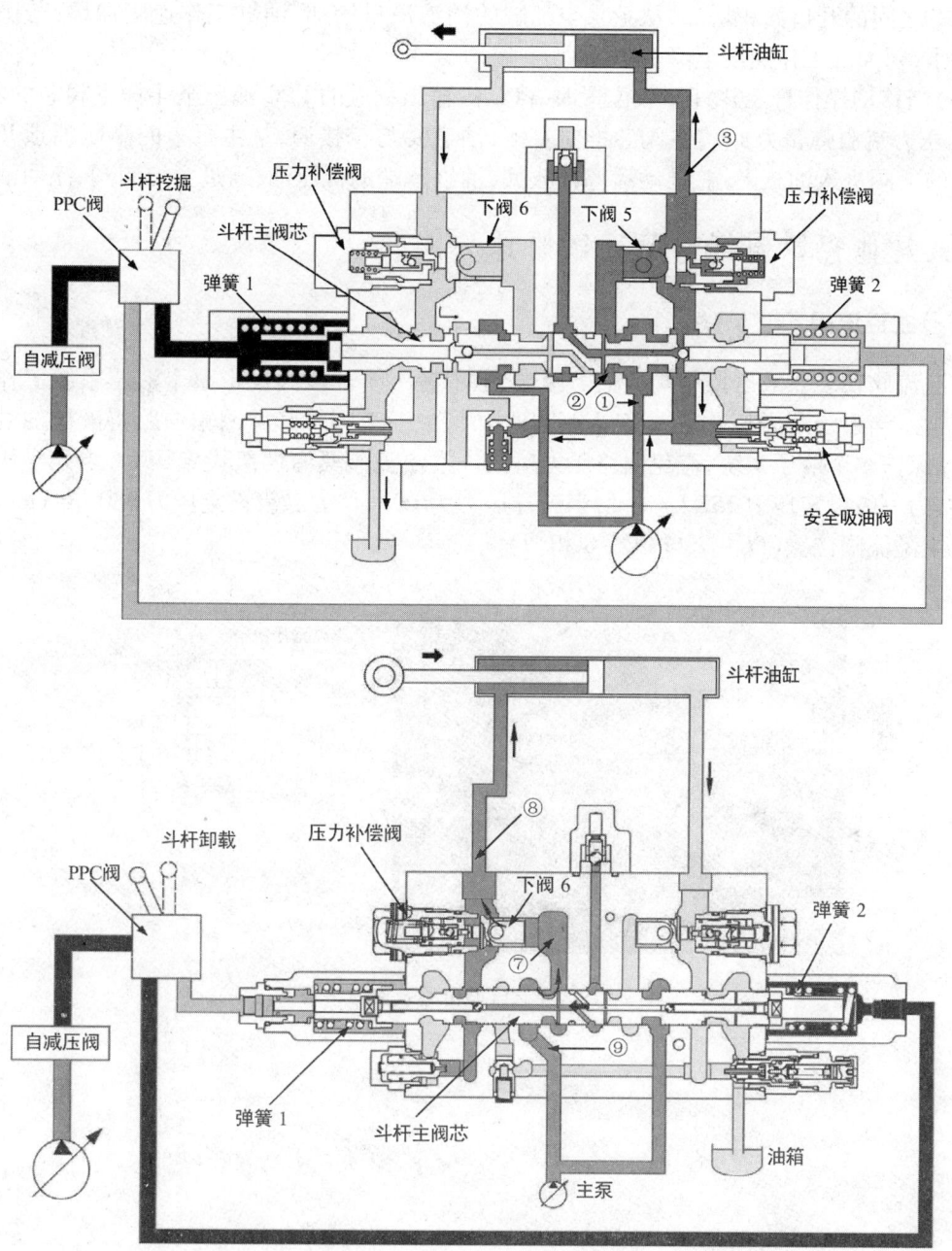

图 2-2-4　斗杆油缸控制原理

（2）当移动操作杆至斗杆挖掘位置时，PPC阀输出相应的PPC油压至斗杆主阀芯的左端，该PPC油压克服弹簧力2，将主阀芯推向右侧，油道①与油道②接通，从主泵输出的高压油顶开压力补偿阀的下阀，进入油缸底端，推动活塞杆外伸，油缸上端的低压油通过主控制阀，流回油箱。若操作杆行程加大，至主阀芯左端的PPC油压升高，主阀芯向右移动行程加大，油道①与油道②之间的开口面积增加，从主泵至油缸的油液流量增加，油缸工作速度加快；若操作杆行程减小，则油缸工作速度下降。

（3）当移动操作杆至斗杆卸载位置时，PPC阀输出相应的PPC油压至斗杆主阀芯的右侧。该PPC压力克服弹簧力1，将主阀芯推向左侧，油道⑨与⑦接通，从主泵来的高压油顶开压力补偿阀的下阀进入油缸上端，推动活塞杆收回，油缸下端的低压油，通过主控制阀，流回油箱。

二、其他控制阀结构与控制原理

（一）主溢流阀

主溢流阀安装在液压控制阀的上下两端，上下各一个。该阀设定整个液压系统工作时的最高压力。当系统压力超过主溢流阀设定压力时，主溢流阀打开回油箱油路将液压油溢流回油箱，以保护整个液压系统，避免油路压力过高。本溢流阀具有两级设定压力，当先导压力为OFF时，为一级设定压力355 kg/cm^2；当先导压力为ON时，为二级设定压力380 kg/cm^2。

1. 主溢流阀位置（PC-7与PC-8相似）

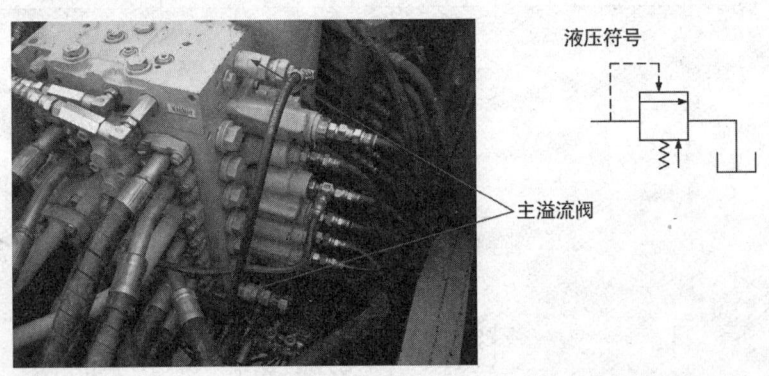

图2-2-5　主溢流阀位置及液压符号

2. 主溢流阀构造

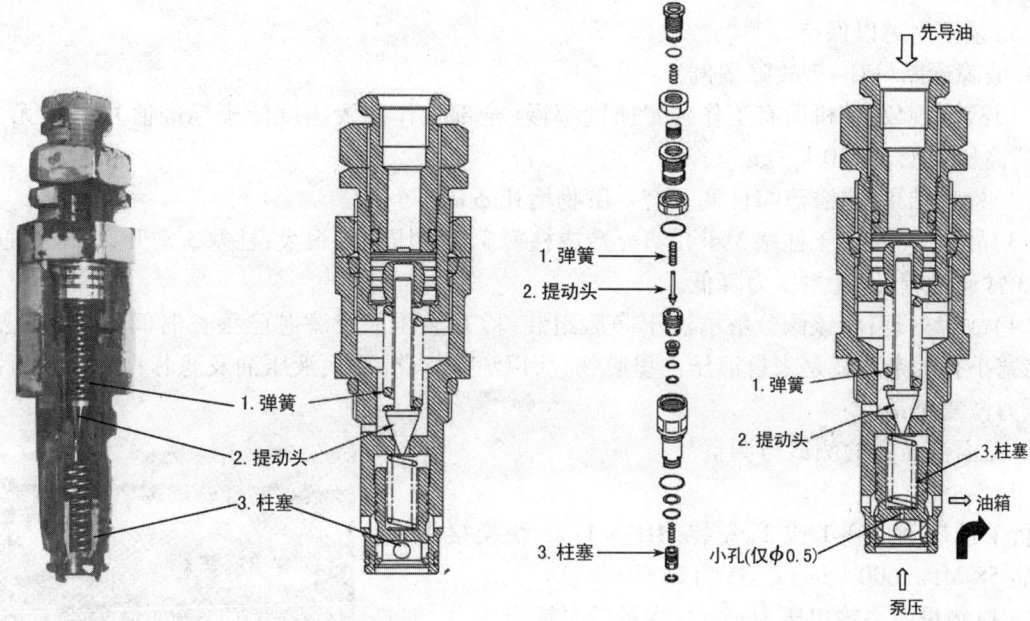

图 2-2-6 主溢流阀构造

图 2-2-7 主溢流阀工作原理

3. 主溢流阀工作原理

(1)泵压力 PP 上升

↓

(2)超过 355 kg/cm²(先导油压 ON 时为 380 kg/cm²)

↓

(3)泵压推动提动头 2 克服弹簧 1 力向上推开

↓

(4)柱塞 3 中小孔(仅 ϕ0.5)开始有油流动

↓

(5)柱塞 3 由于前后压差(下面大,上面小),随即被向上推开

↓

(6)压力油回油箱

↓

(7)泵压下降直到 355 kg/cm²(先导油压 ON 时为 380 kg/cm²)。

当泵压力低于 355 kg/cm² 时:

(1)提动头 2 在弹簧 1 的压力下关闭

↓

(2)柱塞 3 中小孔无油流动

↓

(3)柱塞 3 两端压力差为 0,在弹簧力及油压作用下返回

↓

（4）压力油与油箱通路断开

      ↓

（5）泵压力可以保持。

4. 故障诊断（PC－7 故障案例）

（1）故障现象：整机所有工作装置速度都慢（全部工作装置速度低于标准值），工作无力，主泵最高压力低于 150 kg/cm²。

（2）检查结果：主溢流阀柱塞 3 有一脏物堵死 ϕ0.5 小孔。

（3）故障分析：由于柱塞 3 小孔堵死造成柱塞 3 两端压力差很大，柱塞 3 常开，高压油通过柱塞 3 常通油箱，因此主压力降低。

（4）故障处理：将该阀分解清洗干净后组装；检查液压油及滤芯已很长时间未换，都已很脏，堵塞小孔的杂质就是来自液压油里脏物，所以清洗管路，更换液压油及滤芯；全部完成后重试，压力恢复正常。

5. 泵溢流压力的测试与调整

（1）测试

拆下油压测量塞 1 或 2，安装 M10×1.25 快换接头，并安装 58 MPa（600 kg/cm²）压力表。

塞 1：测量前泵输出压力；塞 2：测量后泵输出压力。

（2）测试条件

①发动机高速运转；

②液压油温：45～55 ℃；

③工作模式：A 模式。

（3）卸荷油压的测定

当所有操作杆均处于中位时，测量得到的油压值。

（4）工作装置溢流油压的测定

①将被测量的油缸移至行程末端。

②全行程操作操纵杆，使油缸处于溢流状态时测得的

油压值。

图 2-2-8　主溢流阀溢流压力测试

（5）注意事项

①若测一级溢流压力，需将回转锁紧开关移至 OFF 位置。

②若测二级溢流压力，需将回转锁紧开关移到 ON 位置，或按下触式加力开关时测量二级溢流压力。

③动臂油缸顶端的安全阀设定压力低于主溢流的一级设定压力，动臂向下溢流时测得的压力为该安全阀设定压力。

④当前后泵处于分流状态时，应根据表 2-1-9 选择相应的测压口，做相应的溢流动作。

表2-1-9 前后泵处于分流状态的测压口选择表

泵	执行器	起作用的溢流阀
后泵	（卸荷时）	卸荷阀（上端）
	铲斗	主溢流阀（上端）
	左行走	主溢流阀（上端）
	动臂	举升:主溢流阀（上端） 下降:安全阀（油缸顶端）
前泵	回转	回转马达安全阀
	右行走	主溢流阀（下端）
	斗杆	主溢流阀（下端）
	（卸荷时）	卸荷阀（下端）

6.回转溢流压力的测量

（1）将回转锁紧开关移到 ON 位置。

（2）全行程操作回转操作杆,在回转油路处于溢流状态时测得的油压值。

注:因回转马达安全阀设定压力低于主溢流阀一级溢流压力,故此测量值为回转马达安全阀设定压力值。

7.行走溢流压力的测量

（1）按图 2-2-9 所示方法锁住履带。

（2）全行程操作行走操作杆,在行走油路。

（3）处于溢流状态时测得的油压值。

注:行走溢流压力始终为二级溢流压力。

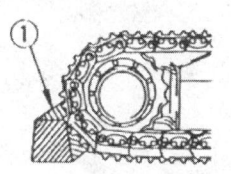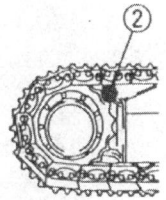

图 2-2-9 行走溢流压力测量

8.调整（PC－7 与 PC－8 调整方法略有区别）

（1）高压设定侧的调整（PC200－7）

①拧松锁紧螺母5,通过转动保持器6调整压力。

a.顺时针转动保持器,压力上升。

b.逆时针转动保持器,压力下降。

②保持器每圈调整量:约 12.5 MPa（约 128 kg/cm^2）。

③锁紧螺母拧紧力矩:53.5 ±4.9 N·m（5.5 ± 0.5 kg·m）。

④调整高压侧时,低压侧受到影响,因此还需调整低压侧。

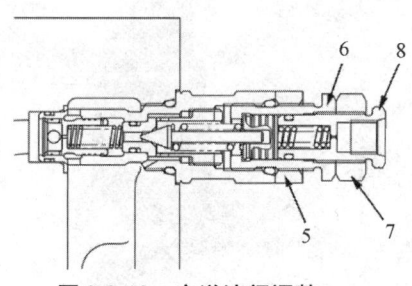

图 2-2-10 主溢流阀调整

（2）低压设定侧的调整

①拧松锁紧螺母7,转动保持器8调整压力。

a.顺时针转动保持器,压力上升。

b.逆时针转动保持器,压力下降。

②保持器每圈调整量:约 12.5 MPa（约128 kg/cm^2）。

③锁紧螺母拧紧力矩:53.5 ±4.9 N·m（5.5 ± 0.5 kg·m）。

（3）PC-8 只调整主溢流阀的低溢流压力。如果调整了低溢流压力,高溢流压力会被自动设定。

拧松锁紧螺母5,通过转动保持器6调整压力。

a. 向右转动,设定压力上升。

b. 向左转动,设定压力下降。

（二）卸荷阀

卸荷阀安装在主控制阀的上下两端,上下各一个（主溢流阀的对侧）。由该阀设定在所有操作杆均处于中位时,整个液压系统的最高压力。此时液压泵打出的油,通过卸荷阀返回油箱。而在正常工作时,该阀一直关闭（卸荷阀设定压力 40 kg/cm^2）。

1. 卸荷阀位置

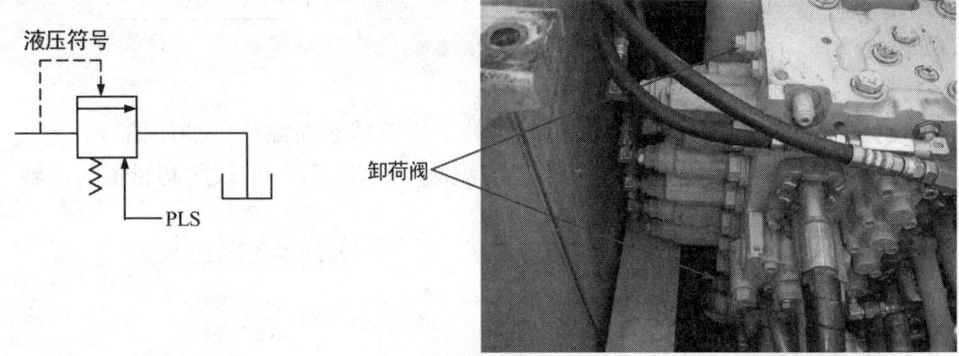

图 2-2-11　卸荷阀的位置与图形符号

2. 卸荷阀构造

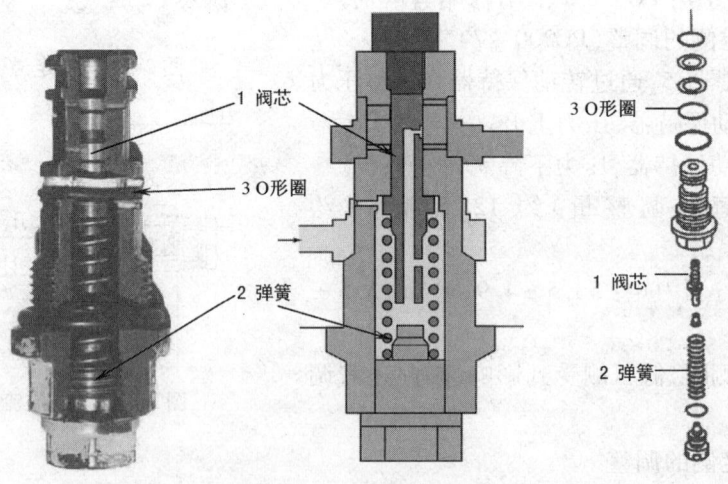

图 2-2-12　卸荷阀的结构

3. 卸荷阀工作原理

（1）所有操作手柄均处于中位时（此时 PLS 压力为 0 kg/cm^2）

①泵压逐步上升至 40 kg/cm²

↓

②阀芯 1 克服弹簧 2 力被向下推开

↓

③压力油流回至油箱

↓

④主泵压下降

↓

⑤当主泵压下降至低于 40 kg/cm² 时,弹簧 2 将阀芯 1 顶回,关闭主泵油与油箱的通路

↓

⑥主泵压再次上升至超过 40 kg/cm² 时,重复步骤

↓

⑦主泵压力稳在 40 kg/cm²。

(2)工作时(此时 PLS 压力略小于主泵压)

①主泵压上升

↓

②PLS 压也同步上升

↓

③主泵压产生的向下推力小于 PLS 压力产生的向上推力同弹簧 2 力之和

↓

④阀芯 1 不能向下推开(即正常工作时,卸荷阀一直关闭)

↓

⑤主泵压得以保持。

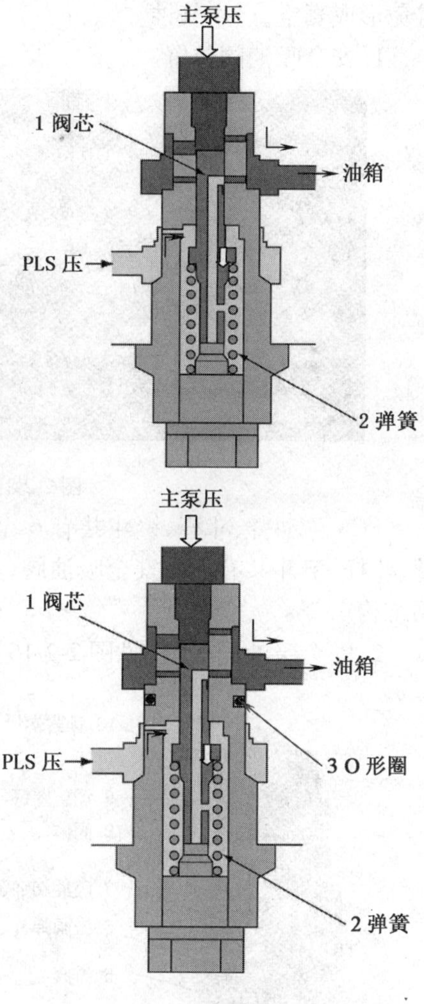

4. 故障诊断

(1)故障现象:主泵溢流时压力低于规定值(355 kg/cm²)。

(2)检查结果:O 形圈 3 损坏。

(3)故障分析:PLS 压力经损坏的 O 形圈直接流回油箱,仅靠弹簧力顶不住阀芯 1 上的主泵压,造成阀芯 1 提前向下打开,主泵压力通油箱造成主泵压力下降,系统压力不够。

(4)故障处理:更换新的 O 形圈。

(三)安全吸油阀

安全吸油阀安装在液压装置(油缸、马达)的每一分支油路上,它具有以下两项功能(以油缸为例):

(1)当工作装置受到外界异常的冲击力时,油缸内将产生异常高压,安全吸油阀打开,将异常高压泄回油箱。在此情况下,该阀起安全阀作用,以保护相关的液压油缸和液压油管。

(2)当油缸内产生负压时,该阀便起吸油阀作用,将油从油箱管路中补充回负压区中,以

图 2-2-13 卸荷阀工作原理

避免形成真空,产生气蚀。

1. 安全吸油阀位置

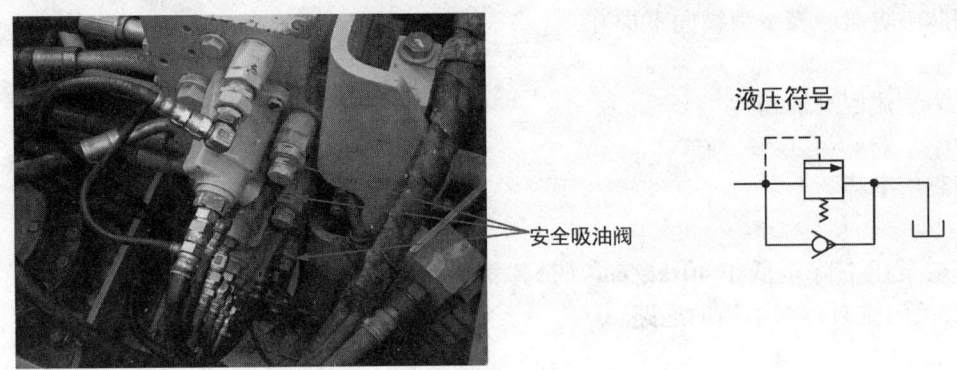

液压符号

图 2-2-14   安全吸油阀位置及液压符号

PC-7 动臂、斗杆、铲斗共有 6 个安全吸油阀,每个阀具体对应位置主阀结构;PC-8 动臂、斗杆、铲斗共有 5 个安全吸油阀,其中动臂与斗杆共用一个安全阀,每个阀具体对应位置主阀结构。

2. 安全吸油阀构造(见图 2-2-15)

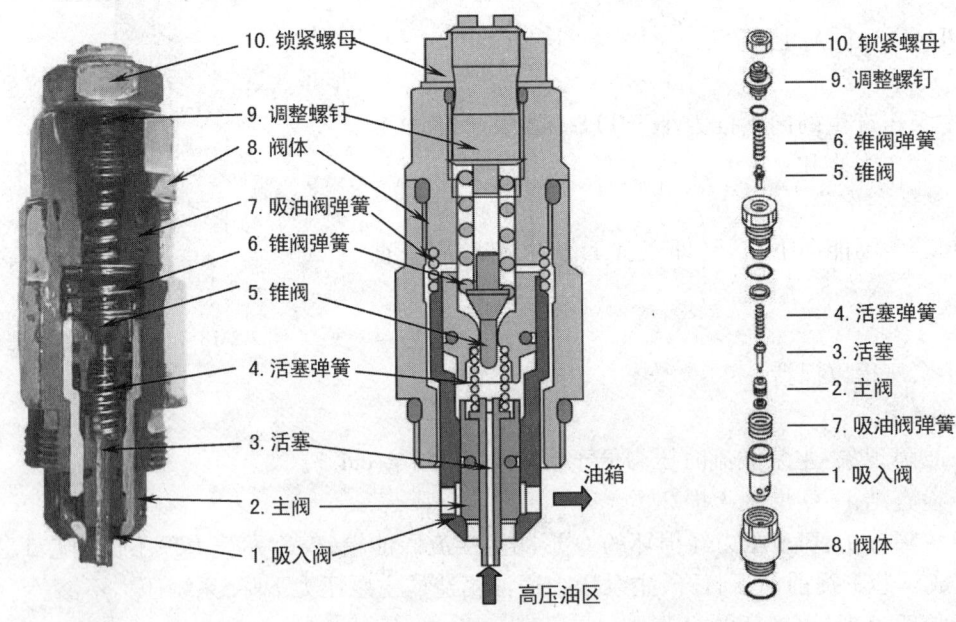

图 2-2-15   安全吸油阀结构

3. 工作原理

(1)安全作用:

①高压油区油压上升至 390 kg/cm²

↓

②高压油推动锥阀 5 克服弹簧 6 力向上打开

↓

③活塞 3 的节流槽中的油开始少量流动
↓

④活塞 3 上下由于节流槽节流作用产生压力差
↓

⑤主阀 2 由于受此压力差作用,克服弹簧 4 的力向上打开
↓

⑥大量高压油得以泄回油箱,主油路压力下降
↓

⑦保护了油缸和油管。

(2)吸油作用:

①当 E 区为负压时,油压低于油箱压力
↓

②油箱油压作用在 $\Phi A - \Phi D$ 的环行受力面上,推动吸入阀 1 向上打开
↓

③油箱油补进此负压区,避免生成气泡,产生气蚀。

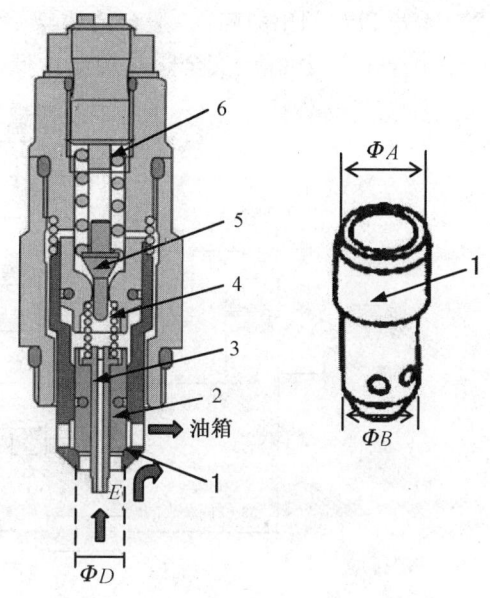

4.故障诊断

(1)故障 1

①故障现象:动臂油缸受高压冲击后鼓包。

②检查结果:动臂缸底安全吸油阀主阀 2 卡死不能移动。

③故障分析:异常高压达到 390 kg/cm^2 以上时,主阀 2 还不能打开,造成持续异常高压,油缸筒受巨大内力而变形。

④故障处理:分解后发现主阀 2 损伤严重(有两条较深的划痕)。无法修复所以更换安全吸油阀。分解动臂油缸后发现鼓包严重无法修复,因此更换动臂油缸筒壳。

(2)故障 2

①故障现象:动臂明显自然下降。

②检查结果:锥阀 5 的锥面有明显的划痕。

③故障分析:由于锥阀 5 锥面有明显划痕,造成动臂油缸底部压力油经锥阀 5 锥面漏回油箱。

④故障处理:更换动臂安全阀机器恢复正常。

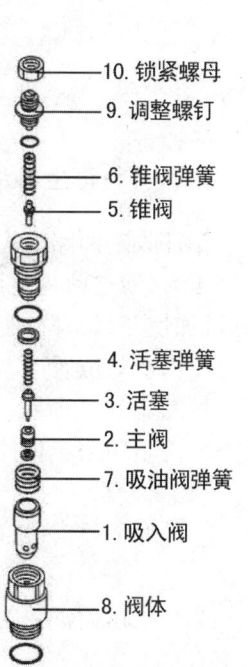

图 2-2-16 安全吸油阀工作原理

图 2-2-17 安全吸油阀结构

小结:至此,我们掌握了 PC200-7/PC200-8 的基本工作原理,同时,还掌握一般故障的诊断方法。以下我们举例说明更多的故障诊断方法,请学生依此方法进行诊断。

①若主溢流阀发生故障,设定压力低,则会造成整机工作无力。

②若卸荷阀提前开启,也会造成整机工作无力。

③若自减压阀输出先导压力低,会造成整机工作速度慢。

④若 PPC 阀出故障,一般会造成某一动作工作速度慢。

⑤若安全吸油阀、安全阀设定压力低,则会造成相应动作工作无力。

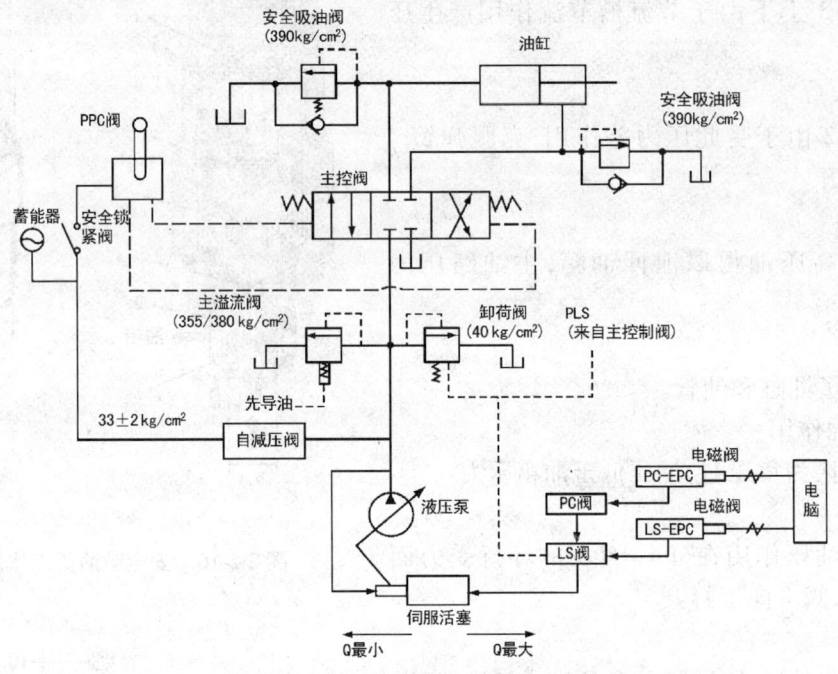

图 2-2-18   PC200 – 7 液压回路

(四)斗杆再生回路

斗杆收进回路上设有再生回路。斗杆下降时由于重力作用,斗杆油缸顶端压力大于油缸底端压力,通过此再生回路,可将油缸顶端的部分压力油与泵输出的压力油,同时供给油缸底端,可加快斗杆下降速度,提高工作效率。

1. 构造与位置

见图 2-2-19 所示。

2. 再生回路工作原理

(1)斗杆收回

①此时,斗杆油缸缸头油压大于缸底油压

↓

②缸头压力油一部份经斗杆滑阀 2 进入油道 B 返回油箱,而另一部份则通过油槽 F 进入油道 C

↓

③油道 C 内的压力油则顶开再生回路单向阀 3,进入油道 D 和 E

↓

④这部分压力油和主泵来的压力油一起进入斗杆油缸缸底

↓

⑤至此,斗杆下降速度加快,提高工作效率。

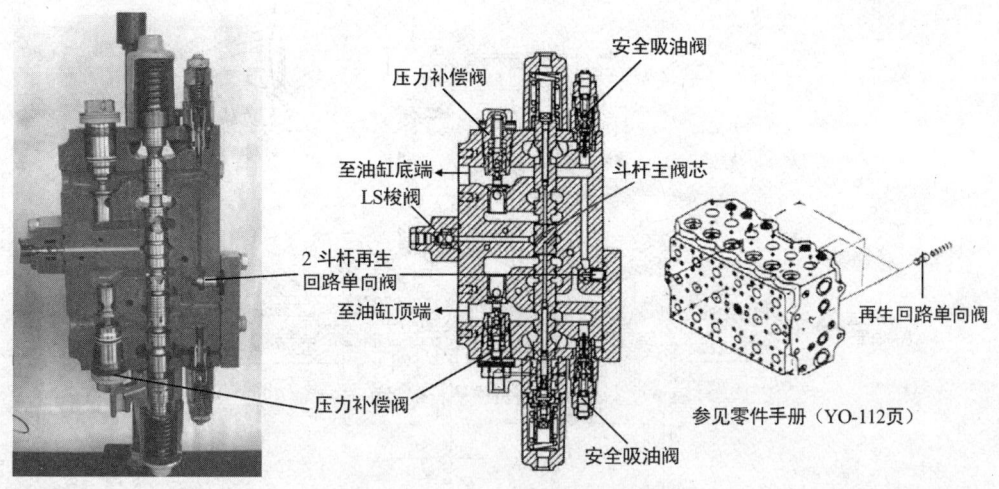

图 2-2-19 斗杆再生回路结构

参见零件手册（YO-112页）

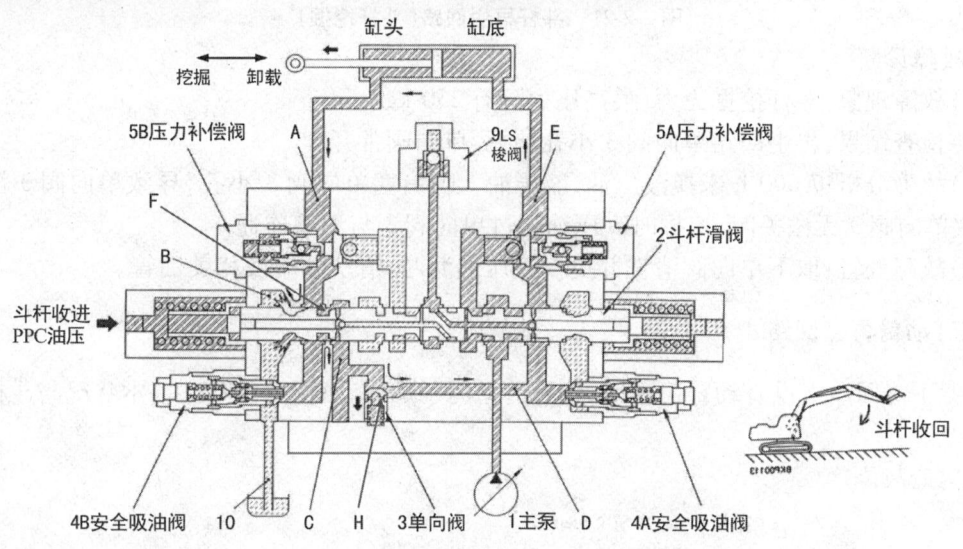

图 2-2-20 斗杆再生回路(斗杆收回)

（2）斗杆挖掘

①此时,斗杆油缸缸底油压大于缸头油压

↓

②油道 D 压力大于油道 C 压力

↓

③同时油道 D 内的压力油通过单向阀 3 上的油孔 H 进入单向阀 3 背部

↓

④单向阀 3 向下关闭

↓

⑤油道 D 压力(即油缸缸底压力)得以保持,可正常进行挖掘作业。

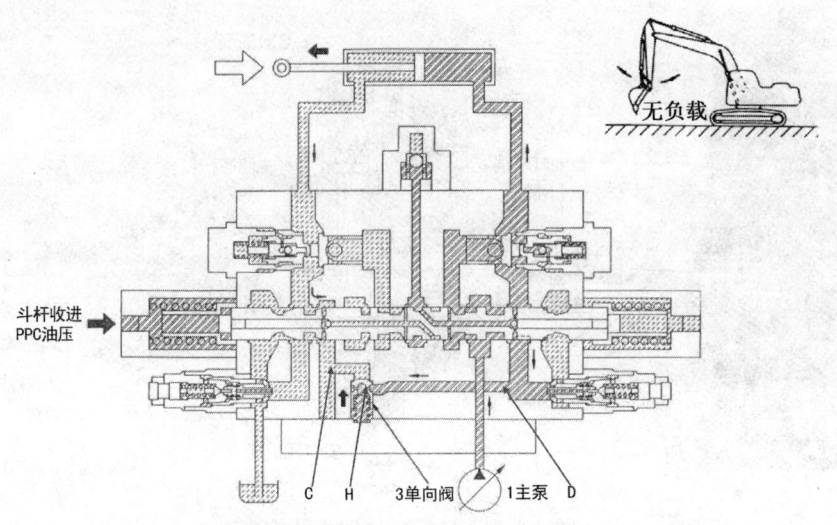

图 2-2-21　斗杆再生回路(斗杆挖掘)

3.故障诊断

(1)故障现象:斗杆挖掘无力,最高压力只有 250 kg/cm^2。

(2)检查结果:再生回路单向阀 3 小孔堵死,单向阀常开。

(3)故障分析:7 000 h 未换液压油,液压油太脏堵塞单向阀 3 小孔,导致单向阀 3 没有背压,以致单向阀 3 无法关闭,挖掘时高压油通过单向阀 3 与油箱连通。

(4)故障处置:取下单向阀清洗并更换液压油滤芯,清洗油箱及相关油管。

(五)动臂再生回路

动臂下降回路上设有动臂再生回路,目的是为了加快动臂下降速度,基本状况与斗杆再生回路类似。

1.构造与位置

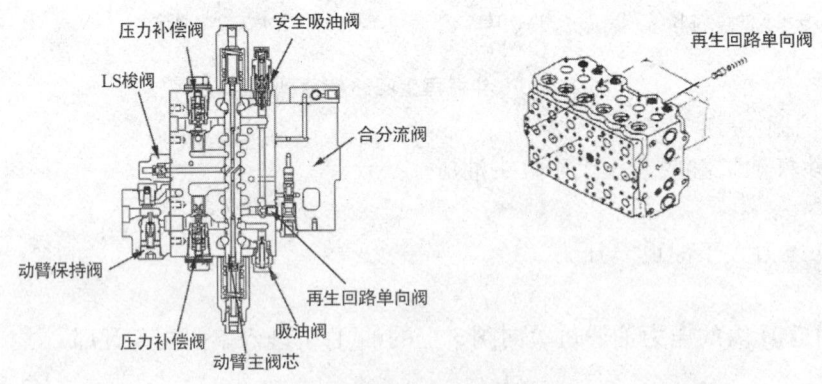

图 2-2-22　动臂再生回路结构

2.工作原理

动臂再生回路的工作原理与斗杆再生回路完全相同,故障诊断内容请参考斗杆再生回路部分。

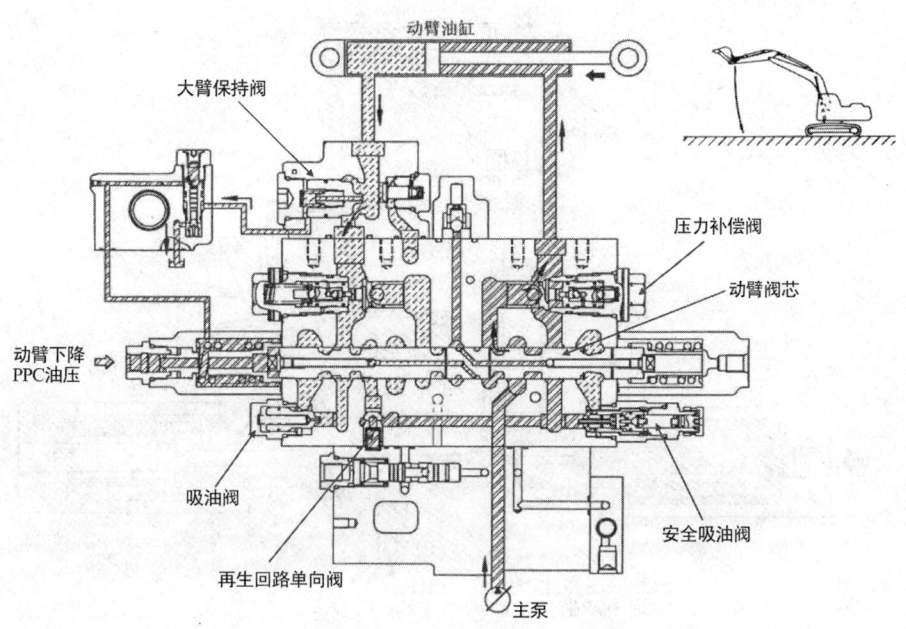

图 2-2-23 动臂再生回路工作原理

(六) LS 压力

LS 压力是 CLSS(闭式负荷传感系统)中一个非常关键的参数。LS 油压指的是执行器的负载压力。在正常工作时,LS 压力略小于执行器的负载压力。溢流时,LS 压力等于执行器负载压力。

1. LS 压力产生

(1)PPC 油压作用在主阀芯的左端,主阀芯向右移动

↓

(2)主泵压 PP 通过主阀芯 2,顶开阀 4 流向执行器

↓

(3)同时,主泵压 PP 通过主阀芯 2 的节流孔 a,进入 LS 产生回路 C

↓

(4)执行器回路压力 A(即负载压力)上升到所需要的压力时,PP 泵压也上升,主阀芯 2 内的单向阀 5 向右打开,执行器回路 A 与 LS 回路 C 接通

↓

(5)据此,LS 回路 C 的 PLS 压力与执行器回路 A 的压力(负载压力)几乎相等。因此,LS 压力反映的是执行器负载压力的大小

↓

(6)此时,LS 回路 C 产生的 PLS 油压,通过 LS 梭阀 6 进入液压系统的 LS 回路。

注:中立时 PLS = 0;工作时 PLS 略小于 PP 主泵压;溢流时 PLS = PP 主泵压。

2. 故障诊断

(1)故障现象:斗杆速度低。

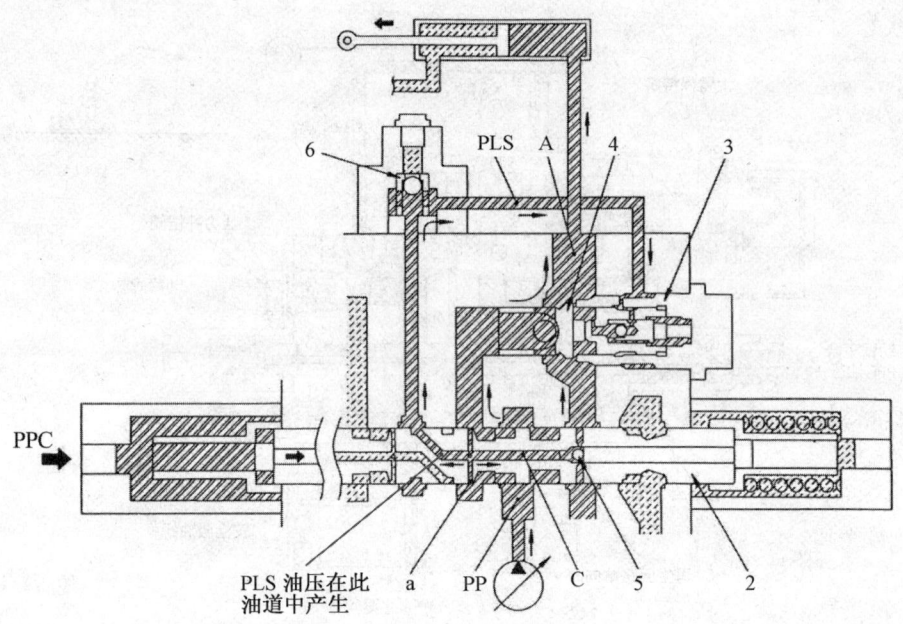

图 2-2-24　LS 压力回路

1—主泵；2—主阀芯；3—压力补偿阀；4—阀；5—单向阀；6—LS 梭阀

（2）检查结果：斗杆主控阀阀芯内产生 PLS 压力的节流小孔 a 堵塞。

（3）故障分析：据客户反映，该机工作 8 000 h 从未换液压油，油液太脏将斗杆主控阀阀芯内小孔 a 堵塞，油流不畅通，PLS 压力下降，泵流量减少（参考 LS 阀）。

（4）故障处置：取出斗杆主控阀阀芯清洗，更换液压油、液压油滤芯，清洗所有油管、油箱。

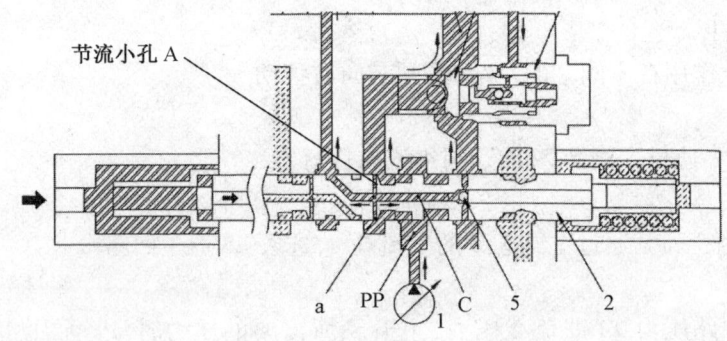

图 2-2-25　LS 压力回路故障

（七）LS 梭阀

由 LS 压力的产生过程可知，当几个执行器同时动作时，每个执行器均产生一个与其负荷大小相对应的 PLS 压力。LS 梭阀将这几个不同大小的 PLS 油压进行比较，最后只取最大的 PLS 油压，作为系统的 PLS 油压作用于主泵、压力补偿阀和卸荷阀上。

1. 位置

打开主阀盖板，可以看到图 2-2-26 所示的地方有两排 LS 梭阀。

2.构造

LS 梭阀内有滚珠和通道,滚珠起着双向单向阀的作用(见图 2-2-27)。

3.工作原理

(1)2 个或 2 个以上的执行器同时动作。

(2)每个执行器各自产生不同大小的 PLS 油压分别输到 LS 梭阀的 a、b、c、d 油口。

(3)其他动作产生的 PLS 油压与动臂产生的 PLS 在梭阀内进行比较,较大的 PLS1 流向下一级通道,小的 PLS 油压则被滚珠封堵在原 LS 回路中。

(4)PLS1 再与左行走产生的 PLS 油压相比,较大的 PLS2 油压进入下一级通道,小的 PLS 被滚珠封在原 LS 回路中。

(5)同样 PLS2 再与铲斗产生的 PLS 油压比较,此

LS梭阀(铲斗端)　　LS梭阀(斗杆端)

图 2-2-26　LS 梭阀位置图

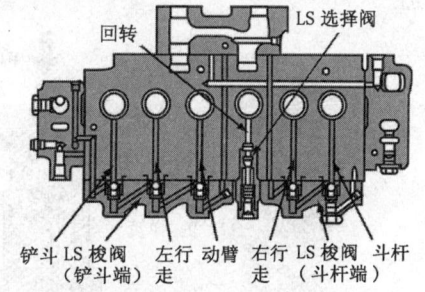

图 2-2-27　LS 梭阀结构

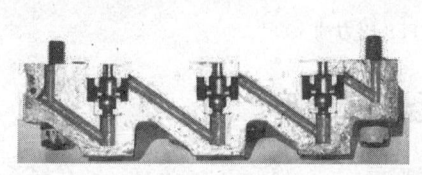

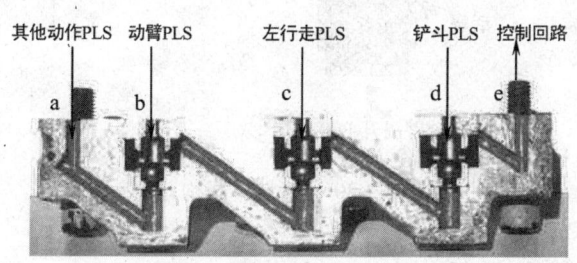

图 2-2-28　LS 梭阀工作原理

时选出的 PLS 油压即为几个同时产生的 PLS 油压中最大的 PLS_{max} 油压。

(6)PLS_{max} 通过 e 口进入系统的 LS 回路中,即作为整个 CLSS 系统的 PLS 压力作用于主泵的 LS 阀、各执行器的压力补偿阀及卸荷阀上。

注:其他端 PLS 油来自于回转、斗杆、右行走的 PLS 油压经比较后,选出的最大的 PLS 油压。

(八)LS 选择阀

该阀安装在回转 PLS 油压输出的通路上,在两 LS 梭阀中间,它可在回转与大臂举升同时动作时,防止回转产生的较高的 PLS 油压,进入系统的 LS 回路,造成大臂举升慢,确保回转与

大臂提升复合动作的协调性。

1. 位置

LS 选择阀

图 2-2-29　LS 选择阀位置

2. 构造

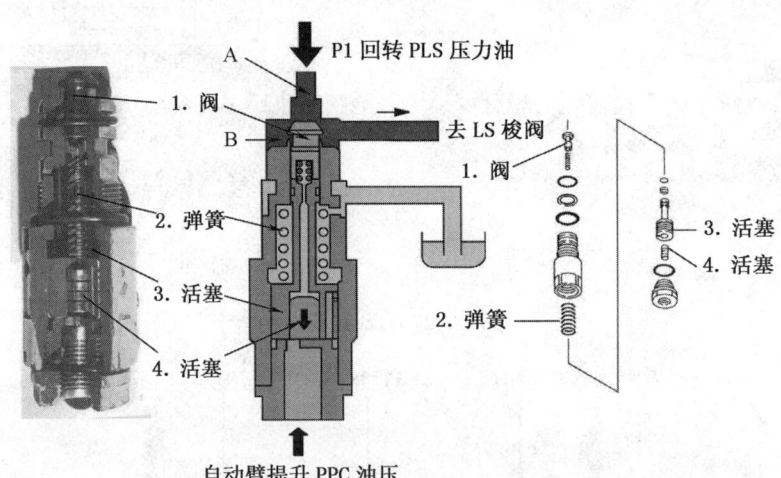

图 2-2-30　LS 选择阀构造

3. 工作原理(如图 2-2-31 所示)

(1) 动臂升 PPC 油压 BP 关闭

① 柱塞 3 被弹簧 2 推至下端。

② 若此时操作回转,回转 PLS 压力经回转阀芯 5 向下顶开阀体 1。

③ 则回转 PLS 压力 P1 进入 LS 梭阀回路 9。

(2) 动臂升 PPC 油压 BP 接通

① BP 压力向上推动活塞 3。

② 克服弹簧 2 的力。

③ 活塞 3 向上顶住阀体 1,A、B 油路切断。

④ 若此时操作回转,回转产生的 PLS 压力则不能进入 LS 梭阀回路 9。

⑤ 确保回转与大臂提升同时工作时的动作协调性。

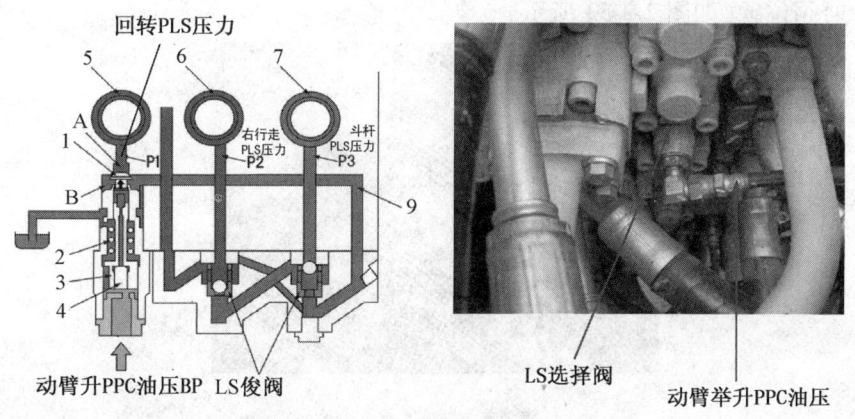

图 2-2-31 LS 选择阀工作原理

4. 故障诊断

（1）故障现象：大臂和回转同时作业时,动臂提升慢而回转快。

（2）检查结果：动臂升 PPC 信号压力 BP = 0。

（3）故障分析：由 BP 压力 =0,系统始终受回转 PLS 压力控制,此 LS 压力油会流到动臂压力补偿阀,减少去动臂油缸的流量,其结果使动臂提升速度下降。

（4）故障处置：更换 LS 选择阀至动臂 PPC 阀的油管。

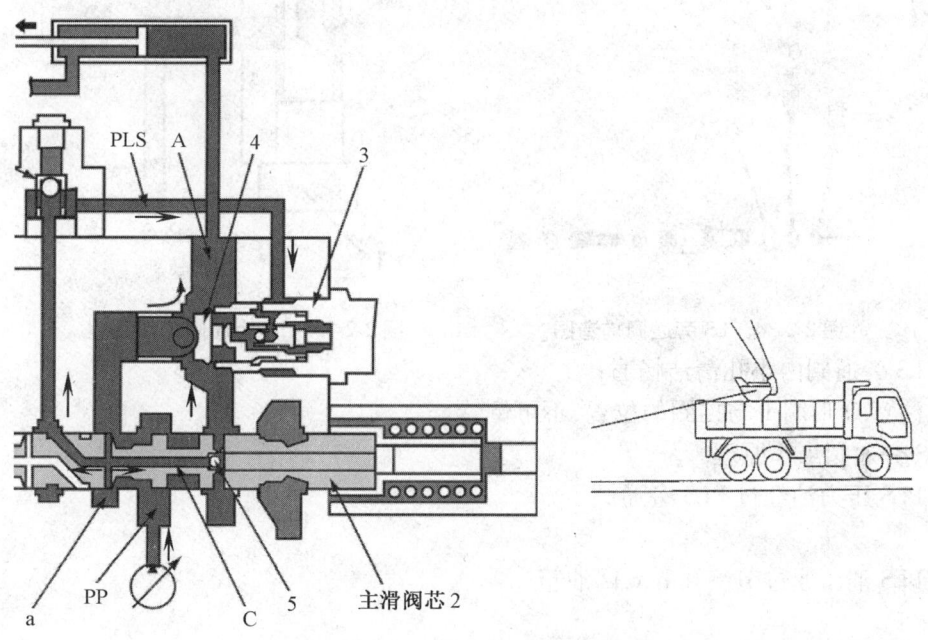

图 2-2-32 LS 选择阀故障

（九）LS 旁通阀

通过该阀内的两节流孔,微量泄掉 LS 回路中的一些 PLS 压力,防止 PLS 油压急剧变化而造成泵流量的急剧变化,增加了操作的柔和性,增强了执行器的动态稳定性。

1. LS 旁通阀位置(如图 2-2-33 所示)

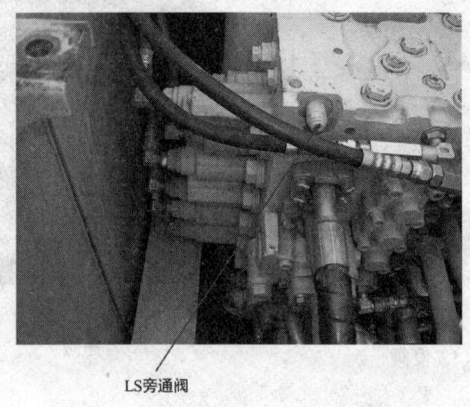

图 2-2-33　LS 旁通阀位置图

2. LS 旁通阀构造

如图 2-2-34 所示,安装时要注意:

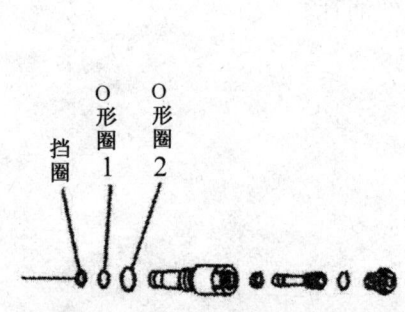

图 2-2-34　LS 旁通阀构造图

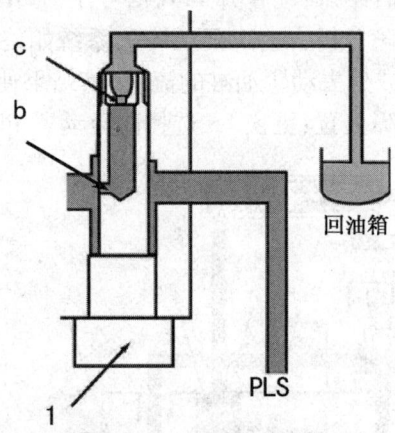

图 2-2-35　LS 旁通阀工作原理

(1)LS 旁通阀内小孔清洁畅通;

(2)注意 O 形圈 1 与挡圈的位置,不可倒装。

3. LS 旁通阀工作原理

(1)PLS 压力油经过 PLS 旁通阀

↓

(2)PLS 油压通过节流孔 b、c 回油箱

↓

(3)当 PLS 压力突变升高时,通过 b、c 小孔卸压

↓

(4)PLS 油压升压速度变缓,防止油压急剧变化

↓

(5)操作柔和性提高,增加执行器的动态稳定性。

4.故障诊断

(1)故障现象:全机动作缓慢(各项速度低于标准值),各工作装置最高压力小于250 kg/cm²。

(2)检查结果:LS旁通阀O形圈损坏。

(3)故障分析:由于LS旁通阀O形圈损坏,PLS压力与油箱相通,PLS压力下降。而在作业时卸荷阀的背压就是PLS压力,当PLS压力下降时,卸荷阀背压顶不住主泵压,因而卸荷阀常开,所以各工作装置最高压力小于250 kg/cm²。

(4)故障处置:更换LS旁通阀O形圈,系统恢复正常。

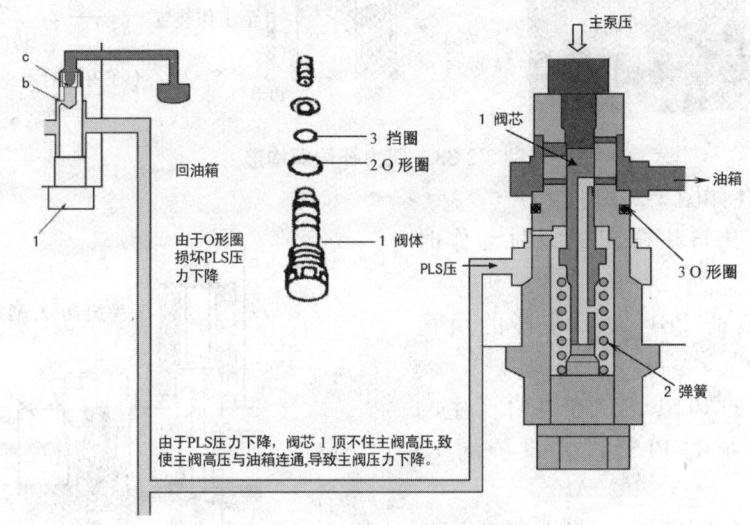

图 2-2-36　LS 旁通阀故障

(十)压力补偿阀

在OLSS系统中,因没有压力补偿阀,当两执行器同时动作时,需不时调整操作手柄,以适应不断变化的执行器负荷,才能确保两执行器动作的协调性,而在CLSS系统中,因有压力补偿阀,可不考虑外界不断变化的执行器负荷,只需设定两操作手柄的相对行程,即可确保两执行器同时动作时的协调性。

1.位置

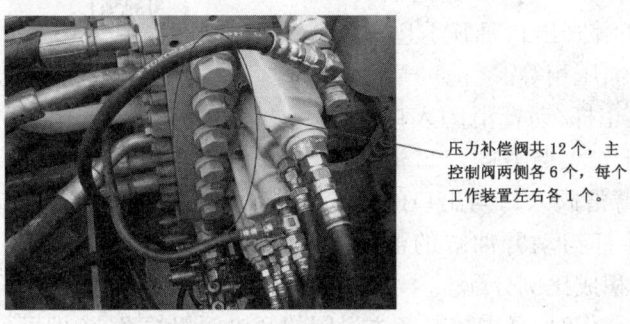

图 2-2-37　压力补偿阀位置

2．构造

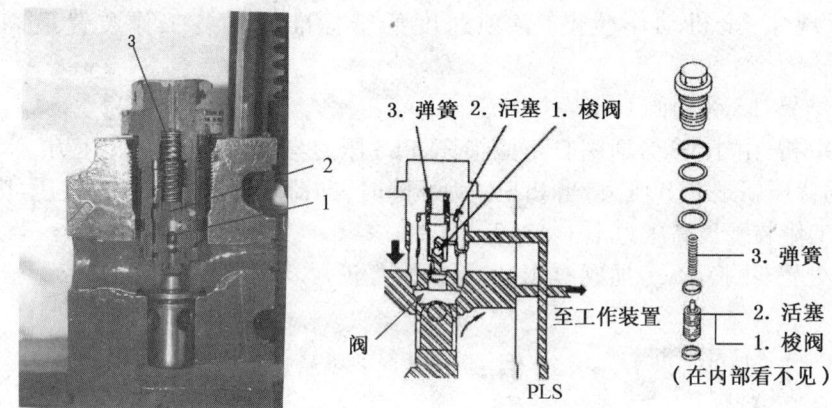

图 2-2-38　压力补偿阀构造

3．工作原理（如图 2-2-39 所示）

（1）大臂举升与斗杆卸载同时动作时为例

①大臂的负荷 PB1 大于斗杆的负荷 PB2。

②大臂产生的 PLS1 因大于斗杆产生的 PLS2，而作为系统的 PLS，进入系统的 LS 回路。

③斗杆油缸的负荷 B 小于大臂油的负荷。若无压力补偿阀作用，斗杆油缸动作速度将大大快于动臂油缸。

④此时动臂升 PLS1 将斗杆压力补偿内的梭阀 1 向下推，PLS 油压通过活塞 2 内的通路进入弹簧 3 室 C。

⑤活塞 2 以及阀 4 被 PLS1 油压推向下方。

⑥由于阀 4 向下，从 A 流向 B 处的油被节流，A 处油压（斗杆滑阀出口油压）上升，直至与大臂滑阀出口油压相等。

⑦因为泵压 PP（斗杆/动臂滑阀入口油压）相同，而此时斗杆与大臂滑阀出口油压又相等（即斗杆与大臂滑阀入口与出口的压差相等），所以流至斗杆与动臂油缸的油流只与各滑阀的开口面积成比例分配。

⑧两执行器同时动作时，只需控制各主滑阀的开口面积的大小，即可保证两执行器动作协调性。

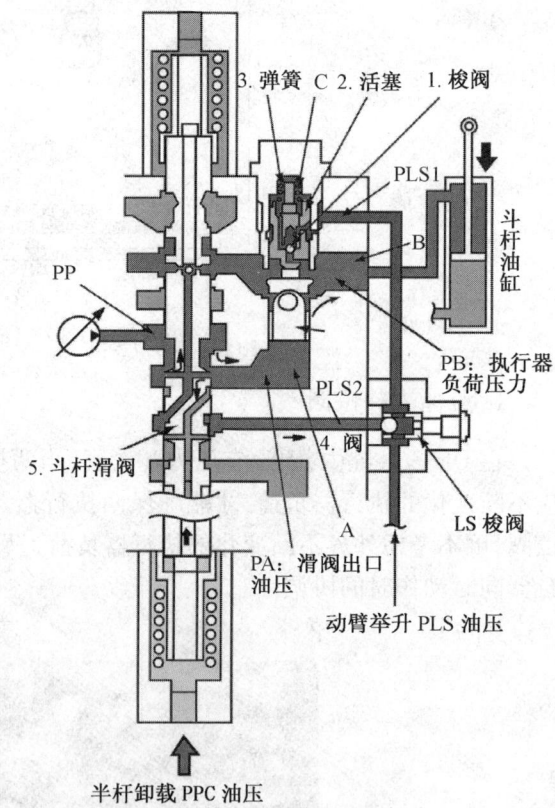

图 2-2-39　压力补偿阀工作原理

（2）在单独动作时或复合动作时,执行器负荷为最高负荷

①该执行器压力补偿阀仅起单向阀作用。

②例如 B 处的负荷突然升高,且高于系统 LS 压力时,PB 向上推动梭阀1,PB 通过活塞2 内的通路进入弹簧3室 C,活塞2 及阀4,朝闭合方向移动,防止了异常高压逆流,避免主油路 受此压力的影响。

（十一）合流/分流阀

合流/分流阀的作用是根据作业的需要,由泵控制器自动地把前泵和后泵排出的压力油流 P1 和 P2 进行合流或分流(分别送到各自的控制阀组),同时,也对 LS 控制回路压力进行合流 或分流。

1. 位置和关系

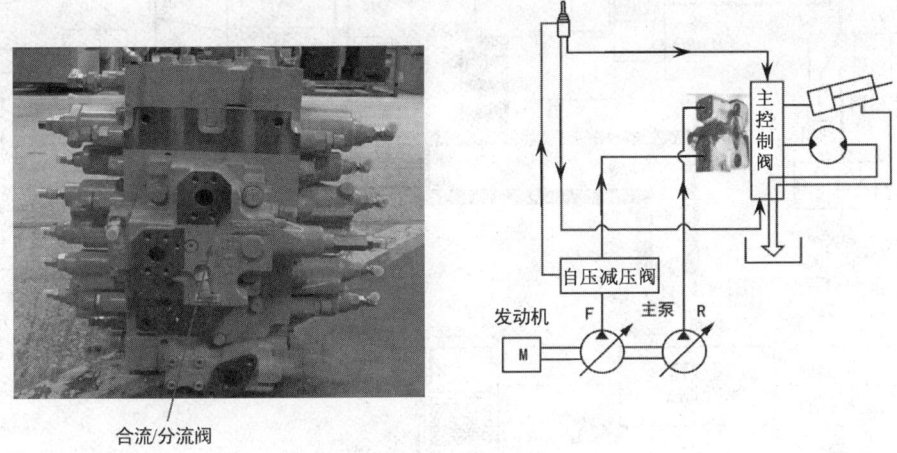

图 2-2-40　合流/分流阀位置与关系

2. 构造

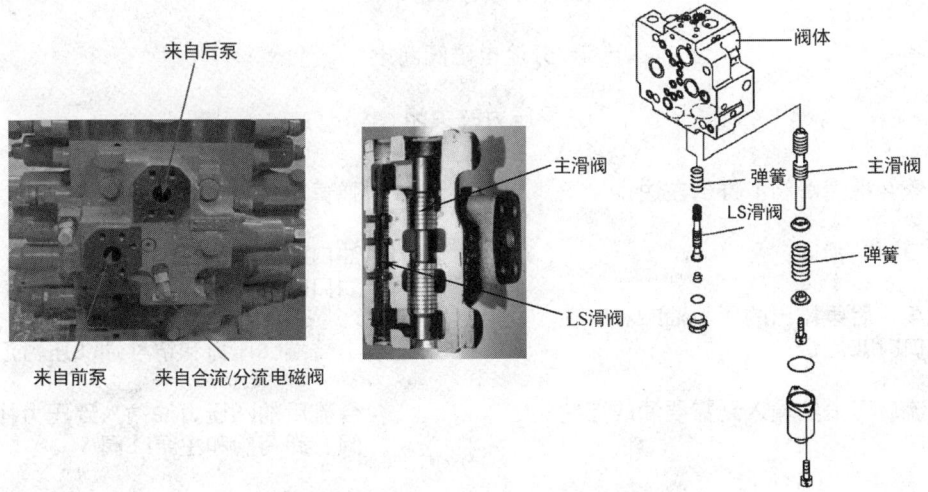

图 2-2-41　合流/分流阀外观、零件分解图

3. 工作原理

根据作业的需要和为了节省能源,泵控制器根据监控器的指令和操作杆状态等情况发出合流/分流的命令,由合流/分流电磁阀执行此命令,将前后泵压力油和 LS 回路控制油流进行合流或分流。

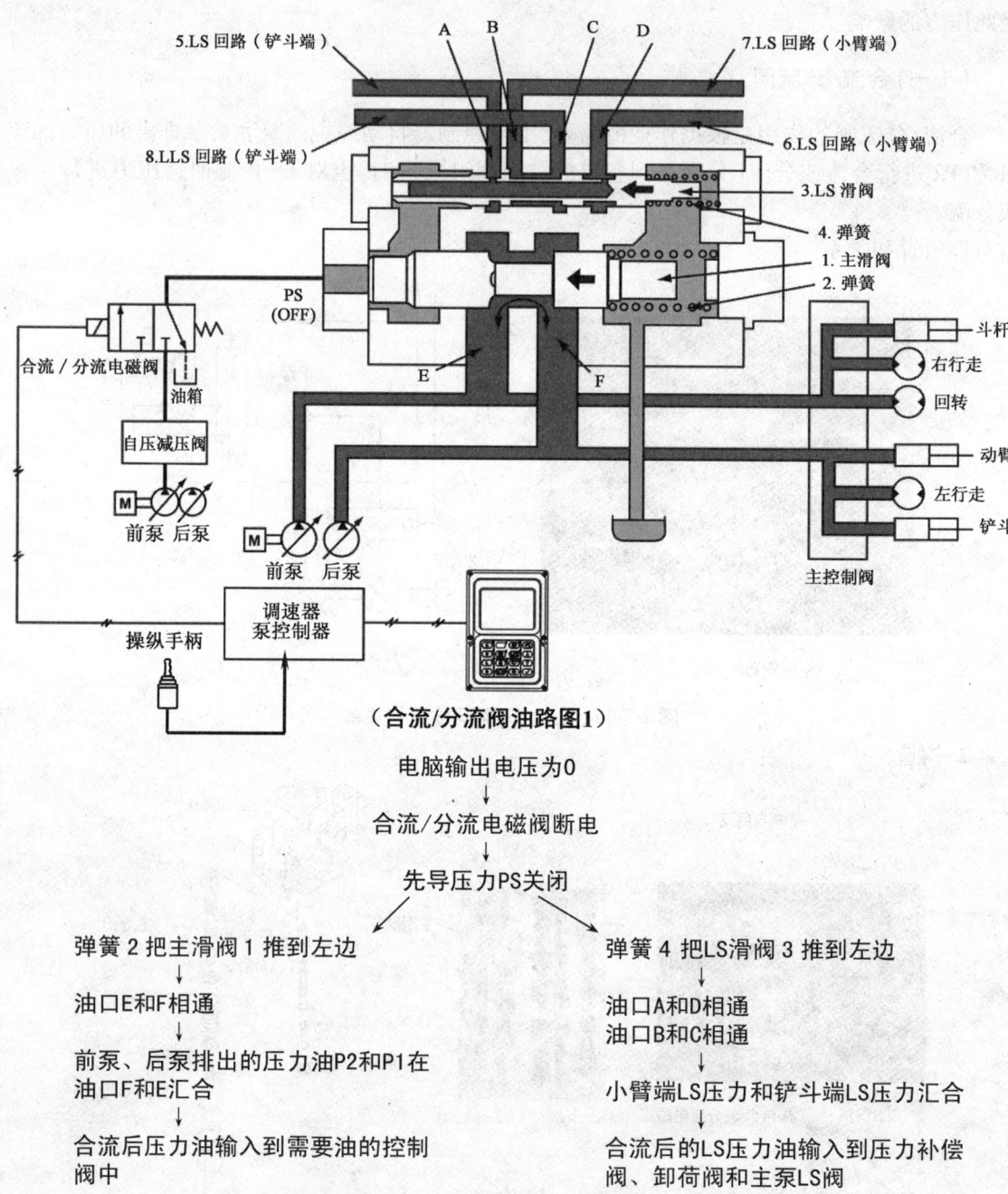

（合流/分流阀油路图1）

电脑输出电压为0
↓
合流/分流电磁阀断电
↓
先导压力PS关闭

弹簧 2 把主滑阀 1 推到左边
↓
油口E和F相通
↓
前泵、后泵排出的压力油P2和P1在油口F和E汇合
↓
合流后压力油输入到需要油的控制阀中

弹簧 4 把LS滑阀 3 推到左边
↓
油口A和D相通
油口B和C相通
↓
小臂端LS压力和铲斗端LS压力汇合
↓
合流后的LS压力油输入到压力补偿阀、卸荷阀和主泵LS阀

图 2-2-42　合流/分流阀工作原理(分流)

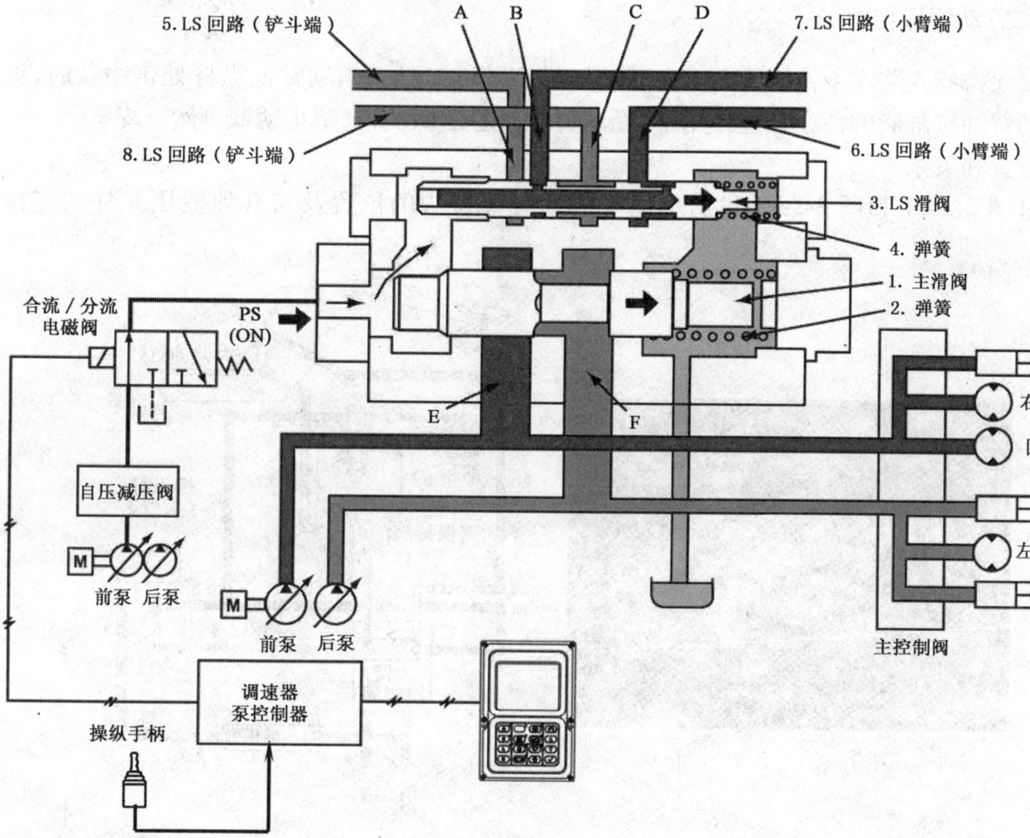

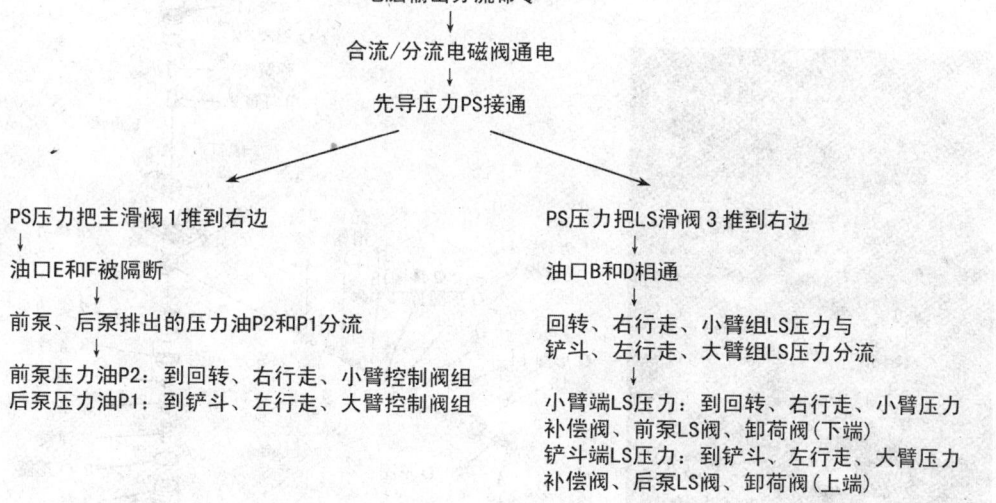

（合流/分流阀油路图2）

电脑输出分流命令

合流/分流电磁阀通电

先导压力PS接通

PS压力把主滑阀1推到右边
↓
油口E和F被隔断

前泵、后泵排出的压力油P2和P1分流

前泵压力油P2：到回转、右行走、小臂控制阀组
后泵压力油P1：到铲斗、左行走、大臂控制阀组

PS压力把LS滑阀3推到右边
↓
油口B和D相通

回转、右行走、小臂组LS压力与
铲斗、左行走、大臂组LS压力分流

小臂端LS压力：到回转、右行走、小臂压力
补偿阀、前泵LS阀、卸荷阀（下端）
铲斗端LS压力：到铲斗、左行走、大臂压力
补偿阀、后泵LS阀、卸荷阀（上端）

图2-2-43　合流/分流阀工作原理(合流)

(十二)动臂保持阀

动臂保持阀安装在主控制阀上至大臂油缸缸底的油口处。当动臂操纵杆处于中位时,该阀防止动臂油缸缸底的油在自重作用下,经动臂主阀芯返回油箱,防止动臂自然下降。

1. 位置和关系

通过图 2-2-44 和图 2-2-45 我们可以了解动臂保持阀的位置及与其他液压元件的连接关系。

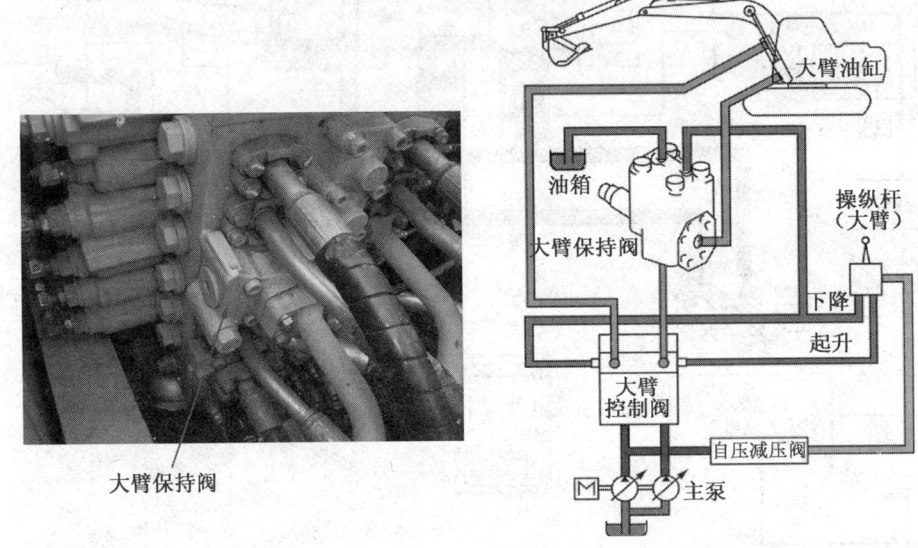

图 2-2-44　动臂保持阀位置　　　　图 2-2-45　动臂保持阀与其他部件的关系

2. 构造

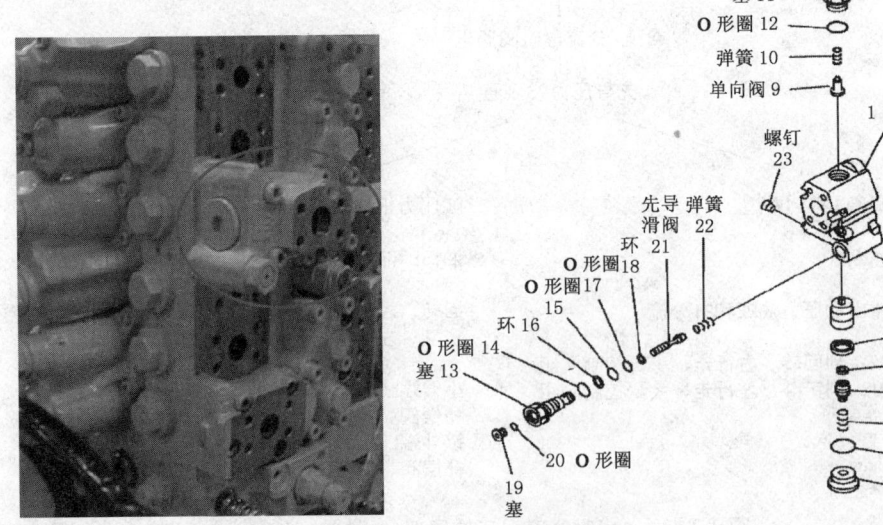

图 2-2-46　动臂保持阀结构

3. 工作原理

（1）动臂提升时（见图 2-2-47（a））

①动臂操作杆处于提升位置

↓

②动臂提升 PPC 油压将动臂主阀芯推向左侧

↓

③主泵高压油通过主阀芯 1 作用在由提动头 5 的外径 d_1 和阀座直径 d_2 形成的环形作用面 A（$\Phi_{d_1} - \Phi_{d_2}$）上

↓

④此时,若油压作用力高于弹簧 4 的力,提动头 5 被高压油推向左侧

↓

⑤泵高压油通过动臂保持阀油口 B 进入动臂油缸缸底。缸头低压油通过主阀芯 1 返回油箱

↓

⑥动臂提升。

（2）动臂操作杆在"中立"位置时（见图 2-2-47（b））

①动臂操作杆回至"中立"位置

↓

②动臂主阀芯 1 在弹簧 6、7 作用下回至"中位"

↓

③通过节流口 a 进入提动头 5 背部的油流被先导滑阀 2 封住

↓

④在自重作用下产生的油缸缸底的压力油作用在提动阀 5 的外径 d_1 和阀座直径 d_2 形成的环形作用区 A 的右侧,此作用力与弹簧 4 的合力,将提动头 5 向右动作,截断油缸缸底至主阀芯 1 的油路

↓

⑤动臂保持不动,防止自然下降。

（3）大臂下降时（见图 2-2-47（c））

①动臂操纵杆做"下降"动作

↓

②动臂下降 PPC 压力分别作用于:

a. 至大臂主阀芯左侧

↓

动臂控制阀阀芯向右移动

↓

主泵压力油通过动臂主控阀阀芯进入动臂油缸

↓

b. 流入动臂保持阀先导滑阀 2

↓

推动先导滑阀 2 向上移动

↓

来自动臂油缸底的压力油从节流口"a",经过"b"腔和节流口"c"流回油箱

↓

"b"腔内油压下降

↓

"b"腔内油压低于油口"B"的压力

↓

提动头 5 向左打开

↓

缸底油通过"B"口、"A"口和主阀芯 1 回油箱

↓

动臂下降。

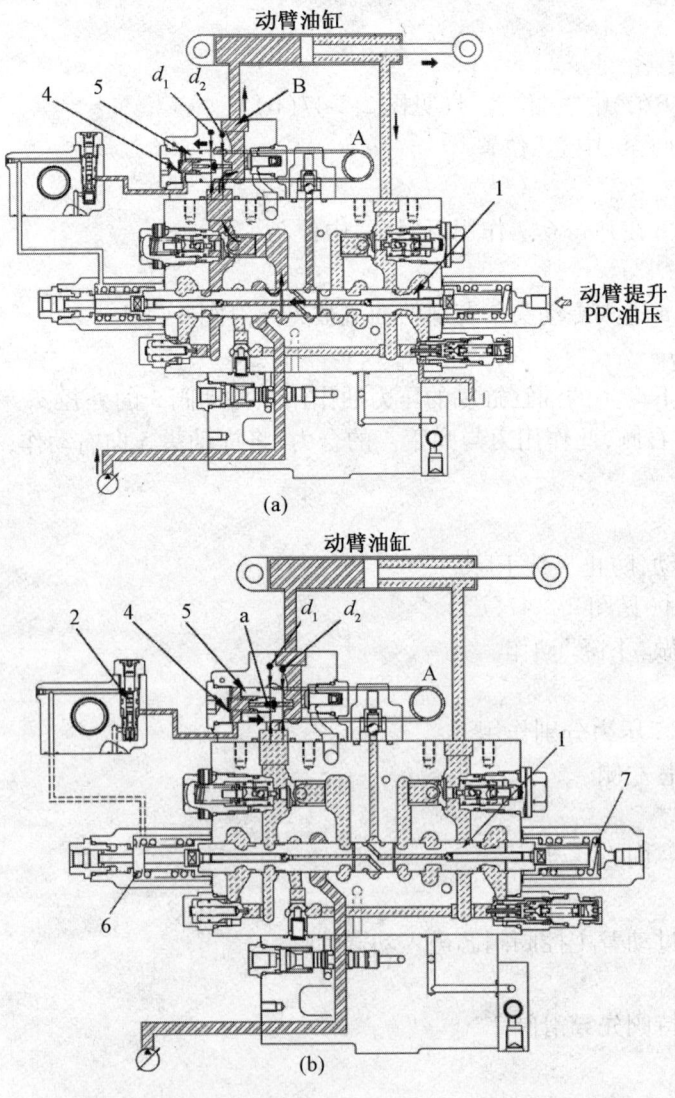

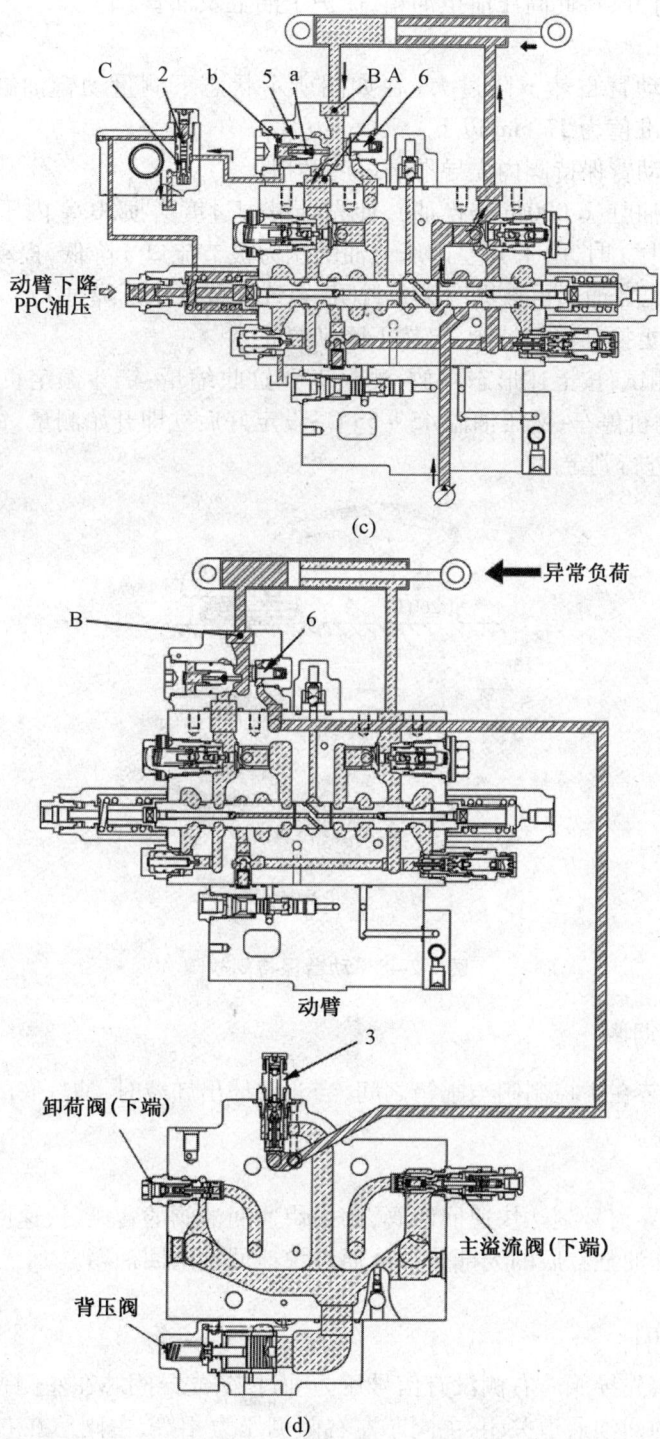

图 2-2-47 动臂保持阀工作原理

（4）当缸底产生异常高压时（见图 2-2-47（d））

当动臂油缸底部内产生了异常高压，油口 B 内的油压向右推开单向阀 6，异常高压流至安全阀3。安全阀3打开,将此高压泄至油箱,保护了油缸及油管。

4. 故障诊断

(1)故障现象:动臂自然下降过大(在如图所示状态下测量动臂油缸收缩量,实际值为58 mm,故障判断基准值为27 mm以下)。

(2)检查原因:动臂保持阀内先导滑阀过度磨损。

(3)故障分析:油脏(6 000 h未换油),使先导滑阀过度磨损,B室内压力油始终通过先导滑阀回油箱。手柄中立时,由于B室内压力油的压力被节流口a降低,提动头2始终打开,动臂油缸底端的保持压力油不再被提动头2封闭,导致动臂自然下降过大。

(4)故障处置:更换动臂保持阀,自然下降恢复正常。

(5)动臂下降测试:按上述形态停放,测量动臂缸收缩量:铲斗额定负载;水平平坦地面;操纵杆在空挡;发动机停车;液压油温45~55℃;设定好后立即开始测量,每5 min测下降量一次,用15 min时间进行判定。

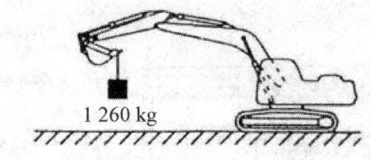

图2-2-48 动臂保持阀故障

(十三)快速回油阀

快速回油阀安装在主控制阀与邮箱之间,当斗杆伸出卸载时,油缸底的大量油液由该阀回油箱,加快斗杆卸荷。

1. 位置和关系

当斗杆卸料先导信号到达快速回油阀,卸去快速回油阀的背压,快速回油阀打开与油箱之间的通道,来自斗杆油缸缸底的大部分油液通过快速回油阀回油箱。

2. 工作原理

(1)斗杆油缸出杆

当斗杆出杆时,先导阀芯右侧没有信号压力油过来,先导阀芯在左侧弹簧作用下被推到右侧,将主阀芯右侧的回油通道关闭,主阀芯左右两侧压力相等,主阀芯在右侧弹簧作用下将回油阀口关闭,由主控制阀来的高压油液全部进入斗杆油缸缸底,推动活塞杆出杆,实现挖掘作业。

(2)斗杆油缸收杆

当斗杆收杆时,先导阀芯右侧信号压力油过来,先导阀芯在先导压力油作用下,克服左侧

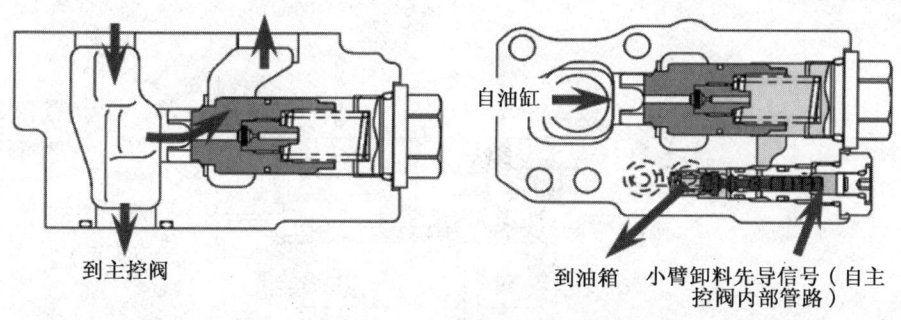

到主控阀　　　　　　　　到油箱　小臂卸料先导信号（自主
控阀内部管路）

图 2-2-49　快速回油阀位置

弹簧力被推到左侧,将主阀芯右侧的回油通道打开,主阀芯右侧压力急剧下降,主阀芯在斗杆油缸回油压力作用下克服右侧弹簧力将回油阀口打开,来自斗杆油缸缸底的大部分油液通过快速回油阀回油箱,加快了斗杆油缸的卸料速度。

(十四)行走连接阀

行走连接滑阀安装在合分流阀块内,其主要作用是改善机器的直线行走性能、转向性能及爬坡性能。

1.结构与位置

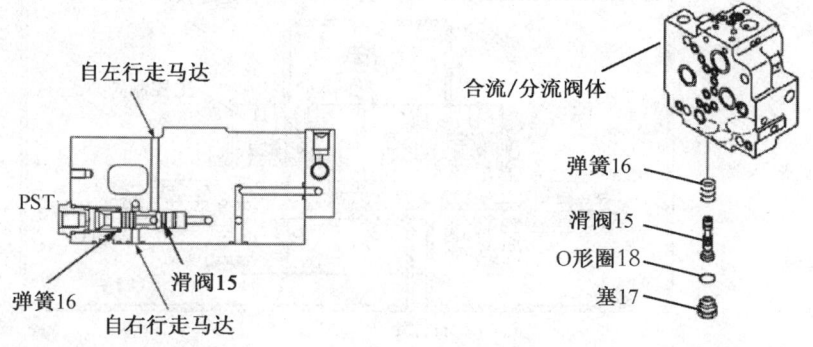

自左行走马达

合流/分流阀体

PST

弹簧16
滑阀15
O形圈18
塞17

弹簧16　滑阀15

自右行走马达

图 2-2-50　行走连接阀结构

2.工作原理

(1)先导油压 PST 闭

①在直线行走时,只要行走 PPC 梭阀中左右 PPC 压力差不超过 4 kg/cm²,行走连接电磁阀断电,先导油压 PST 为 0。此时在弹簧 16 作用力下,滑阀 15 被推向左侧。左右马达负载油路 PTL 与 PTR 连通。

②此时,即使通过主泵和行走主阀芯供给左右行走马达的油量不等,由于 PTL 与 PTR 连通,也可使左右马达的供油量趋于相等,从而确保了机器的直线行走性能。

(2)先导油压 PST 接通

机器进行转向行走时,行走连接电磁阀通电,先导油压 PST 为 ON。此时先导油 PST 克服弹簧力 16,将滑阀 15 推向右侧,PTL 油路与 PTR 油路断开。此时,根据左右行走操作杆的行程大小,决定供给左右马达的油流量,实现了机器的平稳转向。

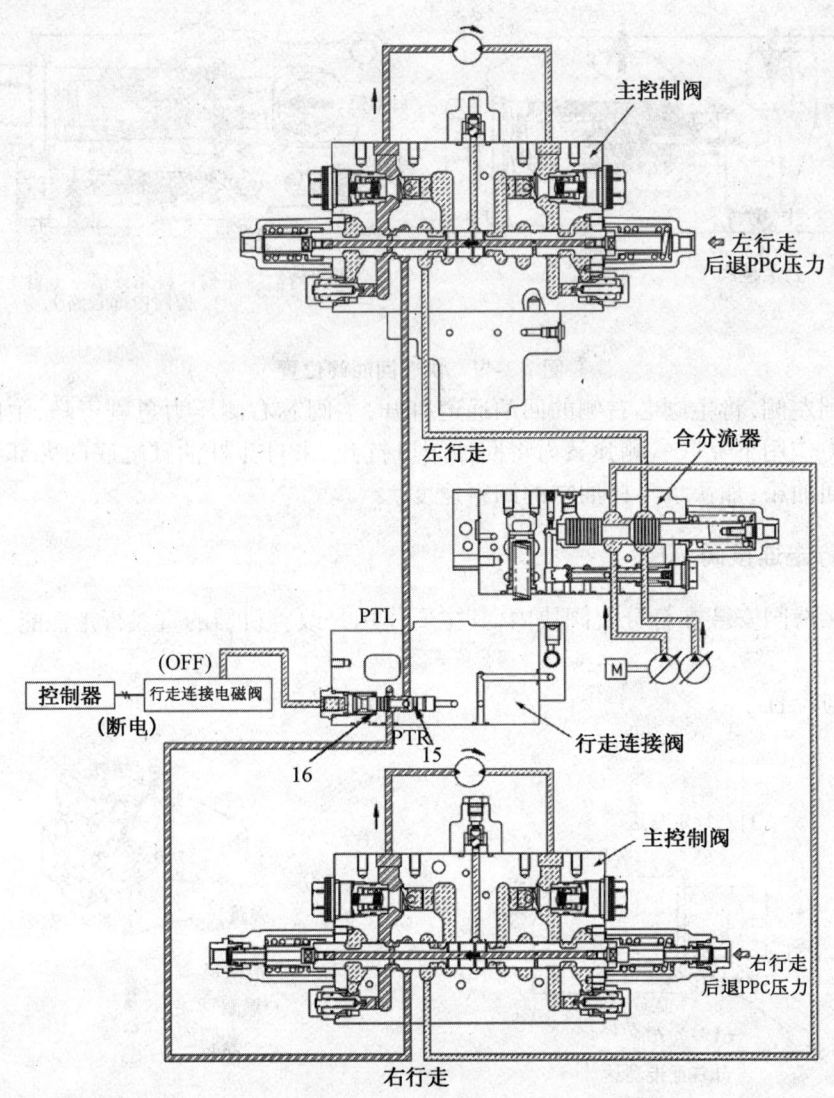

主控制阀

⇐ 左行走
后退PPC压力

合分流器

左行走

PTL

(OFF)

控制器 → 行走连接电磁阀

(断电)

PTR

16   15

行走连接阀

主控制阀

⇐ 右行走
后退PPC压力

右行走

图 2-2-51   行走连接阀工作原理

项目三
挖掘机工作装置故障

项目描述：

本项目是以小松挖掘机铲斗挖掘无力等故障现象为载体，学习反铲工作装置及液压破碎器的主要结构与工作原理，分析挖掘机工作装置液压系统控制原理，对液压油缸和液压控制阀进行正确拆解与装配，对工作装置液压回路常见故障现象进行诊断与排除。

知识目标：

(1)认识工作装置各总成的主要结构；

(2)了解工作油缸及控制阀的工作原理；

(3)掌握工作装置液压控制技术；

(4)熟悉机械基础及液压传动相关知识。

能力目标：

(1)能参照液压回路图对工作装置液压控制系统进行分析；

(2)能采取合适方法对工作装置液压系统的故障进行检测；

(3)能选用适当工具对工作装置各总成及部件进行正确拆解与装配；

(4)能对工作装置液压系统的常见故障进行正确诊断与排除。

素质目标：

(1)具有良好的心理素质和较强的沟通能力；

(2)具有团队意识及友好协作精神；

(3)具有诚实守信、勤奋进取的敬业精神；

(4)具备不断创新和可持续发展的探索精神。

任务3.1 反铲工作装置故障诊断与排除

🔖**任务描述：**

在挖掘机上介绍反铲工作装置的结构与工作原理,分析其液压系统控制原理,对其常见故障现象进行正确诊断与排除。

反铲工作装置由动臂、斗杆、铲斗、动臂液压缸、斗杆液压缸、铲斗液压缸、连杆、摇杆等组成。各部件之间的连接全部采用铰接(见图3-1-1)。

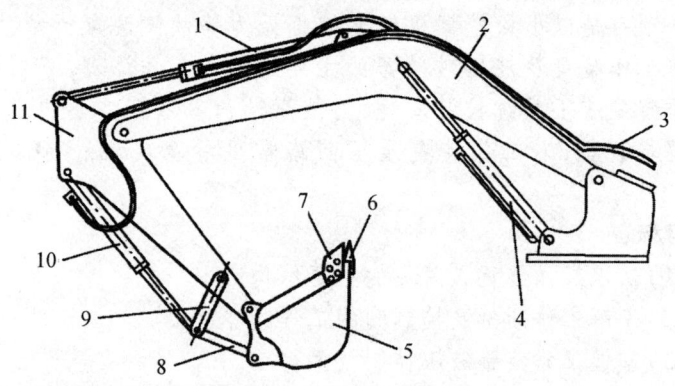

图3-1-1 反铲工作装置
1—斗杆油缸;2—动臂;3—油管;4—动臂油缸;5—铲斗;6—斗齿;
7—侧齿;8—连杆;9—摇杆;10—铲斗油缸;11—斗杆

一、动臂液压回路

(一)概述

图3-1-2是从总回路中分解出来的动臂回路简图,当动臂动作发生故障时,根据这张图进行分析和判断,思路清晰,效果很好。

(二)基本工作原理

1.主回路

图3-1-2中加粗的线条及相关的部件为主回路,从中可以很清楚看出从主泵打出的高压油到达动臂的途径(主泵→主控阀→动臂油缸)。根据这张图到车体上找到相应的各部件的位置,主回路很快就可以掌握。

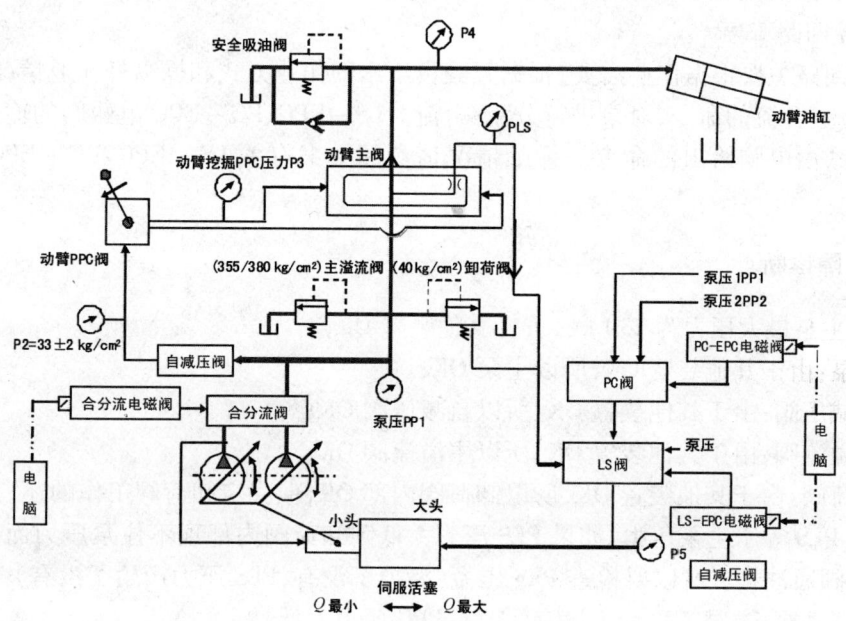

图 3-1-2 动臂液压控制原理

2. 控制回路

控制回路比较复杂,动臂控制回路由 PPC 回路、泵控制回路、安全回路和电控回路组成。

(1) PPC 回路:PPC 回路主要由动臂 PPC 及自减压阀组成。PPC 回路压力为 $33 \pm 2 \text{ kg/cm}^2$,由主泵经自减压阀给出,经动臂 PPC 阀分配到动臂主阀两端,进而控制主阀的开度,对动臂的移动速度形成控制。

(2) 泵控制回路:泵控制回路由 PC 阀、LS 阀、LS – EPC 阀电磁阀、PC – EPC 电磁阀、伺服活塞及泵内的机械机构组成。外部输入信号有:驾驶员操作量的 PLS 压力、反应外载荷的主泵压力 PP1、PP2 和反应作业方式的电脑信号(后述)组成。输出信号仅有一个输入到伺服塞大头的 P5 压力,P5 直接移动伺服活塞进而控制泵流量。P5 压力的大小取决于 PLS 压力及 PP1、PP2 压力的大小。因此 P5 压力非常重要。

一般地:

$\text{PP1、PP2} < 140 \text{ kg/cm}^2$ 时,$\text{PLS}\uparrow$ ——$\text{P5}\downarrow$,泵排量 $Q\uparrow$

$$\text{PLS}\downarrow \text{——} \text{P5}\uparrow,\text{泵排量 } Q\downarrow$$

$\text{PP1、PP2} > 140 \text{ kg/cm}^2$ 时,泵排量主要取决于 PP1、PP2

$$\text{PP1、PP2}\uparrow \text{——} \text{P5}\uparrow,\text{泵排量 } Q\downarrow$$

$$\text{PP1、PP2}\downarrow \text{——} \text{P5}\downarrow,\text{泵排量 } Q\uparrow$$

(3) 安全回路

安全回路由主溢流阀、卸荷阀和安全吸油阀组成。当主泵压力大于等于 355 kg/cm^2 时,主溢流阀打开,防止整个液压系统的油管、泵、油缸和控制阀损坏。在操纵杆中立状态,泵打出的油经卸荷阀回油箱,以减少能源消耗和当泵打出的油无处可去而无限增加压力造成的零部件损坏。安全吸油阀是当动臂油缸在遇到突然外力冲击时,油缸内的高压经安全吸油阀卸压到油箱以防止油缸、油管的损坏。

（4）电控回路

合分流回路主要根据作业需要,根据驾驶员给出的作业方式和操纵杆作业情况,由电脑自动给出泵分流/合流的命令,对泵进行分流/合流。LS – EPC、PC – EPC 电磁阀的输入电流也是根据作业方式由电脑给出的命令。详细情况请参阅本书有关 LS – EPC、PC – EPC 电磁阀的内容。

（三）故障诊断

大臂升主泵最大压力为 230 kg/cm^2（其他装置 OK）。

（1）主泵:由于其他装置 OK,所以主泵 OK；

（2）自减压阀:由于其他装置 OK,所以自减压阀 OK；

（3）主溢流阀:由于其他装置 OK,所以主溢流阀 OK；

（4）卸荷阀:由于其他装置 OK,所以卸荷阀内部 OK,但决定卸荷阀工作的还有 PLS 压力。在溢流状态 PLS 等于主泵压力,如果 PLS 压力太低则卸荷阀内部顶不住泵压力而导致主泵压力通过卸荷阀通油箱。所以要检查 PLS 压力（漏掉了没有,PLS 压力产生了没有）。

（5）动臂主阀:主阀芯移动了没有（卡死、PPC 压力太低）?

（6）安全吸油阀:主泵压力是否从安全吸油阀的锥阀芯或锥面部分漏回油箱?

（7）动臂油缸:主泵压力是否从油缸内部漏回油箱? 用这种方法,一个不漏地对主油路流经的零件进行检查就可以找出问题所在。

以上是对此故障的一个思考排查过程,现场的故障诊断时也要求对涉及的液压元件、电气元件等进行逐个检测判断。

二、铲斗液压回路

（一）概述

铲斗液压回路和动臂回路基本一样,请参考动臂回路的解说（见图 3-1-3）。

（二）工作原理

工作原理请参考动臂回路部分。

（三）故障诊断

（1）故障现象

铲斗挖掘无力。

（2）故障分析

经检查怀疑铲斗油缸内漏。

（3）处理方法

打开铲斗油缸非常费时,现介绍一个简单的判断油缸内漏的方法（见图 3-1-4）,将油缸移动到右端处,拆下末端油管后加力,观察分开处漏油情况,若无漏油,则无内漏,否则油缸内漏。

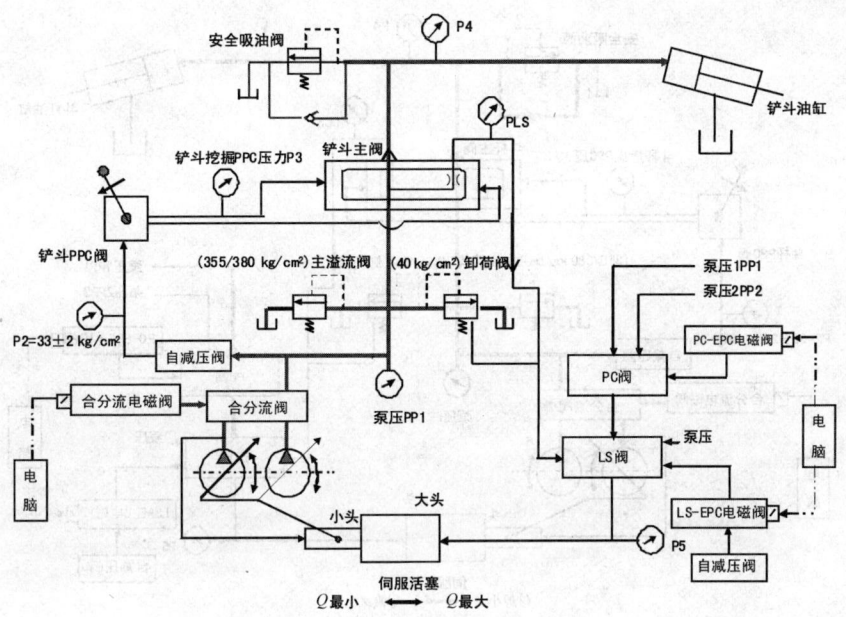

图 3-1-3　铲斗液压控制原理

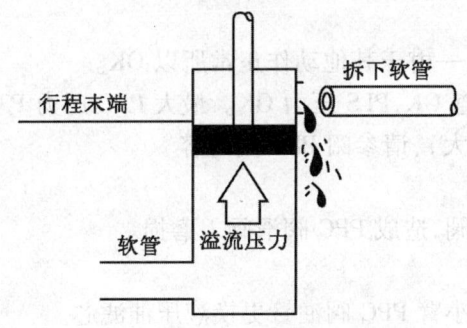

图 3-1-4　油缸内漏判断方法

三、斗杆液压回路

(一)概述

小臂回路图与动臂回路图基本一样,请参考动臂回路图(见图 3-1-5)。

(二)工作原理

工作原理请参考动臂回路部分。

(三)故障诊断

1.故障现象

小臂操纵杆动作(小臂空行程),但小臂动作缓慢(其他动作正常)。

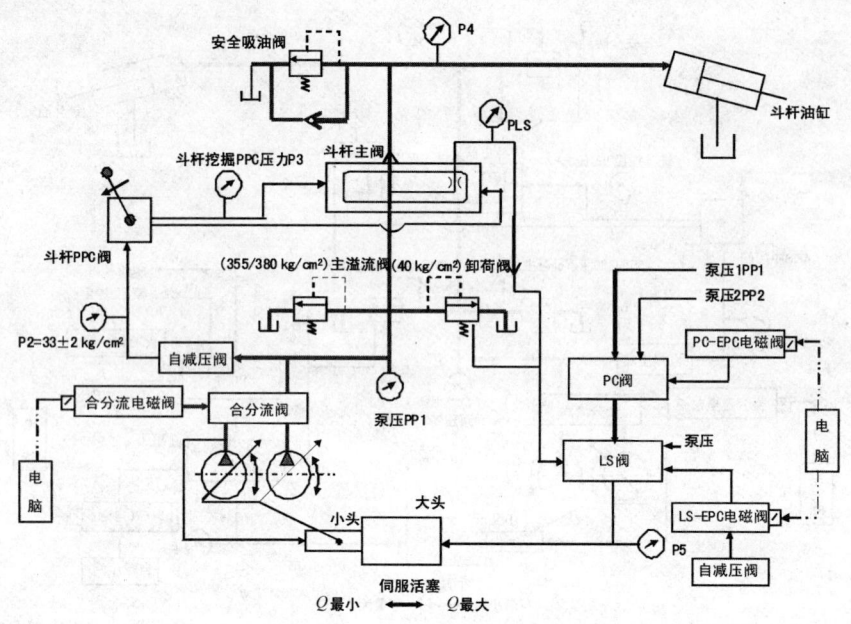

图 3-1-5　斗杆液压回路

2. 检查结果

共同点：泵、主溢流阀——由于其他动作正常所以 OK。

可能点：卸荷阀——检查 OK，PLS 压力 OK。最大 PPC 压力 P3 = 20 kg/cm²，太低，检查结果 PPC 阀内漏（滑阀磨损太大），请参阅 PPC 阀内容。

3. 故障分析

油太脏，脏物进入 PPC 阀，造成 PPC 阀滑阀 1 磨损。

4. 故障处理

更换小臂 PPC 阀，清洗小臂 PPC 阀油管更换液压油滤芯。

任务3.2　液压破碎器的故障诊断与排除

任务描述：

在挖掘机上介绍液压破碎器的结构与工作原理,分析其液压系统控制原理,对其常见故障现象进行正确诊断与排除。

液压破碎器(锤)是利用液压能转化为机械能,对外做工的一种工作装置,它主要由用于打桩、开挖冻土层和岩层、可更换的作业工具(凿子、扁铲、镐)等组成。锤的撞击部分在双作用液压缸的作用下,在壳体内做往复直线运动,装机作业工具完成破碎和开挖作业。液压破碎器通过附加的中间支撑与斗杆连接。为了减轻振动,在锤的壳体和支座的连接处常设有橡胶连接装置。

一、液压破碎器工作原理

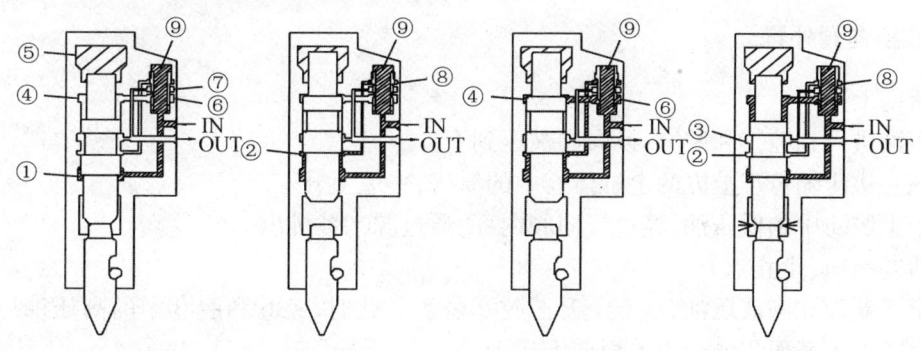

（a）活塞上升　（b）活塞换向(上止点)　（c）活塞下降　（d）活塞冲击

图3-2-1　换向阀内置式液压破碎器工作原理

(一)换向阀内置

1. 活塞上升

高压油进入到腔①和腔⑨,换向阀被压到下方。活塞一边压缩位于上方的上缸体⑤中的氮气,一边上升。位于上腔④中的低压油通过腔⑥和⑦被排出。

2. 活塞换向(上止点)

活塞下截面充满液压油,活塞上升至腔②位置。此时,腔⑧和腔⑨中的高压油压力相等,换向阀由于上下截面积的受力差而向上运动。

3. 活塞下降

当换向阀上升时,腔⑨中的高压油通过换向阀内部经过腔⑥进入到腔④之中。此时,由于活塞上截面与下截面的面积差以及连续不断地供给高压油,加之来自于上缸体⑤中的压缩氮

95

气压力的反推,活塞开始加速下降。

4. 活塞冲击

活塞下降打击钢钎。此时,活塞中段大直径部位的油槽到达腔②,腔⑧中的高压油通过腔②和腔③排出。

当腔⑧中变成低压油后,由于腔⑨中始终作用有高压油,换向阀因上下方的受力面积差而向下降。

上述过程周而复始,实现破碎锤的连续打击。

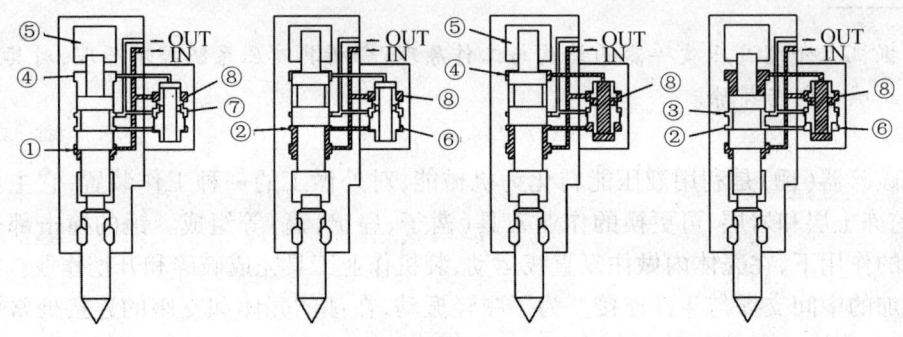

(a) 活塞上升　　(b) 活塞换向(上止点)　　(c) 活塞下降　　(d) 活塞冲击

图 3-2-2　换向阀内置式液压破碎器工作原理

(二) 换向阀外置

1. 活塞上升

高压油进入到腔①和腔⑧,换向阀被压到下方。

活塞一边压缩位于上方的上缸体⑤中的氮气,一边上升。

位于上腔④中的低压油,经过换向阀内部,通过腔⑦被排出。

2. 活塞换向(上止点)

活塞下截面充满液压油,活塞上升至腔②位置。此时,腔⑥和腔⑧中的高压油压力相等,换向阀由于上下截面积的受力差而向上运动。

3. 活塞下降

当换向阀上升时,腔⑧中的高压油经过换向阀内部进入到腔④之中。此时,由于活塞上截面与下截面的面积差以及连续不断地供给高压油,加之来自于上缸体⑤中的氮气压力的反推,活塞开始加速下降。

4. 活塞冲击

活塞下降打击钢钎。此时,活塞中段大直径部位的油槽到达腔②,腔⑥中的高压油通过腔②和腔③排出。

当腔⑥中变成低压油后,由于腔⑧中始终作用有高压油,换向阀因上下方的受力面积差而向下降。

上述过程周而复始,实现破碎锤的连续打击。

二、液压配管原理构造

(一)液压配管原理

液压破碎器系统组成及配管原理如图 3-2-3 所示。

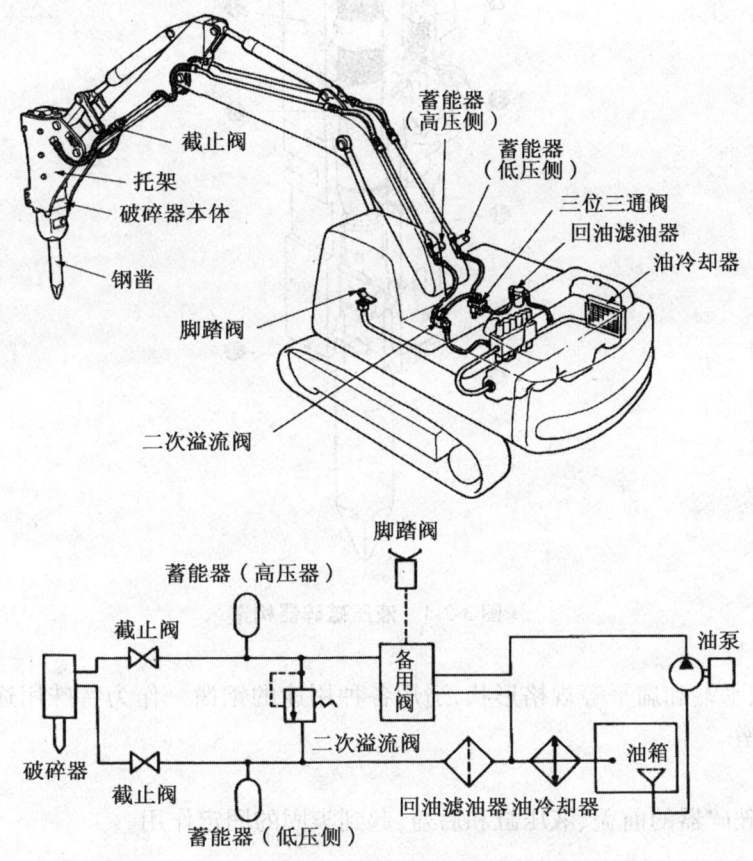

图 3-2-3　液压破碎器配管原理图

(二)液压破碎器构造

液压破碎器主要由缸体、换向阀、缸凿、液压缸等组成(见图 3-2-4)。

1. 上缸体

装有液压连接口以及氮气充气阀,后盖内部充入氮气。

2. 滑阀(换向阀)

阀盖内装有圆柱体的控制滑阀。控制活塞往复运动。

3. 蓄能器(型号不同,或有或无)

液压回路的压力补充以及吸收液压脉动。由于内部充入高压氮气,因此用皮碗密封。

4. 前盖

组成液压破碎器的完整连接,并安装着保护液压缸冲击的钢凿衬套。

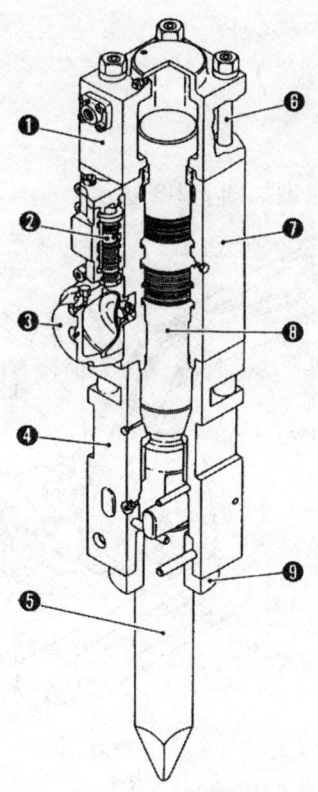

图 3-2-4 液压破碎器构造

5. 钢凿

分有锥形、平端和扁平等规格形状,适用各种用途的钢凿。作为特殊用途,也有镶入硬质钢芯的锥形钢凿。

6. 边杆

连接液压破碎器的前盖、液压缸和后盖,起到牢固的固定作用。

7. 液压缸

保持活塞往复运动,构成液压回路以及装有行程调节回路等,系液压破碎器的心脏部件。

8. 活塞

依靠活塞的运动能量实现打击,获得的打击能量破碎岩石。活塞状况影响液压破碎器的寿命。活塞的重要指标是活塞的硬度、材料的韧性和表面精度。采用特殊的合金钢和高精度的热处理才具有较高的品质,能在苛刻条件下发挥特殊的作用。

9. 前盖衬套

起保护前盖以及担负钢凿的导向作用,更换方便。

三、液压破碎器故障诊断

(一)漏油

从图 3-2-5(a)中所显示的各个部位如果有大量的液压油漏出的时候,请查清原因并及时进行维修(见表 3-2-1)。

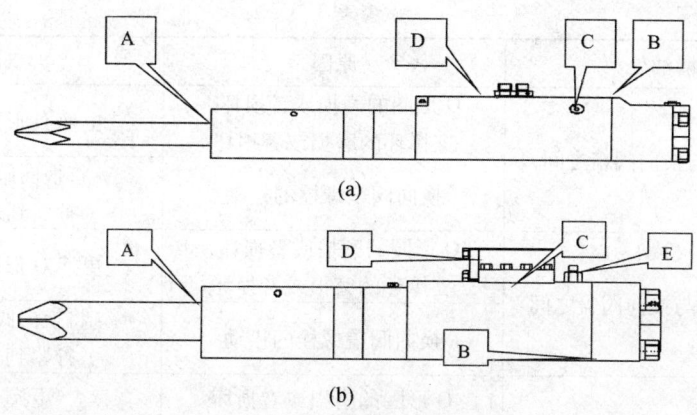

图 3-2-5 破碎器漏油位置

在破碎锤开始使用大约 5 h 以内,由于在组装破碎锤的时候使用了抗磨剂和润滑油的原因,会有一些润滑油和液压油渗出的现象,这种现象属于正常现象。

在衬套和钢钎的缝隙之间,为了起到润滑的作用,会有少量的黄油和液压油流出,这也属于正常现象。

表 3-2-1　破碎器漏油故障分析

序号	漏油处	原因	对策
A	钢钎与下衬套之间	密封圈的磨损或者损坏	更换密封圈
		活塞与中缸体之间的拉伤	修理或者更换
B	上缸体与中缸体之间	O 形圈的磨损或者损坏,支撑环的磨损或者损坏	更换 O 形圈和支撑环
		长螺栓帽的松动	将长螺栓帽增拧紧到规定扭力
C	中缸体与节流阀之间	O 形圈的磨损或者损坏	更换 O 形圈
		节流阀的松动	将节流阀增拧紧到规定扭力
D	中缸体与油管接头之间	O 形圈的磨损或者损坏	更换 O 形圈
		油管接头的松动	将油管接头增拧紧到规定扭力

从图 3-2-5(b)中所显示的各个部位如果有大量的液压油漏出的时候,请查清原因并及时进行维修(见表 3-2-2)。

表 3-2-2　破碎器漏油故障分析

序号	漏油处	原因	对策
A	衬套和钢钎的缝隙间	油封圈的磨损,损伤	更换油封圈
		中缸体或者活塞的拉伤	修理或者更换
B	上缸体与中缸体之间	O 形圈的磨损或者损坏,支撑环的磨损或者损坏	更换 O 形圈和支撑环
		长螺栓帽的松动	将长螺栓帽增拧紧到规定扭力

续表

序号	漏油处	原因	对策
C	中缸体与换向阀箱之间	O形圈的磨损或者损坏，支撑环的磨损或者损坏	更换O形圈和支撑环
		换向阀箱螺栓的松动	将换向阀箱螺栓增拧紧到规定扭力
D	换向阀箱与换向阀盖之间	O形圈的磨损或者损坏，支撑环的磨损或者损坏	更换O形圈和支撑环
		换向阀盖螺栓的松动	将换向阀盖螺栓增拧紧到规定扭力
E	中缸体与油管接头之间	O形圈的磨损或者损坏	更换O形圈
		油管接头的松动	将油管接头增拧紧到规定扭力

（二）漏气

上缸体中的压缩氮气的压力如果在一天中减压 3 kg/cm² 以上的时候,则说明破碎锤处于不正常状态。

在这种情况下,必须对图 3-2-6 所表示的各个部位进行检测和修理（见表 3-2-3）。

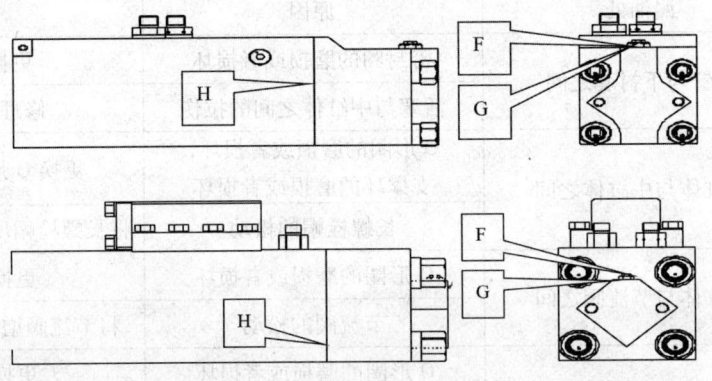

图 3-2-6　破碎器漏气位置

表 3-2-3　破碎器漏气故障分析

序号	漏气处	原因	对策
F	从氮气阀盖处漏气	O形圈的磨损或者损坏	更换O形圈
		氮气阀芯的损坏	更换氮气阀总成
G	从氮气阀体处漏气	O形圈的磨损或者损坏	更换O形圈
H	从中缸体与上缸体之间的间隙处漏气	O形圈的磨损或者损坏	更换O形圈
I	从上述部位均未发现漏气	气封圈的磨损或者损坏	更换气封圈
		O形圈的磨损或者损坏	更换O形圈
		活塞或者活塞环的拉伤	修理更换

（三）破碎锤动作不良

由于液压油温度过低、管路堵塞、气压过低等原因可能造成破碎锤不打击或打击异常等情况，请查清原因并及时进行维修（见表3-2-4）。

表 3-2-4　破碎锤动作不良故障分析

状况	原因	对策
破碎锤不打击	液压油的温度过低	使用挖掘机液压油加热装置
	上缸体中压缩氮气的压力过高	按标准值调整氮气压
	截止阀未打开	开启截止阀
	挖掘机溢流阀的设定压力过低	按标准值调整溢流阀的设定压力
	挖掘机液压马达的性能下降	挖掘机液压马达的修理或更换
打击频率不规则（或者打击开始时正常动作，随后出现不规则打击现象，最后打击停止）	换向阀的拉伤	修理或者更换换向阀
	活塞或者中缸体的拉伤	修理或者更换活塞或者中缸体
	破碎锤管路溢流阀设定值过低	正确设定管路溢流压力
	挖掘机液压马达的性能下降	挖掘机液压马达的修理或更换
	钢钎没有紧压在打击面上	操作挖掘机使钎杆紧压在打击面上
	上缸体中压缩氮气的压力过高	按标准值调整氮气压
打击无力	上缸体中压缩氮气的压力过低	按标准值调整氮气压
打击频率过低	上缸体中压缩氮气的压力过高	按标准值调整氮气压
	钢钎没有紧压在打击面上	操作挖掘机使钎杆紧压在打击面上
	破碎锤管路溢流阀设定值过低	正确设定管路溢流压力
	挖掘机液压马达的性能下降	挖掘机液压马达的修理或更换
	回油管的阻塞引起回油不畅	回油管阻塞处的检出修理或更换

项目四
挖掘机回转机构故障

项目描述:

　　本项目是以小松挖掘机回转异常故障现象为载体,认识液压马达及回转晃动防止阀的结构与工作原理,掌握回转马达及回转晃动防止阀的液压控制原理,分析回转机构常见故障原因及提出正确排除方法。

知识目标:

　　(1)认识回转机构各总成的主要结构;

　　(2)了解回转马达及回转晃动防止阀的工作原理;

　　(3)掌握回转马达的液压控制技术;

　　(4)熟悉机械基础及液压传动相关知识。

能力目标:

　　(1)能参照液压回路图对回转机构液压控制系统进行分析;

　　(2)能采取合适方法对回转机构液压系统的故障进行检测;

　　(3)能选用适当工具对回转机构各总成及部件进行正确拆解与装配;

　　(4)能对回转机构的常见故障进行正确诊断与排除。

素质目标:

　　(1)具有良好的心理素质和较强的沟通能力;

　　(2)具有团队意识及友好协作精神;

　　(3)具有诚实守信、勤奋进取的敬业精神;

　　(4)具备不断创新和可持续发展的探索精神。

任务 4.1　回转马达故障诊断与排除

任务描述:

在挖掘机上介绍回转马达的结构和工作原理,分析其液压系统控制原理,对其常见故障现象进行正确诊断与排除。

一、概述

回转马达通过行星轮减速机构驱动上部车体做回转运动。

二、位置和关系

回转操作手柄动作,从主泵出来的高压油通过回转主阀芯进入 MA 口或 MB 口,当回转锁打开时推动回转马达旋转,然后使上部车体做左回转或右回转(见图 4-1-1、图 4-1-2)。

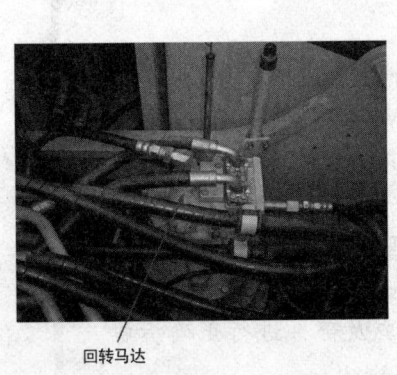

图 4-1-1　回转马达安装位置

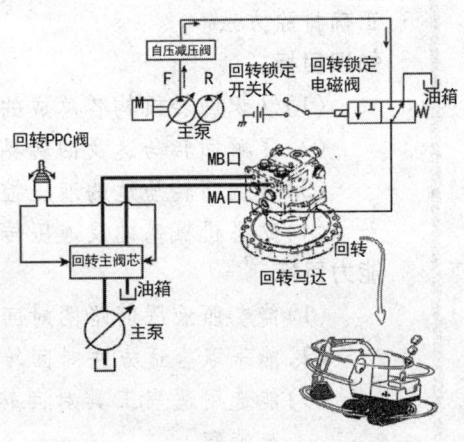

图 4-1-2　回转马达与相关部件关系

三、构造

1.外观图(见图 4-1-3)

2.剖视图(见图 4-1-4)

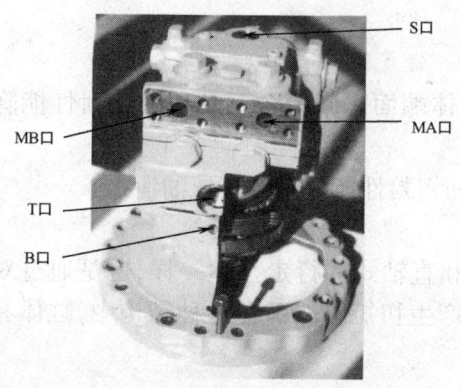

图 4-1-3 回转马达外观图

B 口—从回转锁定电磁阀来；T 口—去油箱；MB
口—从主控阀来；S 口—与油箱相通；MA 口—
从主控阀来

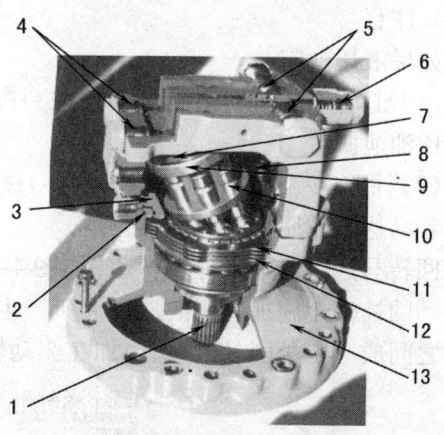

图 4-1-4 回转马达剖视图

1—驱动轴；2—制动器压盘；3—制动活塞；4—
梭阀；5—单向阀；6—安全阀；7—配流盘；8—制
动弹簧；9—缸体；10—柱塞；11—板；12—摩擦
片；13—壳体

3. 零件分解图（见图 4-1-5）

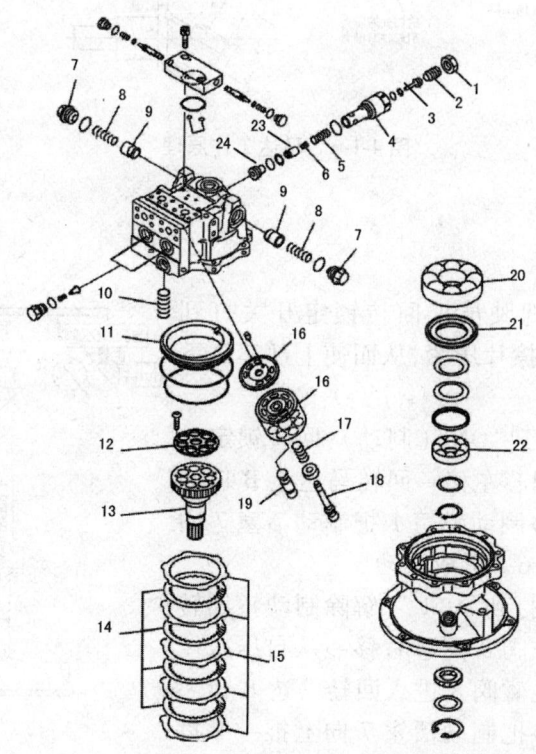

图 4-1-5 回转马达零件分解图

1—螺母；2—螺钉；3—杆；4—阀腔；5—弹簧；6—柱塞；7—塞；8—弹簧；9—阀；10—弹簧；11—制动活塞；
12—定位器；13—驱动轴；14—摩擦片；15—板；16—配流盘；17—油缸缸体；18—中心轴；19—柱塞分体组
件；20—轴承；21—隔环；22—轴承；23—阀；24—阀座

4. 注意

如果液压油脏：

（1）缸体 11 端面、配流盘 12 磨损→配流盘与缸体端面之间配合不贴切→密封性能降低→高压油泄漏。

（2）柱塞 10、缸体 11 内表面拉伤→柱塞缸体之间密封性能下降→高压油泄漏。

5. 马达工作原理

回转马达属斜轴式柱塞马达（如图 4-1-6 所示）和直轴式的行走马达一样，也是通过对往复运动的柱塞上施加高压的液压油所产生的反作用产生扭矩。然而在这种结构中，缸体和驱动轴之间成一定角度，反作用力加在驱动轴法兰上。

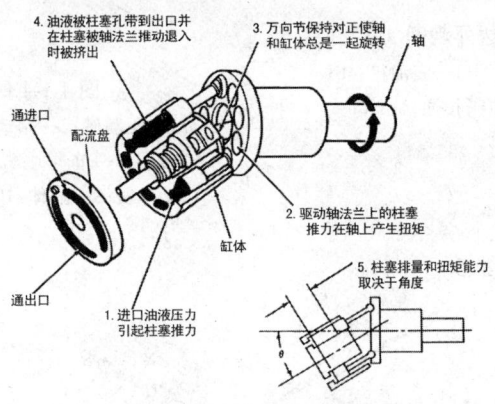

图 4-1-6　马达工作原理

四、工作原理

1. 回转锁定功能

如图 4-1-7 所示，当驾驶员把回转锁定开关打到"ON"，回转马达的板与摩擦片压紧，从而使上部车体不能旋转。

（1）回锁定开关 K 打到"ON"（制动）：回转锁定电磁阀 8 断电→电磁阀 8 阀芯左移→回转马达上 B 口油通过电磁阀 8 回油箱 10→制动弹簧 1 把制动活塞 7 向下推→推动摩擦片 5 和板 6→形成制动。

（2）回转锁定开关 K 打到"OFF"（解除制动）：回转锁定电磁阀 8 通电→电磁阀 8 阀芯右移→从自压减压阀 9 出来的压力油通过电磁阀 8 进入回转马达 B 口→克服制动弹簧 1 的作用→把制动活塞 7 向上推→摩擦片 5 和板 6 分开→解除制动。

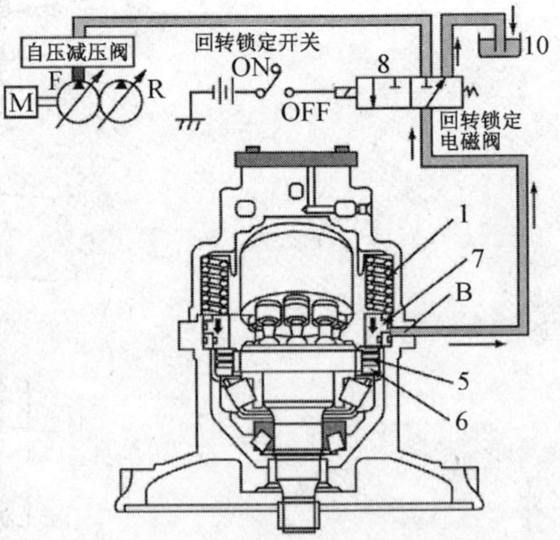

2. 回转起动工作（动作）

操纵杆做右回转操作→从主泵出来的高压油通过主阀提供给 MA 口→MA 口压力上升→推动马达开始旋转→从马达出来的低压油从 MB 口通过主阀回油箱。

图 4-1-7　回转马达锁定油路

1—制动弹簧；5—摩擦片；6—板；7—制动活塞；8—电磁阀；9—自压减压阀；10—油箱

3. 回转停止时

（1）概要

安全阀部分由吸油阀2、3、梭阀4、5以及安全阀1构成。

（2）性能

回转停止时，主阀把马达的出口回路切断，但依靠惯性力，马达仍会转动。因此，马达输出侧的压力会异常高，马达会损坏。此时，该异常高压油就会从马达出口端（高压端）流向低压端，从而防止了马达的损坏。

（3）工作（动作）

如图4-1-8所示，回转操纵杆回到中立→从主泵出来的高压油不能提供给MA口→从马达出来的油在主阀处被切断→马达由于惯性会继续旋转→MB口压力上升（低于回转安全阀设定压力290 kg/cm^2），出现旋转阻抗→产生制动作用。假设马达继续旋转→MB口压力继续升高→超过回转安全阀设定压力（290 kg/cm^2）→高压油推开梭阀4→打开安全阀1→和S口出来的油一起推开吸油阀3→到达MA口→防止气蚀的产生。

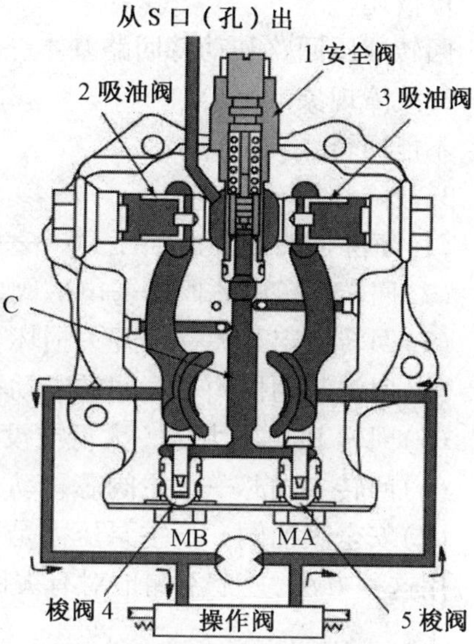

图4-1-8　回转马达工作油路
1—安全阀；2、3—吸油阀；4、5—梭阀

五、故障诊断

1. 不能回转

（1）检查原因：回转锁定电磁阀内线圈损坏。

（2）故障分析：回转锁定开关打到"OFF"，由于回转锁定电磁阀损坏，电磁阀不动作，从自压减压阀出来的压力油到不了回转马达B口，不能解除制动，所以马达不能旋转。

（3）故障处置：更换回转锁定电磁阀。

2. 回转锁定锁不住（回转锁定开关打到"ON"）

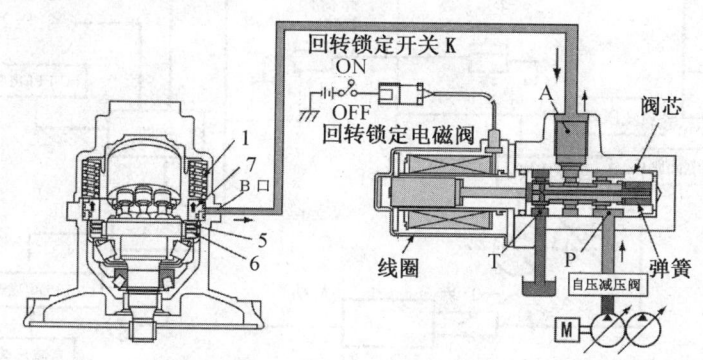

图4-1-9　故障诊断油路图

（1）检查原因：回转锁定电磁阀阀芯卡死。

（2）故障分析：没有按要求更换液压滤油器滤芯，液压油变脏，脏东西把回转锁定电磁阀阀芯在回转锁定开关打到"OFF"处卡死，自压减压阀出来的压力油始终能够流到回转马达B口，导致制动始终解除，回转锁定锁不住。

（3）故障处置:清洗回转锁定电磁阀,更换液压滤油器滤芯、液压油。

六、液压回路（见图 4-1-10）

1. 概述

回转液压回路和动臂回路基本一样,请参考动臂回路的说明。

2. 故障现象

不能回转。

3. 故障分析

（1）解除回转制动的油压 P6——没有或太低都不能解除回转制动;

（2）回转锁定电磁阀——电磁阀内线圈断路或阀芯卡住,P6 油压就会没有或太低;

（3）回转锁定开关——开关损坏,没有电流到电磁阀,也就没有 P6 油压;

（4）回转制动机构——回转制动机构内密封圈损坏,解除回转制动的 P6 油压漏回油箱;

（5）回转 PPC 压力——太低或没有就不能推动回转主阀芯移动;

（6）回转主阀芯——主阀芯移动是否平滑;

（7）安全吸油阀——主泵压力是否从安全吸油阀的锥面部分漏回油箱。

用这种方法,一个不漏地对有关回转的油路或电路进行检查,就可以找出问题所在。

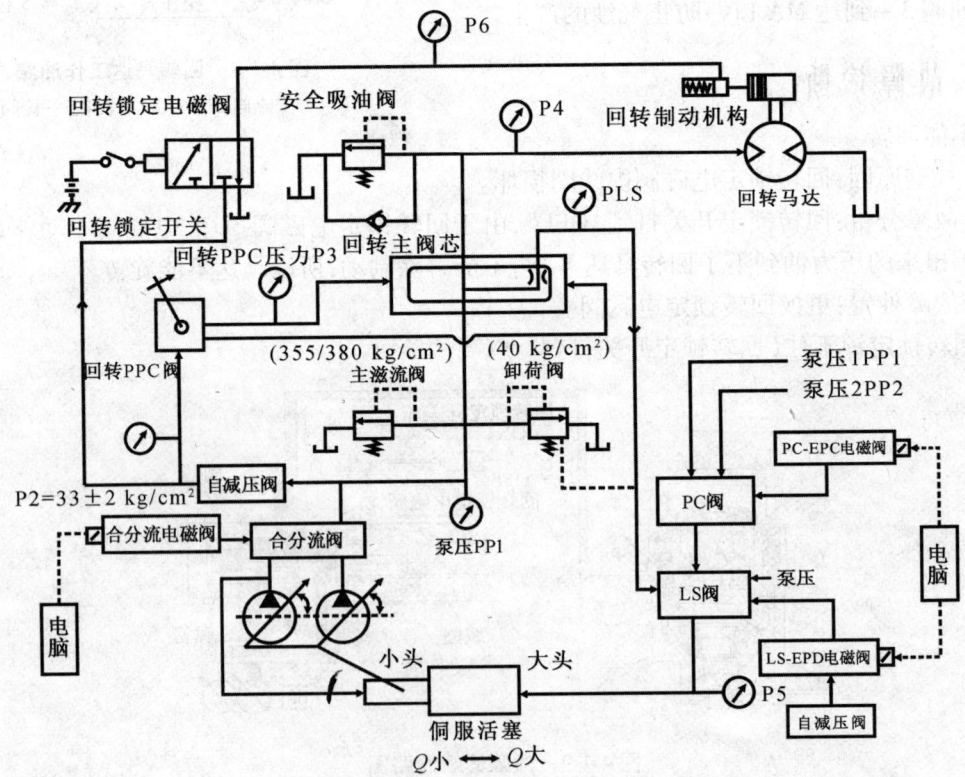

图 4-1-10 回转马达液压回路

七、安全阀调整

如果回转溢流压力不正常,按下列顺序调整回转马达安全阀 9(见图 4-1-11)。

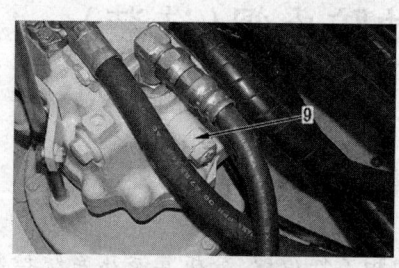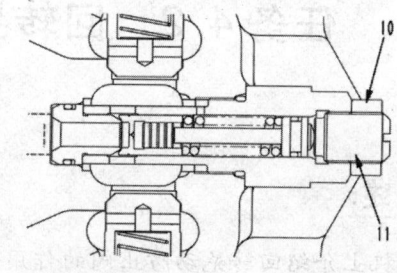

图 4-1-11 回转马达安全阀调整

(1)拧松锁紧螺母 10 并通过转动调整螺钉 11 来调整压力。顺时针转动调整螺钉 11,压力上升。逆时针转动调整螺钉 11,压力下降。调整螺钉每圈调整量约 6.71 MPa(约 68.4 kg/cm²),锁紧螺母 78 ~ 103 N·m(8.0 ~ 10.5 kg·m)。

(2)调整后再次检查压力,按上述步骤进行测量。

任务4.2　回转晃动防止阀(选装)

📌任务描述:

在挖掘机上介绍回转晃动防止阀的作用、结构和工作原理,分析其液压系统控制原理。

一、概述

该阀能够减少回转停止时因回转体的惯性、机械系统的反冲力和刚性及液压油的可压缩性等引起的回转晃动。它对在停止回转时防止铲斗内负荷物外溢,减少循环时间非常有效(定位性能好,可以快速移动以进行下次作业)。

二、效果对比

图4-2-1 给出了带有回转晃动防止阀和不带回转晃动防止阀的挖掘机在回转时的效果对比情况。

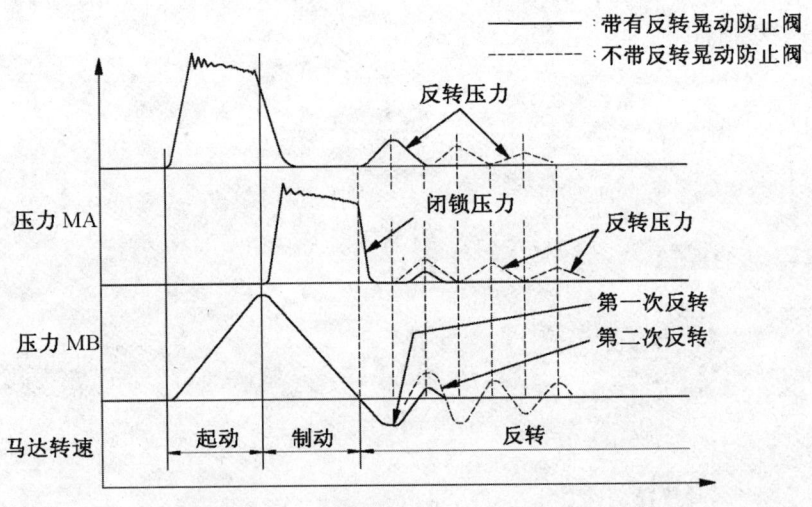

图4-2-1　有无回转晃动防止阀的效果对比图

三、构造

回转晃动防止阀的结构,见图4-2-2。

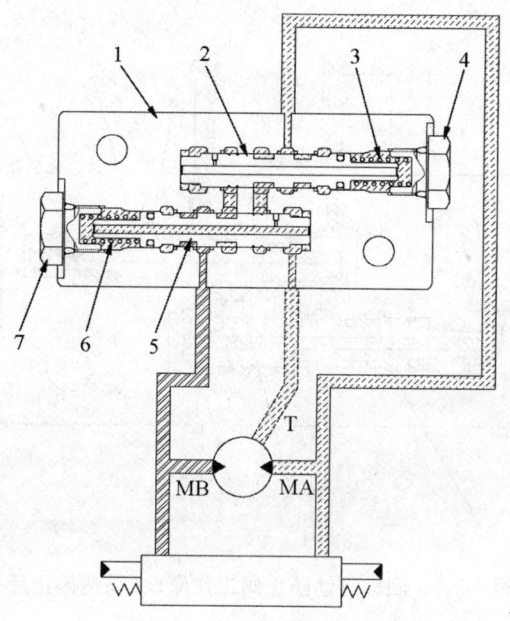

图 4-2-2 回转晃动防止阀的结构

1—阀体;2—滑阀(MA 侧);3—弹簧(MA 侧);4—塞;5—滑阀(MB 侧);6—弹簧(MB 侧);7—塞

四、工作原理

在油口 MB 产生制动压力时,如图 4-2-3 所示,压力 MB 通过缺口进入油腔 d,阀芯 5 按照 $D1 > D2$ 的面积差推动弹簧 6 向左边移动,MB 与 e 接通。当这种情况发生时,压力 MA 低于弹簧 3 的设定压力,所以滑阀 2 不移动。基于这一原因,压力油被滑阀 2 关闭,制动力得到保证。

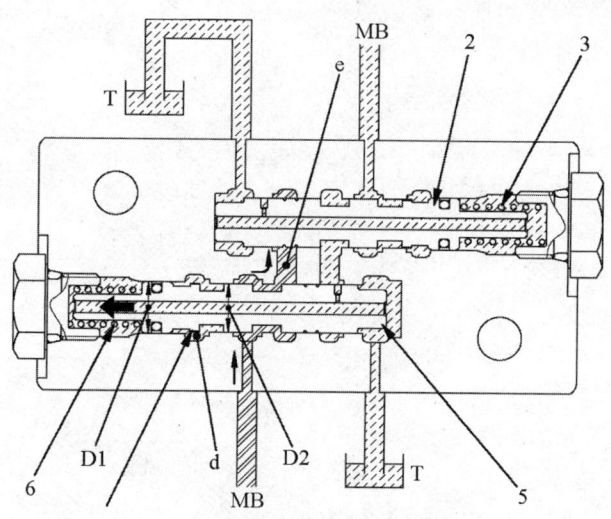

图 4-2-3 回转晃动防止阀工作原理(制动压力产生时)

马达停止后,如图 4-2-4 所示,因油口 MB 产生闭合压力,马达反转(第一次反转),当这种情况发生时,油口 MA 产生反转压力。压力 MA 进入油腔 a,所以滑阀 2 推动弹簧 3 向右移动,MA 与 B 接通。此时 b 通过阀芯 5 上的钻孔与 f 接通,所以油口 MA 的反转压力旁通到油口

T,以防第二次反转。

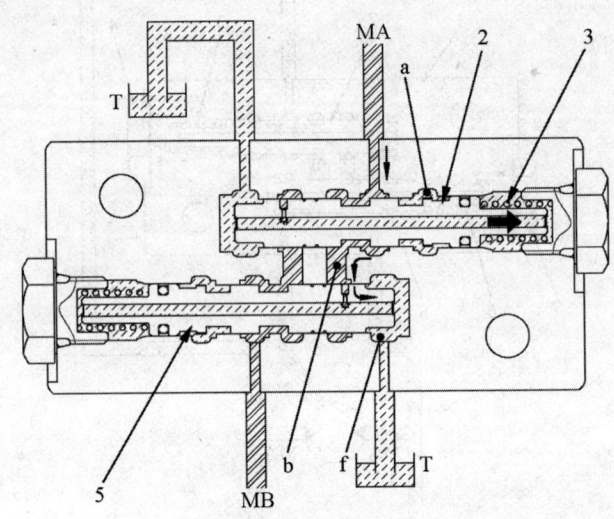

图 4-2-4   回转晃动防止阀工作原理(马达停止后)

项目五
挖掘机行走跑偏故障

项目描述：

　　本项目是以小松挖掘机行走跑偏故障现象为载体,学习行走马达及其减速机构的结构与工作原理,掌握挖掘机行走机构的液压与电气控制原理,能够对行走马达及其减速机构进行正确拆解与装配,并能够对挖掘机行走机构液压与电气系统常见故障现象进行诊断与排除。

知识目标：

　　(1)掌握行走马达结构与工作原理;

　　(2)掌握减速机构结构与工作原理;

　　(3)掌握挖掘机行走机构液压与电气系统控制原理;

　　(4)掌握挖掘机行走机构液压与电气系统常见故障诊断与维修方法。

能力目标：

　　(1)能够正确使用压力表、流量计等液压系统常用检测工具;

　　(2)能够按照操作规程对行走马达进行拆解、装配和调试;

　　(3)能够按照操作规程对减速机构进行拆解、装配和调试;

　　(4)能够对挖掘机行走机构液压与电气系统进行分析;

　　(5)能够对挖掘机行走机构液压与电气系统常见故障进行检测与维修。

素质目标：

　　(1)具有良好的心理素质和较强的沟通能力;

　　(2)具有团队意识及友好协作精神;

　　(3)具有诚实守信、勤奋进取的敬业精神;

　　(4)具备不断创新和可持续发展的探索精神。

任务5.1 行走马达与减速机构故障诊断与排除

任务描述：

在挖掘机上介绍液压泵的结构与工作原理,在液压系统图上进行流量控制原理分析,对液压泵控制系统常见故障现象进行诊断,并提出正确排除方法。

一、行走马达与减速机构

(一)概述

行走机构由行走马达和减速部分组成,在机器上有左、右两个终传动,直接驱动履带使机器能够前进、后退和转弯。

(二)位置和关系

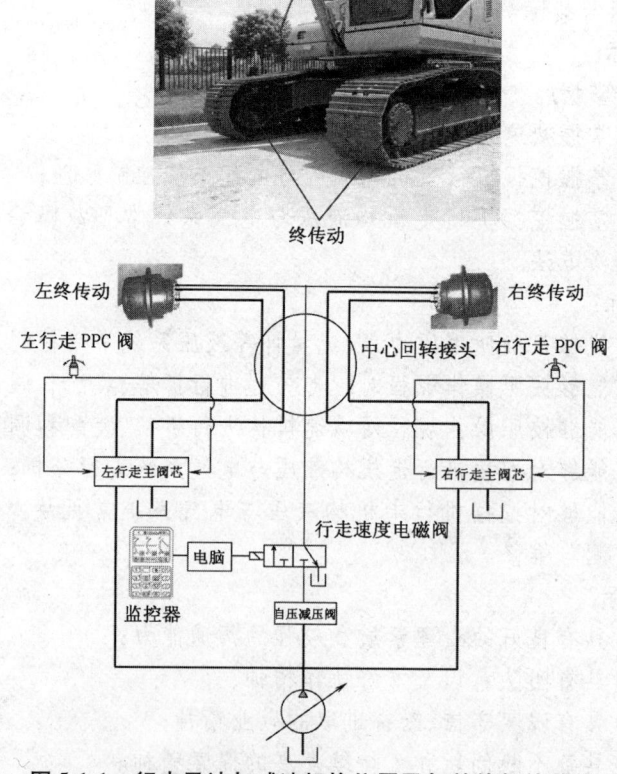

图 5-1-1　行走马达与减速机构位置及与其他部件关系

（三）外观与构造

1.行走马达与减速机构

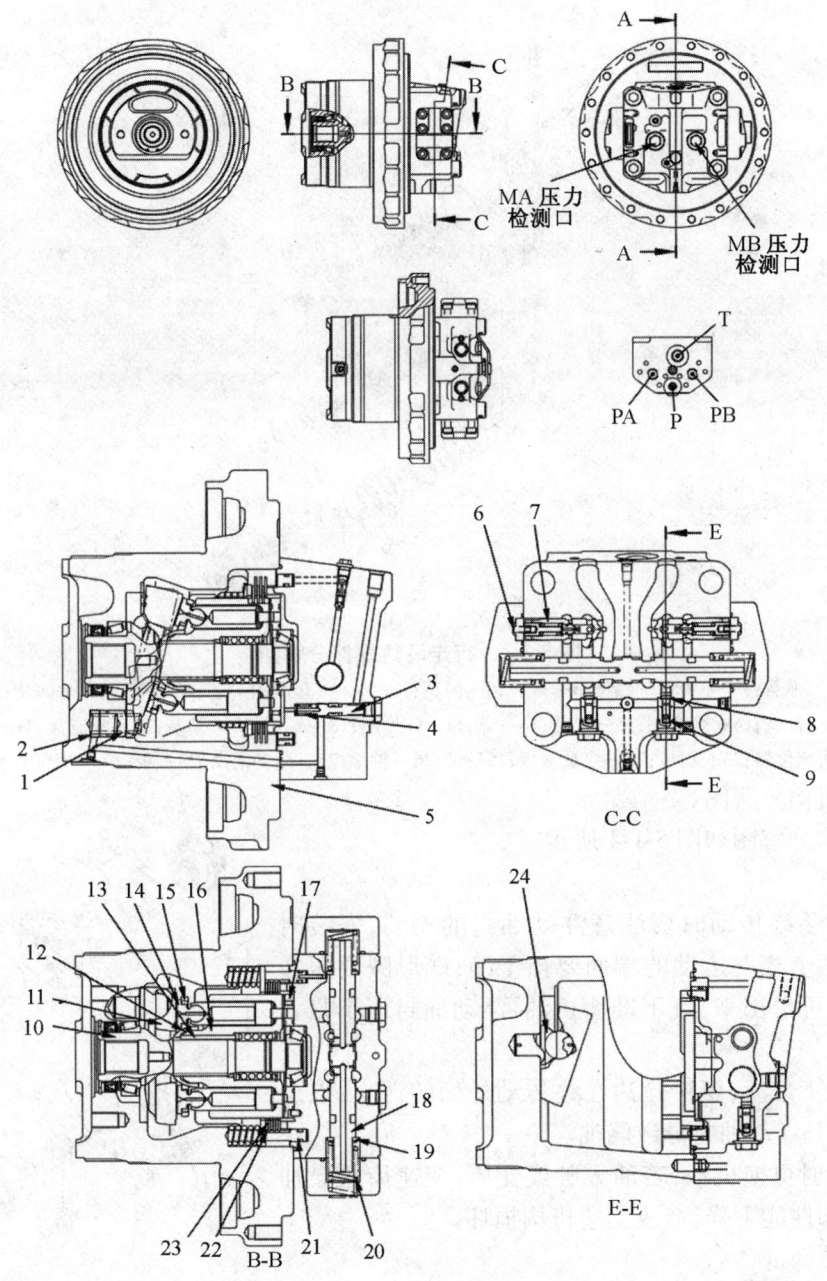

图 5-1-2　行走马达与减速机构结构

1—调节器活塞;2—弹簧;3—调节器阀;4—弹簧;5—马达壳体;6—安全吸油阀弹簧;7—安全吸油阀;8—单向阀;9—单向阀弹簧;10—输出轴;11—变量斜盘;12—保持架导向块;13—销;14—活塞;15—保持架;16—油缸;17—配流盘;18—平衡阀;19—环;20—滑阀回位弹簧;21—制动活塞;22—片;23—盘;24—钢球;T—至油箱;PA—自控制阀;P—自行走速度电磁阀;PB—自控制阀

2.行走马达分解图

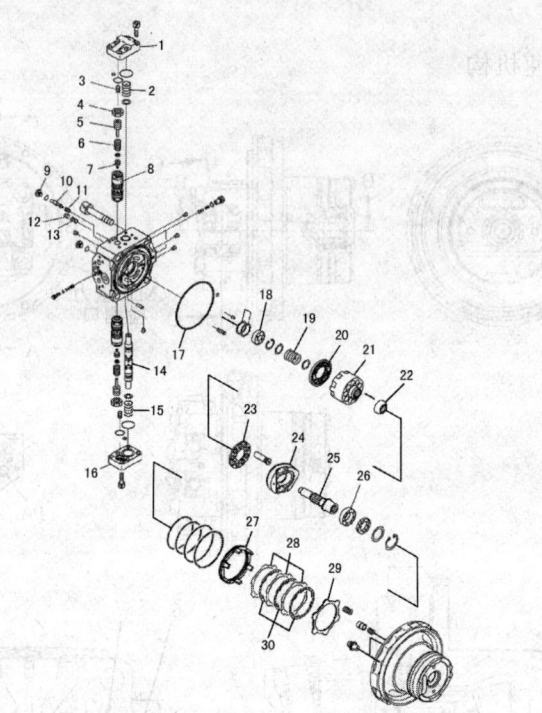

图 5-1-3　行走马达零件分解图

1—盖;2—弹簧;3—弹簧;4—螺母;5—螺钉;6—弹簧;7—阀;8—套筒;9—塞;10—滑阀;11—弹簧;12—泄放器;13—弹簧;14—平衡阀;15—弹簧;16—盖;17—O 形圈;18—轴承;19—弹簧;20—配流盘;21—缸体;22—导向定位器;23—斜板;24—变量斜盘;25—轴;26—轴承;27—制动活塞;28—板;29—板;30—摩擦片

3.减速机构分解图

减速机构分解图如图 5-1-4 所示。

4.注意点

（1）在拆装终传动时要注意浮动油封的安装,安装时浮动油封的两个相对运动的端面要擦干净;O 形圈要压在安装槽内,不可滑出来,且不准涂机油,浮动油封压不紧就会漏油。

（2）每天下班后,要铲除沾在终传动外面的泥土,以免泥土进入,撑开浮动油封导致漏油。

（3）须按时更换机油,若油太脏或变质,变速齿轮会加速磨损或冷却性能下降,造成变速机构损坏。

5.动力传动链

行走马达→输出轴→1 号太阳轮→1 号行星轮→1 号行星架→2 号太阳轮→2 号行星轮→2 号行星架→轮毂。

6.马达工作原理

马达在结构上与泵非常相似。作为液压系统的动力输

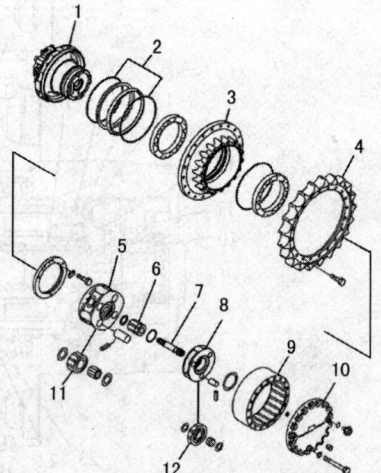

图 5-1-4　减速机构零件分解图

1—马达总成;2—浮动油封;3—轮毂;4—链轮;5—行星架;6—齿轮;7—轴;8—行星架;9—齿圈;10—盖;11—齿轮;12—齿轮

出装置,它不像泵那样输出高压油液,而是被高压的液压油推动产生扭矩,输出连续的旋转

运动。

终传动的行走马达属直轴式柱塞马达。如图5-1-5所示,柱塞马达靠作用在缸体中的柱塞部的压力产生扭矩。在直轴式马达结构中,马达驱动轴与缸体以同一轴线为中心。柱塞端部的压力在斜盘上引起反作用力,驱动缸体和马达轴旋转。

使用中若进油口与出油口对换,运动与上述相反,驱动轴反向旋转。

(三)工作原理

1.减速机构

终传动的减速部分主要通过二级行星齿轮进行减速。

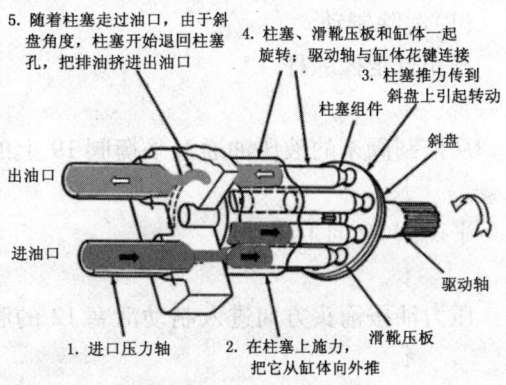

5. 随着柱塞走过油口,由于斜盘角度,柱塞开始退回柱塞孔,把排油挤进出油口
4. 柱塞、滑靴压板和缸体一起旋转;驱动轴与缸体花键连接
3. 柱塞推力传到斜盘上引起转动
出油口
柱塞组件
斜盘
进油口
驱动轴
1. 进口压力轴
2. 在柱塞上施力,把它从缸体向外推
滑靴压板

图 5-1-5　马达工作原理图

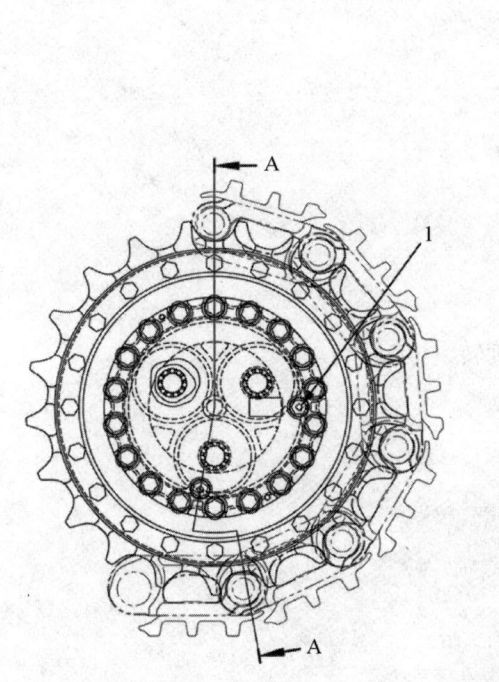

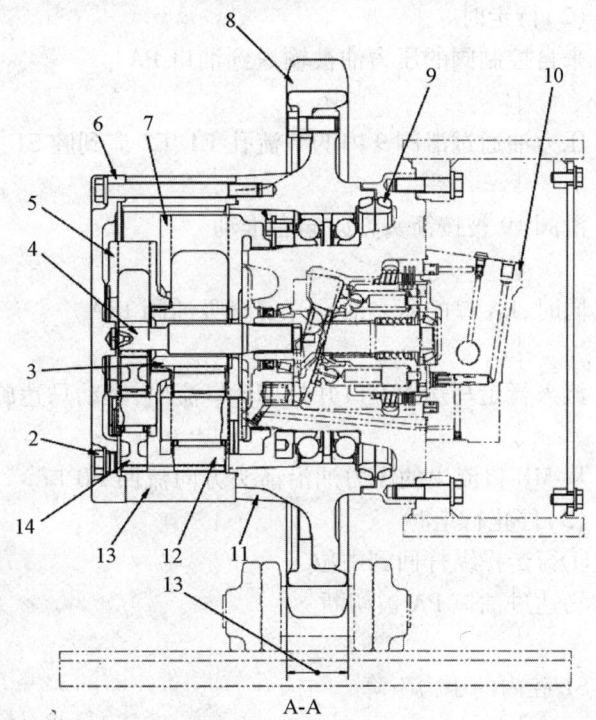

图 5-1-6　行走马达工作原理

1—水平塞;2—排放塞;3—盖;4—2 号太阳轮(齿数:21);5—1 号太阳轮(齿数:10);6—盖;7—2 号行星架;8—链轮;9—浮动密封;10—行走马达;11—轮毂;12—2 号行星轮(齿数:36);13—齿圈(齿数:95);14—1 号行星轮(齿数:42)

2.行走马达

该液压马达为斜盘式轴向柱塞马达,将从主泵传来压力油的液压力变换成回转运动;制动阀包括安全吸油阀、平衡阀,控制当行走马达停止时由于车体的惯性而产生的行走马达还要回转的惯性力,顺利地刹车,使其停止;停车制动起到通过摩擦板式制动机构来防止由于挖掘机停在倾斜地面上而引起的溜车、滑移,与液压马达部分成一体结构。

行走马达的工作过程:

(1)解除制动

操作行走操纵杆

↓

从控制阀来的液压油通过平衡阀 19 上的小孔进入平衡阀 19

↓

平衡阀 19 向上移动

↓

压力油按箭头方向进入制动活塞 12 的腔 A

↓

弹簧 11 对片 13 和盘 14 的作用力被抵消

↓

制动解除。

(2)行走时

来自控制阀的压力油被输送到油口 PA

↓

压力油通过滑阀 9 内的节流孔 E1、E2 流到腔 S1

↓

滑阀 19 被按箭头方向向右推动

↓

同时,PA 口的压力油推开安全吸油阀 18A

↓

流入行走马达 MA 口并从 MB 口流出,驱动马达旋转

↓

从 MB 口流出的压力油沿箭头方向流回 PB 口。

(3)停止行走时

①行走操纵杆回到中位

马达进油口 PA 被切断

↓

S1 腔内的压力下降

↓

平衡阀返回中位

↓

出油口通道 B1 被切断

↓

马达保持惯性旋转,导致 MB 口的压力不断上升

↓

MB 口的压力阻止马达继续旋转,产生制动作用

↓

当 MB 口的压力达到一定值时，高压油从侧面顶开安全吸油阀 18A 的阀芯

↓

高压油经安全吸油阀 18A 流入行走马达 MA 端口，防止了气穴的产生。

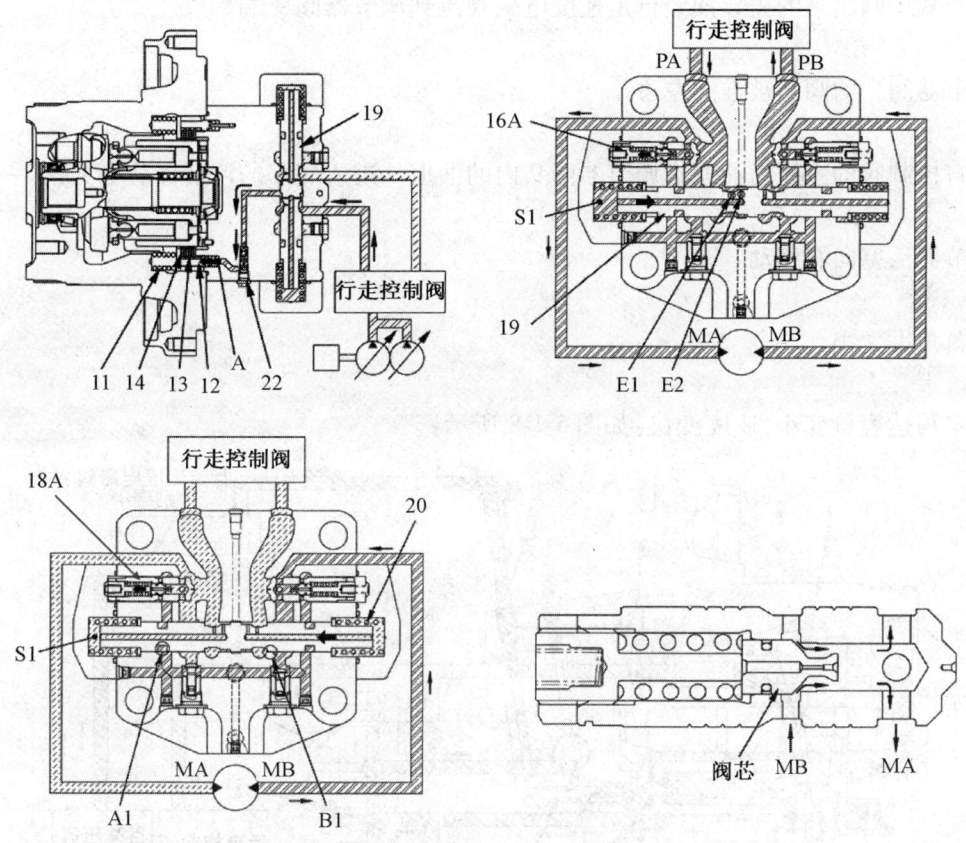

图 5-1-7　行走马达工作过程

②当平衡阀回到中位时

从控制阀到腔 A 的油路被切断

↓

片 13 和盘 14 被弹簧 11 推到一起产生制动。

（4）马达速度的调节

当泵的流量不变时，可以通过改变马达斜盘 4 的角度来改变马达旋转的速度。

①在监控面板上选择行走中速 Mi 或低速 Lo 时

行走速度电磁阀不通电

↓

从自减压阀出来的先导油不能流到调节器阀 9 的端面

↓

行走马达斜盘 4 角度处于最大位置

↓

行走马达容量大、速度低。

②在监控面板上选择行走高速 Hi 时

行走速度电磁阀通电

↓

从自减压阀出来的先导油经行走速度电磁阀流到调节器阀 9 端

↓

调节器阀 9 的阀芯被推向左边

↓

来自控制阀的主压力油通过调节器阀 9 内的油道 d 进入底部的调节器活塞 15

↓

调节器活塞向右移动

↓

斜盘角度变小

↓

行走马达容量变小,速度变快(如图 5-1-8 所示)。

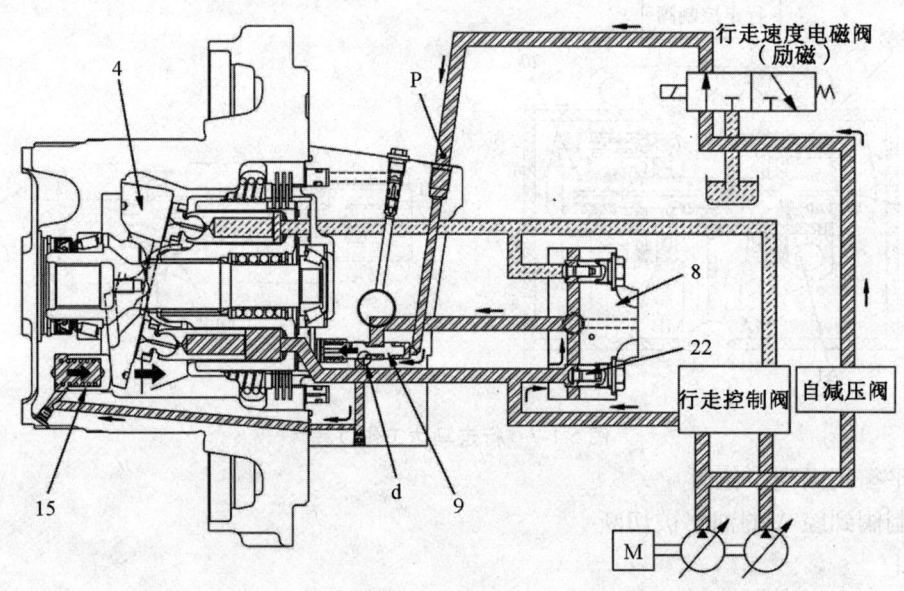

图 5-1-8　行走马达速度调节

(五)故障诊断

1. 故障现象

单侧不能行走。

2. 检查原因

脏东西堵住解除制动的细小油路 K,导致停车制动不能解除。

3. 故障分析

(参见行走马达工作过程)拆卸和装配时或液压油太脏,脏东西进入油路,堵住了解除制动的细小油路 k,行走时,压力油不能进入此油路,也就无法克服弹簧的推力解除制动。结果行走马达不能旋转,也就不能行走。

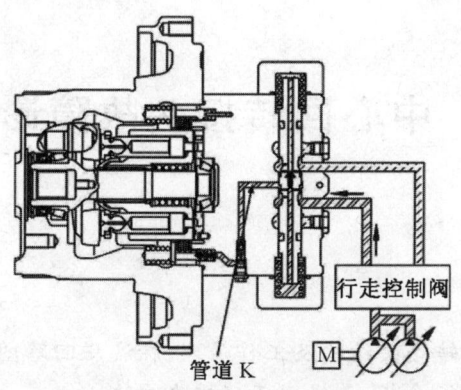

管道 K

图 5-1-9　行走马达故障

4.故障处置

清洗油路,并注意今后拆装时避免脏东西进入以及要按时更换液压油及滤芯。

任务5.2 中心回转接头故障诊断与排除

任务描述：

在挖掘机上介绍中心回转接头结构及工作原理,在液压回路图上进行控制原理分析,对中心回转接头常见故障现象进行诊断,并提出正确排除方法。

一、概述

位于上部车体的主泵向位于下部车体的行走马达送油的时候,因上下车体会做相对回转,使液压软管扭曲。为了防止这类事情发生,在车体的中心安装了中心回转接头。

二、位置和关系

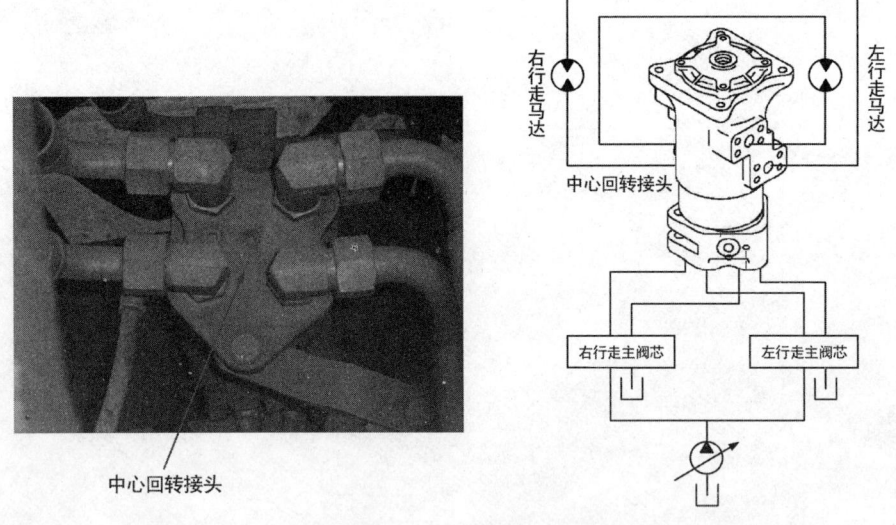

图5-2-1 中心回转接头位置及与其他部件关系

三、构造

1.中心回转接头构造

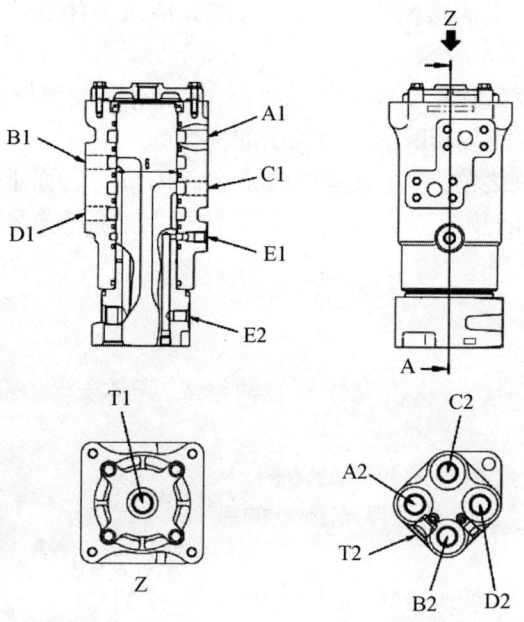

图 5-2-2　中心回转接头构造

B1—至左行走马达油口 PA；D1—至右行走马达油口 PB；A1—至左行走马达油口 PB；C1—至右行走马达油口 PA；E1—至左右行走马达油口 P；E2—至左右行走马达油口 P；T1—自左右行走马达油口 T；A2—自左行走马达主控阀口；T2—回油箱；B2—自左行走马达主控阀口；D2—自右行走马达主控阀口；C2—自右行走马达主控阀口

2. 零件分解图

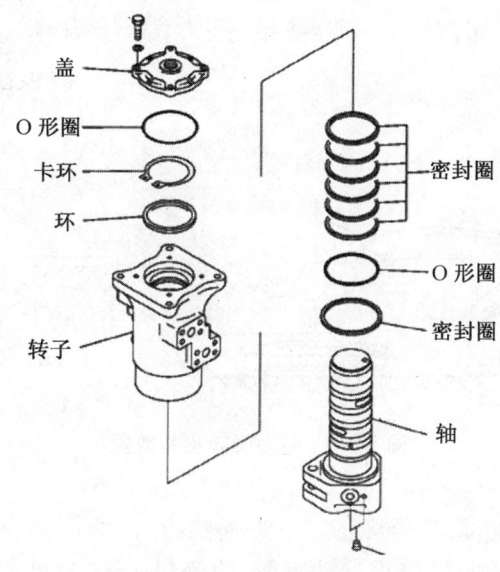

图 5-2-3　中心回转接头分解图

3. 注意点

更换密封圈中心回转接头不可避免地会因密封圈损坏而引起泄漏，重新更换密封圈可使中心回转接头恢复到最初的封油状态。

（1）若泄漏仅是由密封圈的磨损引起，则可有把握地认为接头中所有密封圈都达到了使用寿命，应全部更换新的。

（2）若泄漏是由于磨损微粒粘到摩擦滑动表面，使密封圈表面损伤而引起的，则仅需要更换损坏的密封圈。当然，在安装新圈前应消除引起损伤的原因。

（3）在安装新的密封圈之前，应注意除掉转子和筒体滑动表面上的毛刺、刻痕、磨粒或其他可能划伤密封圈密封面的物质。在将筒体装到转子上之前，应在滑动表面和密封圈上涂黄油。

四、工作原理

如图 5-2-4 所示，中心回转接头由壳体和芯轴组成，壳体安装在下部车体，而芯轴则安装在上部车体上。

在芯轴上开出和管路数相等的环形的沟槽，从芯轴入口来的液压油，通过这些油槽从壳体上的垂直孔供给行走马达。

即使芯轴随上部车体不断地回转，壳体上的沟槽也与芯轴上的油口保持畅通，使液压油可以自由地进出。

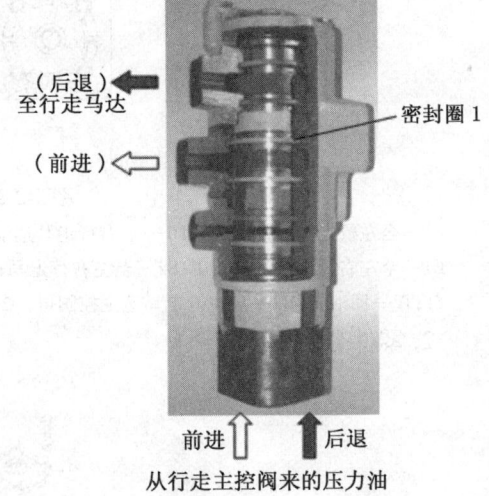

（后退）至行走马达

（前进）

密封圈 1

前进　　后退

从行走主控阀来的压力油

图 5-2-4　中心回转接头工作原理

五、故障诊断

1. 故障现象

行走跑偏。（在图 5-2-5 所示状态下测量行走 20 m 偏移量；实际值：1 m，故障判断基准值：0.3 m）。

2. 检查原因

中心回转接头密封圈损坏。

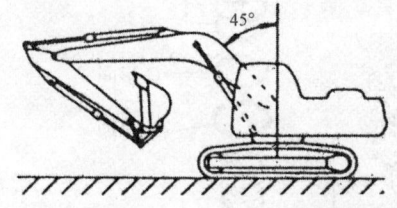

45°

20 m

x

10 m

★ 测量 x 尺寸

图 5-2-5　中心回转接头故障

3. 故障分析

由于未按时更换液压油滤芯，导致滤芯上旁通阀打开，液压油没有经过过滤，杂质进入液压油中。由于杂质粘到中心回转接头滑动表面，使密封圈 1（参见图 5-2-2）表面损伤，行走时一侧的压力油由于回转接头的密封圈 1 损坏而引起泄漏，导致两侧行走马达的速度不一样，结果行走跑偏。

4. 故障处置

更换液压油滤芯、液压油以及中心回转接头密封圈。

5. 测试条件

(1)发动机高速空转；

(2)液压油温:45～55℃；

(3)在平地预行 10 m 以上,然后测行走 20 m 的偏移；

(4)在水平硬地面上进行测量。

项目六
挖掘机空调不制冷故障

项目描述：

    本项目是以小松挖掘机空调不制冷的现象为载体介绍空调系统的组成及控制原理,介绍压缩机等主要部件的结构与工作原理,对空调制冷系统常见故障现象进行分析,并提出排除方法。在挖掘机上介绍空调制冷系统制冷剂泄漏的检漏方法及冷媒加注方法。

知识目标：

    (1)了解空调系统组成及原理;

    (2)掌握制冷系统控制原理;

    (3)掌握空调系统常用故障诊断与维修方法。

能力目标：

    (1)能使用仪器检测出空调制冷剂泄漏点;

    (2)能正确对空调系统进行抽空加液操作;

    (3)仪器设备使用方法;

    (4)抽空加液步骤;

    (5)操作安全知识。

素质目标：

    (1)具有良好的心理素质和较强的沟通能力;

    (2)具有团队意识及友好协作精神;

    (3)具有诚实守信、勤奋进取的敬业精神;

    (4)具备服从、安全、环保意识。

任务6.1 空调制冷系统的组成与工作原理

🔖任务描述:

在挖掘机上讲解空调制冷系统的组成及控制原理,介绍压缩机等主要部件的结构与工作原理。

一、空调制冷系统组成与工作原理

(一)概述

空调在工程机械车辆中起到改善驾驶员的工作条件,提高舒适性,从而提高工作效率和机械安全性的作用。空调系统主要由制冷系统、暖风系统、通风系统和控制系统等组成,其中制冷系统是几个系统中最为复杂的一个系统。制冷系统的作用是在夏季对驾驶室内的热空气进行冷却降温与除湿;暖风系统的作用是在冬季对驾驶室内的冷空气进行加热,达到取暖、除霜的目的;通风系统则可对驾驶室内进行强制通风换气以保持空气新鲜;控制系统的作用是通过控制驾驶室内的空气流速、方向和温度以达到舒适操作的目的。

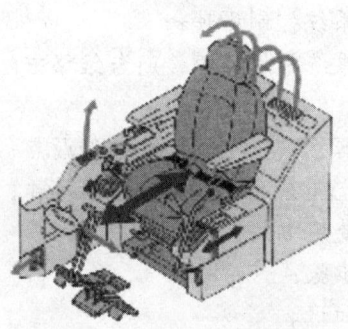

图 6-1-1 挖掘机空调出风口

(二)空调制冷系统的组成

工程机械车用制冷系统现在都采用 R134a 为制冷剂的蒸发压缩式循环系统,主要由压缩机、冷凝器、储液干燥器(或集液器)、膨胀阀(或节流孔管)、蒸发器等部件组成,各部件间用耐压金属管或专用软管依次连接而成。如图 6-1-2 所示。

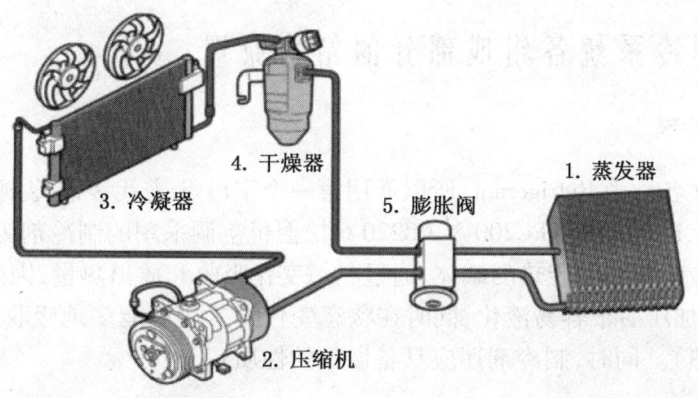

图 6-1-2　空调制冷系统组成

(三) 空调制冷剂的制冷原理

制冷系统工作时,制冷剂以不同的状态在密闭系统内循环流动,每一循环包括四个基本过程:

(1)压缩过程。压缩机吸入蒸发器出口处的低温(0℃)低压(0.147 MPa)的制冷剂气体,将其压缩成高温(70～80℃)高压(1.471 MPa)的气体排出压缩机。

(2)冷凝放热过程。高温高压的过热制冷剂气体进入冷凝器,压力和温度降低。当气体的温度降至40～50℃时,制冷剂气体变成液体,并放出大量的热。

(3)节流膨胀过程。温度和压力较高的制冷剂液体通过膨胀阀装置后体积变大,压力和温度急剧下降,以雾状(细小液滴)排出膨胀装置。

(4)蒸发吸热过程。雾状制冷剂进入蒸发器。此时制冷剂的沸点远低于蒸发器内温度,因此制冷剂液体蒸发成气体。在蒸发过程中大量吸收周围的热量,而后低温低压的制冷剂蒸发又进入压缩机。

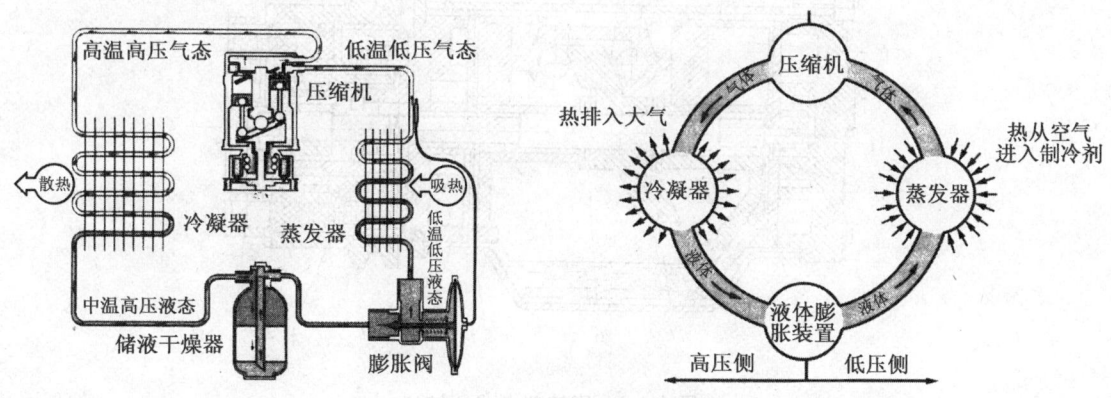

图 6-1-3　制冷剂循环工作原理

二、空调制冷系统各组成部分的结构原理

(一)空调制冷剂

制冷剂的英文名称为 Refrigerant,所以常用第一个字母 R 来代表制冷剂,后面表示制冷剂名称,如 R12、R22、R134a 等。PC200-8、PC220-6 挖掘机空调采用的制冷剂为 R134a。

制冷剂是制冷循环当中传热的载体,通过状态变化吸收和放出热量,因此要求制冷剂在常温下很容易汽化,加压后很容易液化,同时在状态变化时要尽可能多地吸收或放出热量(较大的汽化或液化潜热)。同时,制冷剂还应具备以下的性质:

(1)不易燃易爆;

(2)无毒;

(3)无腐蚀性;

(4)对环境无害;

(5)与冷冻机油接触时,具有化学、物理稳定性。

(二)压缩机

压缩机的作用:吸入蒸发器内的低压低温气态制冷剂,经压缩形成高温高压的气态制冷剂。工程机械车用空调压缩机常见有回转斜盘式、摇摆斜盘式及摇摆式可变排量压缩机。

1. 回转斜盘式压缩机

回转斜盘式压缩机是斜板式压缩机的一种,是双向往复活塞结构,又称双向斜盘式,如图 6-1-4 所示。主要由以下几个部分组成:

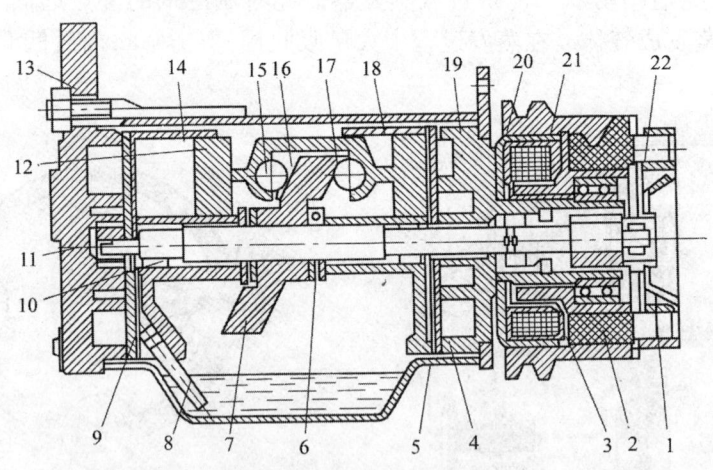

图 6-1-4　回转斜盘式压缩机

1—压板;2—皮带轮轴承;3—轴封;4—密封垫;5—前吸、排气阀片;6—回油孔;7—斜盘;8—吸油管;9—后吸、排气阀片;10—轴承;11—润滑油泵;12—活塞;13—后缸盖;14—后气缸;15—钢球;16—钢球滑靴;17—前后活塞球套;18—前气缸;19—前缸盖;20—皮带轮;21—电磁线圈;22—主轴

（1）缸体

缸体分为左右两部分，一般呈对称状（也有不对称的），缸体外侧分有壳体和无壳体两种。有外壳的压缩机，缸体外表呈圆形，便于加工。气缸有镶缸套和不镶缸套两类。大部分铝缸体压缩机气缸都镶缸套，缸套一般由粉末冶金材料制成，含油、耐磨性好。

（2）活塞

活塞是圆柱形双向活塞，在表面涂一层聚四氟乙烯黑膜，耐磨性好，可自身润滑。

（3）滑履

利用半粒滑履钢球，缩短了压缩机的长度，降低了压缩机的重量。

（4）主轴斜盘总成

主轴斜盘总成的主轴和斜盘制成一体，斜盘一般都用特殊铸铁制成。

（5）进、排气阀门总成

进、排气阀门一般都安装在压缩机两侧，由阀片、阀板及高压限位板组成一体。

回转斜盘式压缩机的工作原理是当主轴转动时，通过斜盘和滑履的带动，把主轴的回转运动变为双向活塞沿轴向的往复运动，活塞以斜盘主轴为中心在同一圆周上均匀分布三个或五个，每个活塞双向工作，所以一个活塞起两缸作用。在活塞运动中，通过吸排气阀组，把低温低压的制冷剂蒸气吸入，同时把高温高压的制冷剂排出，使其进入冷凝器进行热交换。

2. 摇摆斜盘式压缩机

摇摆斜盘式压缩机结构如图 6-1-5 所示，是将 5 个或 7 个气缸均匀分布在一个圆周上，活塞 14 与安装在摇板 11 上的球窝连接座里的连杆 13 相连，主轴穿过摇板支承在缸体两端的径向轴承上，主轴 1 上用销子固定一个斜形板 6，由于压紧弹簧 21 的作用，摇板紧靠着传动斜面，中间有平面止推的轴承 10 隔开，当主轴转动时，防旋齿 12 或导向销限制摇板不能做圆周

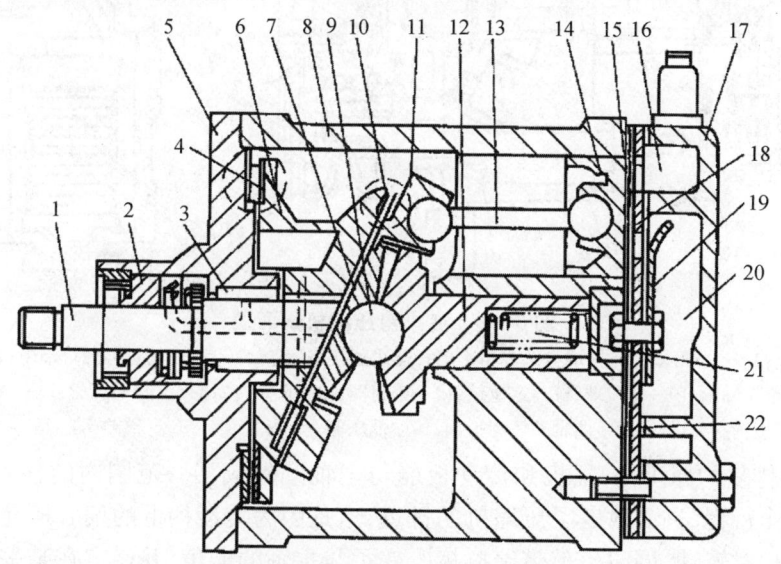

图 6-1-5　摇摆斜盘式压缩机剖视图

1—主轴；2—油封总成；3—滑动轴承；4—端面滚动轴承；5—前缸盖；6—斜形板；7—圆锥齿轮；8—缸体；9—钢球；10—平面止推轴承；11—摇板；12—圆锥齿轮（防旋齿）；13—连杆；14—活塞；15—阀板杆；16—吸气腔；17—压盖；18—阀板；19—排气阀片；20—排气腔；21—压紧弹簧；22—压盖缸垫

方向的转动,只能靠斜盘的推动做轴向往复摆动,从而带动活塞做轴向往复运动,吸入低压的制冷剂气体或压缩并排出高压制冷剂气体。摇摆斜盘式压缩机与回转斜盘式基本相同,是将靠在主轴斜盘上的摇板的摇摆运动变为单向活塞沿轴向的往复运动。两者的主要差别是:回转式是由斜盘直接驱动活塞做往复运动,而摇摆式则是由斜盘带动摇板,由于防旋齿或防旋销的作用,摇板不能跟着斜盘旋转,只能以主轴为轴线被推着摆动。

3.摇板式可变排量压缩机

在使用固定排量压缩机和采用热力膨胀阀的制冷系统中,热力膨胀阀的阀口大小变化时,使出风温度波动,加上用温控器控制离合器的吸合进一步造成空调工况的波动,并增加噪声,同时压缩机离合器的周期性吸合、断开的汽车动力性输出冲击很大,影响车辆行驶的平衡性。为改善上述情况,研制开发了可变排量压缩机。图6-1-6为变排量压缩机的剖面图,在图中主轴、活塞及连杆的安装与摇板斜盘相同,摇板上带有球窝连接座,与一个带有导向定位销的传动柄组成旋转接头,把传动板安装在主轴上。导向定位销安装在传动柄的偏心槽内,传动柄成为变排量压缩机主轴与传动板之间的机械控制装置。当主轴旋转时带动传动板转动。传动板与摇板中间由平面止推轴承隔开。若摇板和传动板与主轴倾斜成同一个角度,传动轴通过凸轮式支座与传动板相连,这样主轴的旋转力就能迫使摇板摆动,从而带动活塞轴向位移。

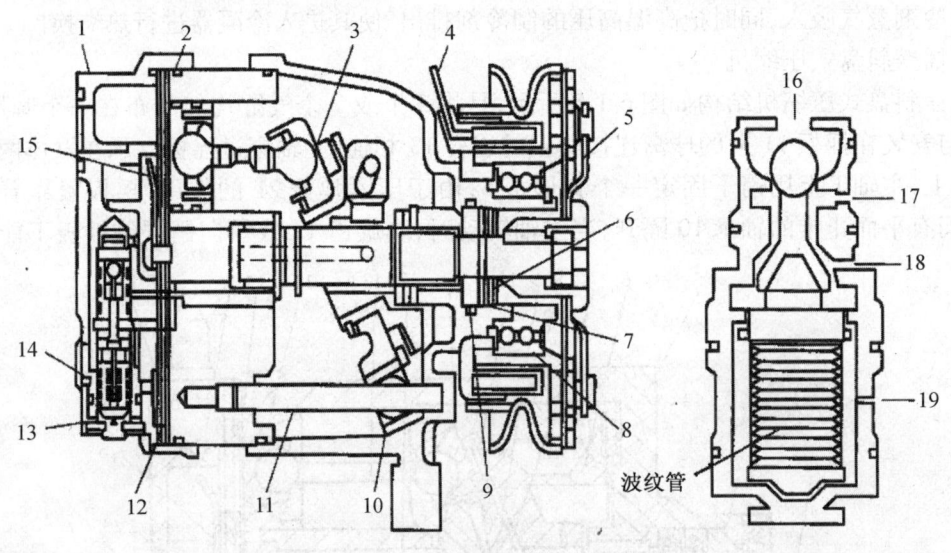

图6-1-6　变排量压缩机剖面图

1—后端盖总成;2、9—O形圈;3—摇动盘总成;4—离合器线圈接线端子;5—离合器驱动器总成;6—法兰密封;7—固定环;8—皮带轮轴承;10—定位球;11—定位销;12—密封圈;13—固定环;14—控制阀总成;15—阀板总成;16—高压侧;17—摇板箱压力供给;18—曲轴箱压力返回;19—低压侧

实现可变排量的原理是,摇板和传动板能与主轴倾斜成某一范围内的任意角度,从而改变了活塞的工作行程,进而改变了压缩机的排量,这是因为传动柄上的偏心槽允许传动板绕着主轴做轴向的相对转动,同时也就带着摇板改变了与主轴的夹角,并稳定在某一夹角。排量的改变是依靠摇板箱内压力的改变来实现的,摇板箱压力低,就减小了作用在活塞的背面的作用力,使摇板倾斜的角度增大,加大了活塞的行程,即增加了压缩机的排量;反之,摇板箱的压力增大,就增加了作用在活塞背面的作用力,使摇板往回移动,减小了倾角,即减小了活塞的行程,相应地压缩机的排量也就减小了。

调节摇板箱的压力是靠位于压缩机后端的控制阀来实现的,控制阀有一个压力感应波纹管暴露在吸气侧压力下,波纹管作用到针阀及钢球上,钢球暴露在高压侧压力下。波纹管还控制着一个细小通气孔,此通气孔与吸气低压侧相通。

当吸气侧压力超过了设定值,说明需要增加制冷量,高的吸气压力使波纹管收缩,针阀下落,弹簧及高压侧的压力把钢球推向球座,将球座下连接高压侧气体与摇板箱气体的通道封死,这样就阻止了高压侧的气体通向摇板箱。与此同时,从低压侧到摇板箱的通道打开,部分摇板箱气体通向吸气侧,从而降低了摇板箱的压力,作用在活塞一侧的气缸上的反作用力使摇板移向增加排量的位置。反之,当吸气压力降低到低于控制点时,波纹管膨胀,克服高压侧压力及钢球弹簧力,把钢球向上推,使之离开球座。这样,高压气体就通过控制阀进入摇板箱,结果是摇板箱压力增加,作用在活塞背面的压力增加,使摇板的倾斜角减小,从而减小排量。

(三)电磁离合器

压缩机的离合器是用来断开或接通压缩机动力传动系统的装置。一般都采用电磁原理,主要由从动盘、皮带盘及电磁线圈组成,如图6-1-7所示。其工作原理如图6-1-8所示。当电流通过离合器绕组时,产生较强的磁场,使压缩机的转动盘和自由转动的皮带轮吸合,从而驱动压缩机主轴旋转。当电流中断,磁场消失,靠弹簧把驱动盘和皮带轮分开,压缩机便停止工作。

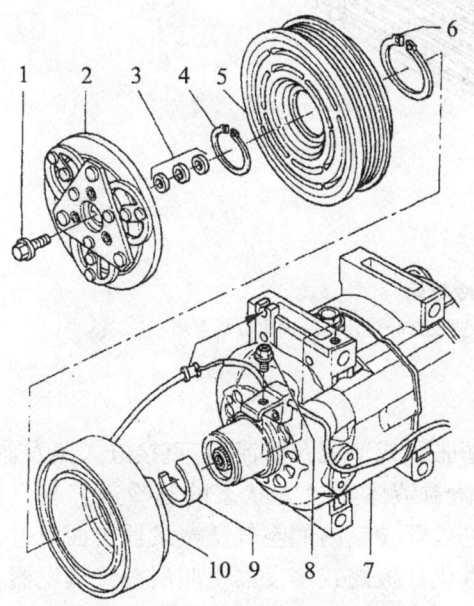

图6-1-7　压缩机离合器分解图

1—螺栓;2—离合器从动盘;3—调整圈;4—卡环;5—皮带盘;6—挡圈;7—压缩机;8—毛毡;9—螺栓;10—电磁线圈

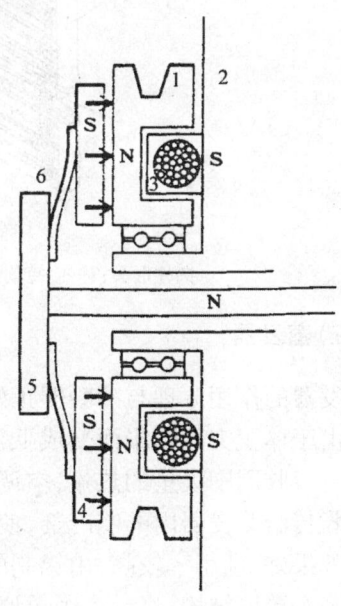

图6-1-8　压缩机离合器工作原理

1—皮带轮;2—压缩机壳体;3—线圈;4—摩擦板;5—驱动盘;6—弹簧爪

（四）冷凝器

冷凝器的作用是把压缩机压送来的高温高压气态制冷剂冷却,使之成为液态的制冷剂。一般安装在散热器的前面或者在驾驶室的后面,有专门的风扇对冷凝器进行散热。目前平流式冷凝器应用较为广泛,如图6-1-9所示。

平流式冷凝器是由管带式冷凝器演变而成的,由扁管和波浪形散热片组成,散热片上同样开着百页窗式条缝,扁管每根截断,两端各有一个根集流管。集流管内是分段的,中间有分隔片,每段管子的数目不相等,进入冷凝器时的制冷剂呈现气态,比容大占用管子数最多,随着制冷剂冷凝成液体,容积减小,管子数减少,这种变通程的结构设计使冷凝器的有效容积得到最合理的利用,使换热效率有了显著提高。

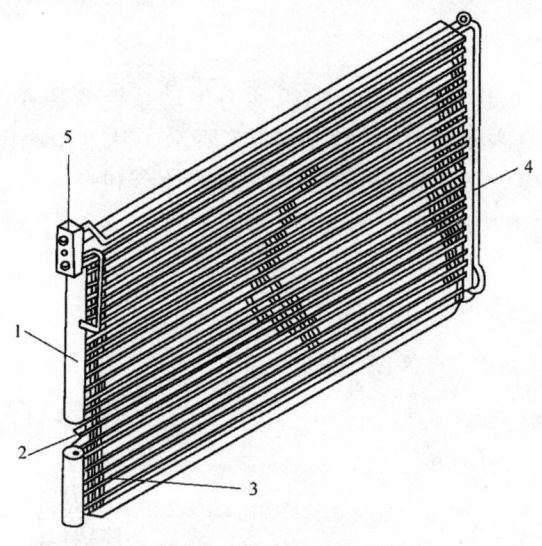

图6-1-9 平流式冷凝器

1—圆柱形头;2—制冷剂扁管;3—内插管;4—波纹百叶翅片;5—进出口集合箱

（五）蒸发器

蒸发器的作用原理与冷凝器正好相反,从热力膨胀阀或节流孔管流出,直接进入蒸发器的制冷剂由于体积突然膨胀而变成低温低压雾状物(微粒液体),这种状态的制冷剂容易汽化,汽化时将吸收周围大量的热量,空调鼓风机强制使进入驾驶室内的空气从蒸发器表面流过,热量被吸收传给蒸发器内的制冷剂,使液态的制冷剂汽化。板翅式蒸发器也叫层叠式蒸发器,由于传热效果好,利用率较高,由铝制的平板中间夹一层波形散热片,两侧再用封条进行密封,这样组成一个单层结构;将一个个单层再叠置起来时进行焊接就组成了板翅式蒸发器主体,见图6-1-10。在空调系统中通常把蒸发器、鼓风机、温度控制器以及许多相关的零部件组装在一起,称作蒸发器总成,如图6-1-11。

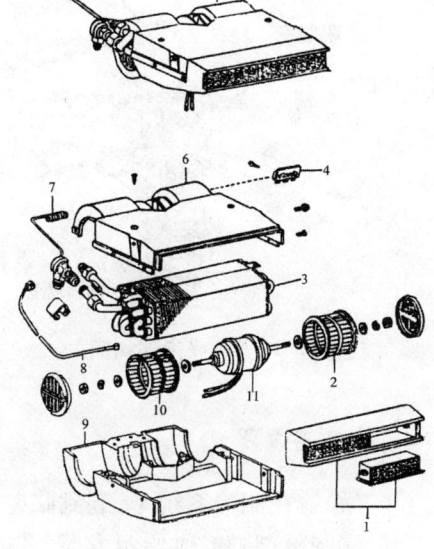

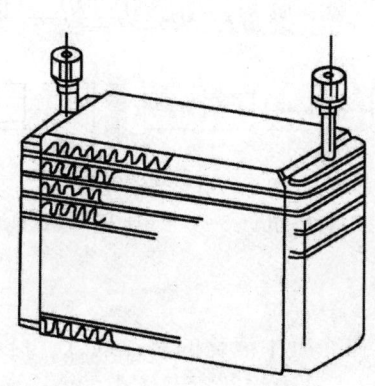

图 6-1-10　板翅式蒸发器

图 6-1-11　蒸发器总成

1—前盖;2—风轮;3—蒸发器;4—电阻;5—蒸发器总成;6—上盖;7—热力膨胀阀;8—温控电阻;9—下盖;10—风轮;11—电机

(六)节流元件

制冷系统中节流主要元件有热力膨胀阀,但是在变排量压缩机中采用固定节流孔管的也越来越多。

1.热力膨胀阀

热力膨胀阀的作用主要有节流降压,调节流量,控制流量,防止"液击"和异常过热发生。

如图 6-1-12 所示,热力膨胀阀通过热敏管感受到蒸发器的出口端的过热度的变化,导致感温受压系统内充注的工质体积及压力的变化,并作用到隔膜上,促使隔膜上下移动,隔膜带动推杆推动针阀上下移位,使阀口关小或开大,起到降压节流作用,同时自动调节蒸发器的制冷剂供给量并保持蒸发器出口端具有一定的过热度,以保证蒸发器的传热面积和蒸发器的充分利用,以及减少"液击"现象的发生。

2.节流孔管

节流孔管的结构十分简单,见图 6-1-13,是一根细小的铜管,安放在一根塑料套管内,在塑料套管内上有一根或两根 O 形密封圈,铜管的外面是滤网,由于 O 形圈的阻隔作用,来自冷凝器的制冷剂只能从细小的铜管中通过再进入蒸发器。节流管上的滤网能阻挡杂质进入铜管。

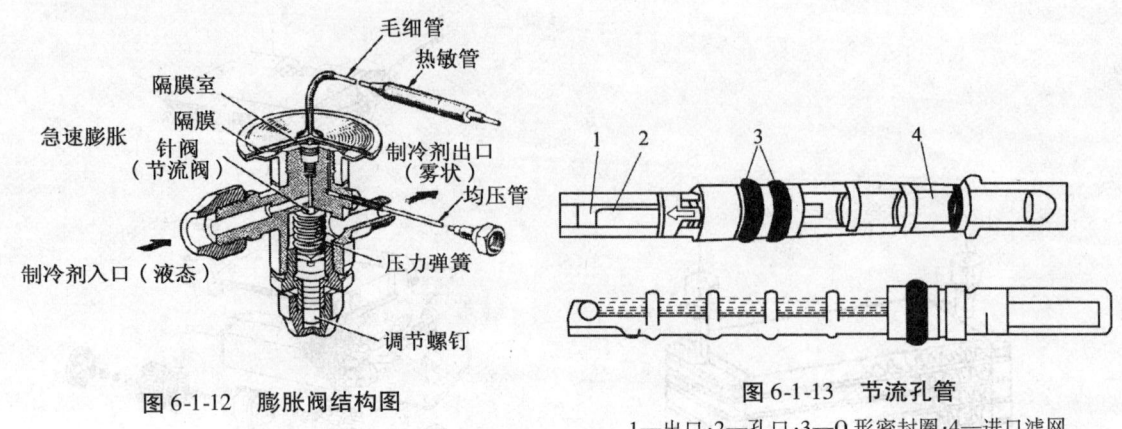

图 6-1-12 膨胀阀结构图

图 6-1-13 节流孔管
1—出口;2—孔口;3—O 形密封圈;4—进口滤网

(七)储液干燥器

储液干燥器在制冷系统中,起到临时性地存储一下在冷凝中液化的制冷剂,还可根据制冷负荷需要,将制冷剂随时供给蒸发器,并能补充系统中的微量渗漏及对系统中的水分和杂质进行干燥和过滤。结构原理见图 6-1-14。

(八)气液分离器

气液分离器又叫吸气储液器,见图 6-1-15,安放在系统的吸气管路上,目的是防止液态制冷剂进入压缩机,同时也有储存过量制冷剂及安放干燥过滤器的作用。

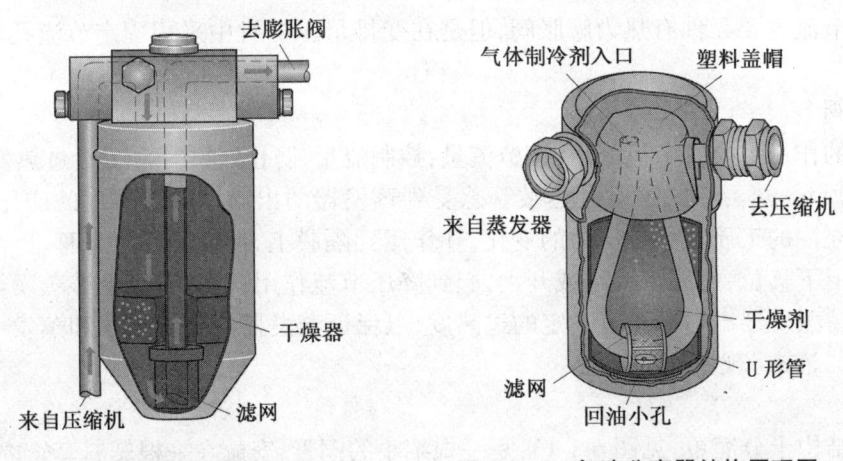

图 6-1-14 储液干燥器结构原理图   图 6-1-15 气液分离器结构原理图

(九)温度控制器

温度控制器又称恒温开关,是汽车空调系统中的一种开关元件,是感受蒸发器表面的温度,通过自身机构的动作从而控制压缩机离合器线圈中电流的通、断致使压缩机产生开与停的动作,起到调节车内温度及防止蒸发器结霜的一种电气控制装置。

空调温度控制器可分为机械压力式和电子式两种。

（十）压力开关

空调设有压力开关电路,压力开关也称压力继电器或压力控制器,分为高压开关和低压开关两种,安装在制冷系统的高压侧管路上。当制冷系统中制冷剂压力出现异常时迅速切断电磁离合器电路,而使压缩机停止工作,待压力恢复后,压缩机又正常工作,保护了制冷系统不被损坏。

1. 高压压力开关

高压压力开关是为了防止制冷剂填充过多,冷凝器散热又不好,造成压力过高,产生管路爆裂。

高压开关的切断压力和触点恢复闭合压力一般因车型而异,切断压力一般在 2.1 ~ 3.0 MPa 范围内,触点闭合恢复压力为 1.6 ~ 1.9 MPa,如图 6-1-16 所示。

2. 低压压力开关

低压开关也称制冷剂泄漏检测开关,作用是当气体泄漏、压力降低时,切断电磁离合器电源,以免烧坏压缩机。

低压开关的切断压力一般在 80 ~ 110 kPa 范围内,而触点闭合恢复压力为 230 ~ 290 kPa,如图 6-1-17 所示。

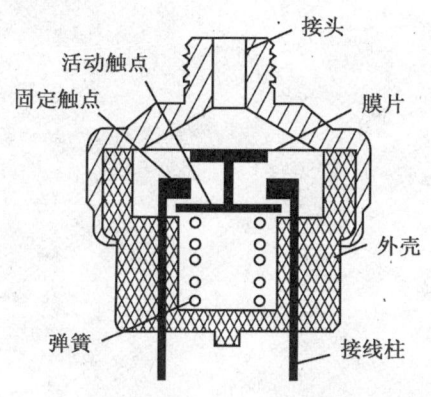

图 6-1-16　高压压力开关

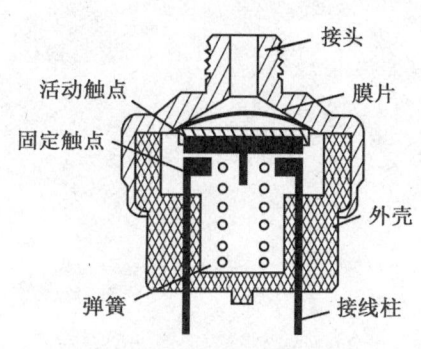

图 6-1-17　低压压力开关

（十一）易熔塞

易熔塞又称熔化螺栓,是制冷系统中的过压保护装置,它安装在储液干燥瓶上,它有一个孔贯穿螺栓中心,孔中填满一种特殊的焊剂。当高压端的压力和温度升至约 3 MPa 和 95 ~ 100 ℃时易熔塞中焊剂熔化,使制冷剂排出至大气中,从而防止制冷装置损坏。

（十二）减压安全阀

在空调制冷系统中,由减压安全阀代替易熔塞起到了防止环境污染的作用。它安装在压缩机缸体上,如果高压端的压力升至 3.43 ~ 4.14 MPa,减压安全阀就会开启,以降低压力,通常它和高压开关起双层保护作用,一旦减压安全阀开启就必须予以更换。

(十三)怠速提升装置

冷气在使用时会消耗发动机功率,因此在排气量较小的发动机,如不开冷气时,调整至正常怠速,一旦将冷气开启则会因功率消耗而使怠速降低,出现发动机怠速不稳定的现象,甚至使发动机熄火。因此设计出怠速提升装置,在开冷气时使发动机怠速自动升高亦能维持正常的怠速。

任务6.2   空调控制系统控制原理及故障诊断与排除

任务描述：

在挖掘机上讲解空调控制系统的控制原理,对空调制冷系统常见故障现象进行分析,并提出排除方法。

一、空调控制系统原理

（一）概述

空调控制系统的功能是保证空调制冷系统正常运转,同时也要保证空调系统工作时发动机的正常运转。小松山推空调是全自动空调,此空调由驾驶员将车内设置成希望的温度后,当成员及外界气温发生变化时,自动控制装置使车内温度始终保持希望的温度,改善舒适性及操作性。

（二）自动空调控制系统的组成

自动空调主要由冷气、热风、送风、操作和控制等部分组成。其中冷气系统中有压缩机、冷凝器、蒸发器;热风系统有加热器、水阀等;送风系统有鼓风机、风道、吸入与吹出风门;操作系统有温度设定与选择开关;控制系统有传感器、ECU、各种转换阀门、执行元件等。自动空调控制系统的组成可用图 6-2-1 来表示,主要由 3 个部分构成,即各种输入信号电路、微电子控制系统、各种执行机构。

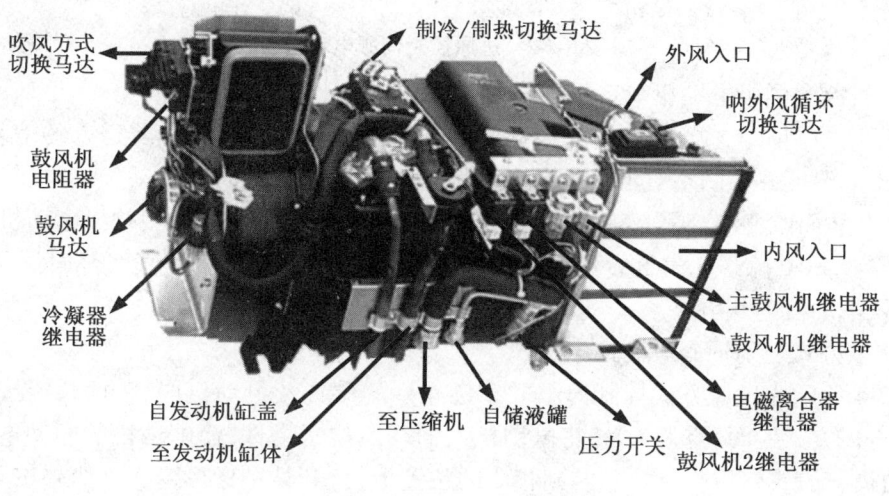

图 6-2-1   自动空调控制系统的组成

（三）自动空调控制系统的主要部件

1. 传感器

空调系统各种输入信号电路主要由传感器完成，主要由驾驶室内温度传感器、驾驶室外温度传感器、空调器温度开关、蒸发器出口温度传感器、冷却液温度传感器、日光传感器、压缩机锁上传感器、静电式制冷剂流量传感器等组成。

2. 空调 ECU

空调 ECU 根据各种传感器输入的信号和设定的温度，通过空气混合风门改变冷热风的比例，控制空气流的温度；当车内温度达到设定值时，空调 ECU 停止驱动伺服电动机，并把此位置存入记忆；空调 ECU 还通过风门控制气流流向；通过进气风门控制进气来自车内还是车外。此外，空调 ECU 还有故障自诊断功能。

3. 执行元件

执行元件主要包括控制伺服电动机、鼓风机电动机及压缩机电磁离合器等。比如进风控制伺服电动机、空气混合伺服电动机、送风方式控制伺服电动机、最冷控制伺服电动机等。

（1）进风控制伺服电动机

图 6-2-2 为进风控制伺服电动机结构原理图。电动机的转子经连杆与进风风门相连，当驾驶员使用进风方式控制键的"车外新鲜空气导入"或"车内空气循环"模式时，空调 ECU 控制进风控制伺服电动机带动连杆顺时针或逆时针旋转，带动进风风门打开或关闭，从而改变进风方式。

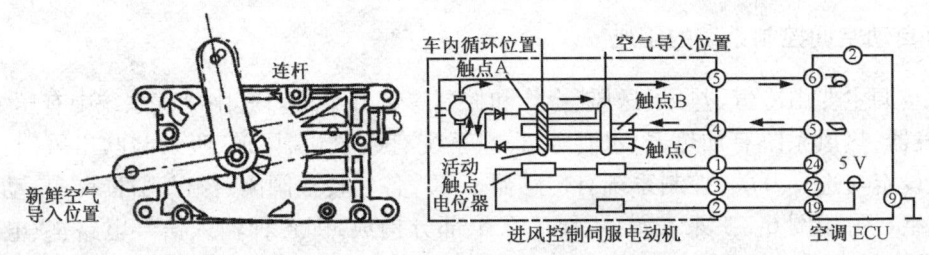

（a）结构　　　　　　　　　　（b）工作电路

图 6-2-2　进风控制伺服电动机

（2）空气混合伺服电动机

进行温度控制时，空调 ECU 首先根据驾驶员设置的温度及各传感器送入的信号，计算出所需要的出风温度并控制空气混合伺服电动机连杆顺时针或逆时针转动，改变空气混合风门的开启角度，从而改变冷、暖空气混合比例，调节出风口温度与计算值相符。电动机电位计的作用是向空调 ECU 输送空气混合风门的位置信号。图 6-2-3 所示为空气混合伺服电动机连杆转动位置及电动机内部电路。

（3）送风方式控制伺服电动机

图 6-2-4 所示为送风方式控制伺服电动机连杆的位置及电动机内部电路，当按下操纵面板上某个送风方式键时，空调 ECU 将电动机上的相应端子搭铁，而电动机的驱动电路由此将电动机连杆转动，将送风控制风门转到相应的位置上，打开某个送风通道。如果按下"自动控制"键，空调 ECU 会根据计算结果自动改变送风方式。

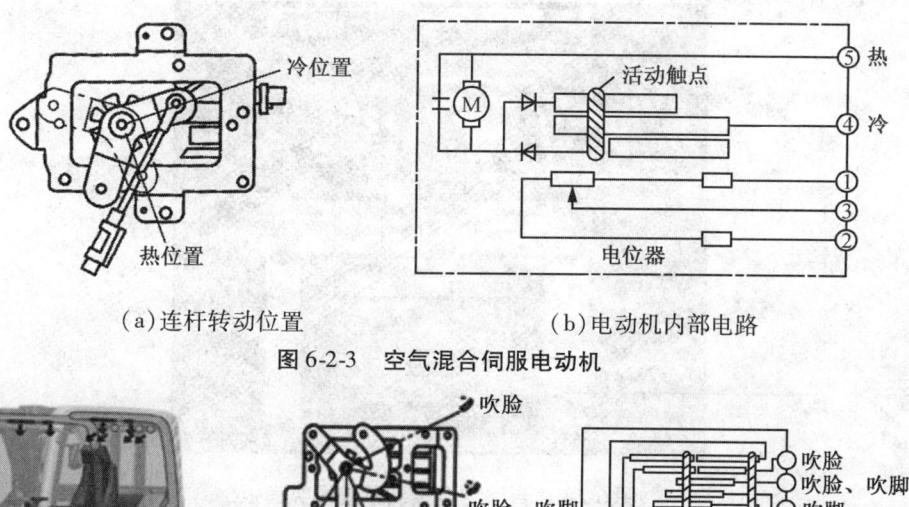

（a）连杆转动位置　　　　　　　（b）电动机内部电路

图 6-2-3　空气混合伺服电动机

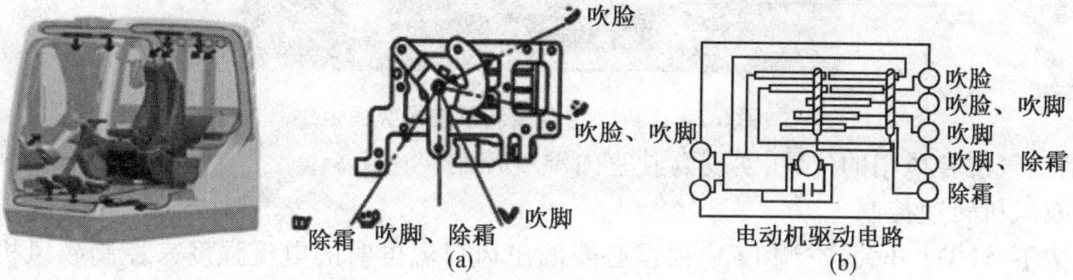

图 6-2-4　送风方式控制伺服电动机

（4）最冷控制伺服电动机

最冷控制伺服电动机的风门有全开、半开和全封闭 3 个位置。当空调 ECU 使某个位置的端子搭铁时,电动机驱动电路会使电动机运转从而带动最冷控制风门调整到相应位置。风门位置及内部电路如图 6-2-5 所示。

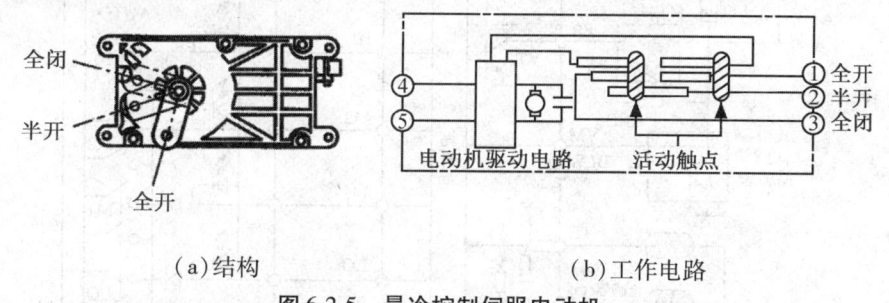

（a）结构　　　　　　　　（b）工作电路

图 6-2-5　最冷控制伺服电动机

（四）自动空调控制功能

自动空调控制功能包括温度控制、鼓风机转速控制、进气控制、气流方式控制和压缩机控制。自动空调系统操纵面板如图 6-2-6 所示。

1. 计算送风温度

空调 ECU 根据设定的温度及各种传感器输入的信号,向伺服电动机等执行元件发出控制信号,实现各种控制功能。当驾驶员将温度设置在最冷或最热时,空调 ECU 将用固定值取代上述计算机进行控制,以加快响应速度。

2. 驾驶室内温度控制

空调 ECU 根据计算出的送风温度及蒸发器温度信号,确定是否向空气混合伺服电动机通

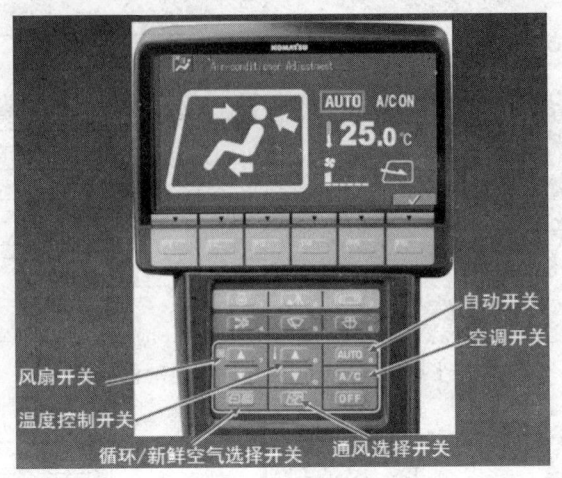

图6-2-6　自动空调控制系统操纵面板

电,控制空气混合风门的位置,实现驾驶室内温度控制。

3.鼓风机转速控制

当按下 AUTO 开关,空调 ECU 根据必要的出风口温度时的电流强度来控制鼓风机转速,如图 6-2-7 所示。

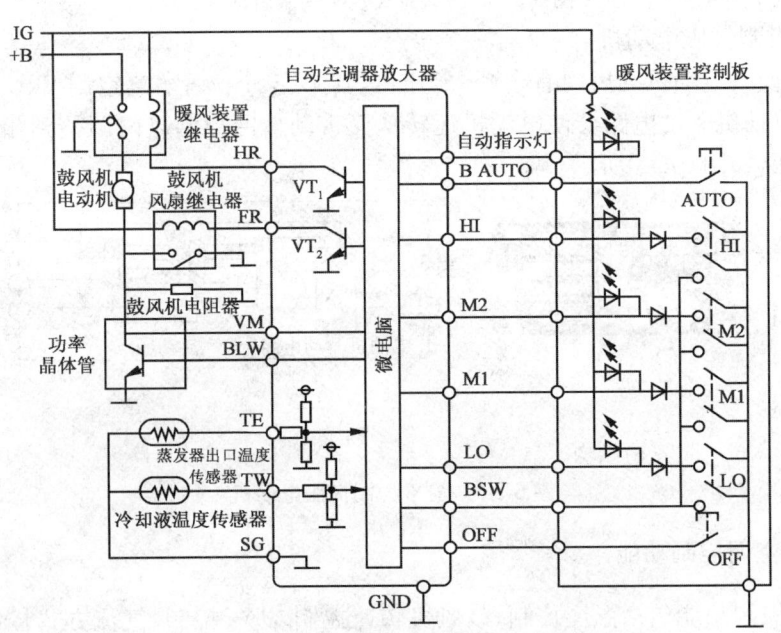

图6-2-7　鼓风机转速控制电路

(1)低速控制

按下 AUTO 开关,空调 ECU 接通 TR1,起动暖风装置继电器,电流路径:蓄电池→暖风装置继电器→鼓风机电动机→鼓风机电阻器→搭铁,鼓风机低速运转,同时 AUTO 和 LO(低速)指示灯亮。

(2)中速控制

按下 AUTO 开关,空调 ECU 接通 TR1,起动暖风装置继电器。空调 ECU 将鼓风机驱动信号（从 TAO 值计算得出）经 BLM 端子输出到功率晶体管，电流路径：蓄电池→暖风装置继电器→鼓风机电动机→功率晶体管和鼓风机电阻器→搭铁，鼓风机转速以对应于鼓风机驱动信号的转速运转，同时 AUTO 指示灯亮，LO（低速）、M1（中 1）、M2（中 2）和 HI（高）指示灯根据情况点亮。

（3）特高速控制

按下 AUTO 开关空调 ECU 接通 TR1 和 TR2，起动暖风装置继电器和鼓风机继电器，电流路径：蓄电池→暖风装置继电器→鼓风机电动机→鼓风机风扇继电器→搭铁，鼓风机以特高速运转，同时 AUTO 和 HI（高速）指示灯亮。若水温传感器检测到水温低于 40℃时，空调 ECU 控制鼓风机停止运转。

4. 进风方式控制

在控制面板上按下进风方式选择键时，空调 ECU 挖掘进风控制伺服电动机转动，将进风风门固定在"驾驶室外新鲜空气导入"或"驾驶室内空气循环"位置上。如果是按下"自动控制"选择键，ECU 会根据计算值，在上述两种方式之间交替自动改变进风方式。

5. 送风方式控制

当按下 AUTO 开关，空调 ECU 根据需要的出气温度值自动控制送风方式。电路图如图 6-2-8所示。

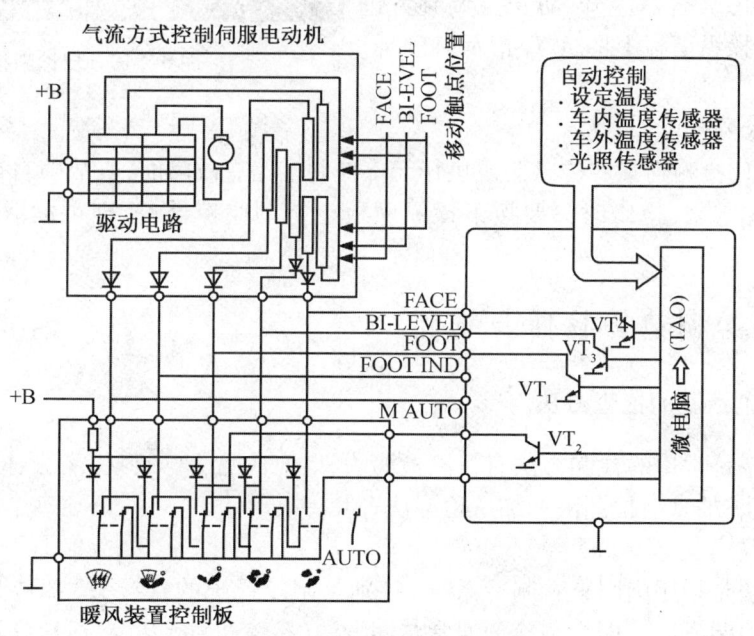

图 6-2-8　送风方式控制电路图

6. 压缩机工作控制

当同时按下"A/C"键和"鼓风机"键时或单独按下"自动控制"键时，空调 ECU 使电磁离合器接合，此时压缩机开始工作。控制电路见图 6-2-9，空调 ECU 的 MGC 端首先向发动机 ECU 发出压缩机工作信号，发动机 ECU 的 A/CMG 端立刻搭铁，使电磁离合器吸合，压缩机运转。同时，电流也加到 ECU 的 A/C 一端，向空调 ECU 反馈电磁离合器工作信号。

进行自动控制时，若环境温度或蒸发器温度降到一定值以下，空调 ECU 将控制压缩机间

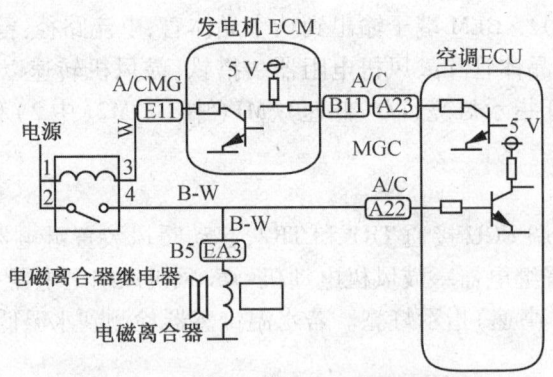

图 6-2-9　压缩机控制电路

歇工作,即磁吸交替导通与断开,以节省能源。

空调装置工作时,空调 ECU 同时从发动机点火器及压缩机锁止传感器采集发动机转速与压缩机转速信号,并进行比较。若两种转速信号的偏差率连续 3 s 超过 80%,ECU 则判定压缩机锁死,同时与电磁离合器脱开,防止空调装置进一步损坏;并使操纵面板上的 A/C 指示灯闪烁,以提示驾驶员。

图 6-2-10　自诊断按键

7. 故障自诊断功能

当空调 ECU 检测到某些传感器或执行元件控制电路有故障时,其故障自诊断系统将故障以代码形式存储起来,检修时只要按下操纵面板上空调监控器键,即可读取故障代码,如图 6-2-10所示。

二、空调控制故障诊断与排除

(一) 制冷剂泄漏的检查方法

空调制冷系统常用的检漏方法有目测检漏法、皂泡检漏法、染料检漏法、检漏灯检漏法、电子检漏仪检漏法、抽真空检漏法和加压检漏法等几种。

1. 目测检漏

目测检漏法是指用肉眼查看制冷系统(特别是制冷系统的管接头)部位是否有润滑油渗漏痕迹的一种检漏方法。因为制冷剂通常与润滑油(冷冻机油)互溶,所以在泄漏处必然也带出润滑油,因此,制冷系统管道有油迹的部位就是泄漏处。

2. 皂泡检漏(肥皂水检漏)

皂泡检漏是指在检漏时,对施加了压力的制冷系统,用毛刷或棉纱蘸肥皂水涂抹在被检查部位,察看被检查部位是否有气泡产生的一种检漏方法。若被检查的部位有气泡产生,则说明这个部位是泄漏处(点)。肥皂水检漏法简便易行,而且很有效,但操作比较麻烦,维修工采用此法检漏时,要求一定要细致、认真。

3.染料检漏(着色检漏)

确定冷漏点或压力漏点,把黄色或红色的颜料溶液通过表座引入空调系统,是个理想的方法。染料能指出漏点的准确位置,因为漏点周围有红色和黄色2种染料积存,并且不会影响系统的正常运行。

4.检漏灯检漏

检漏灯(卤素灯)检漏是指在检漏时,利用卤素与吸入的制冷剂燃烧后产生的不同颜色火焰进行检漏的一种方法。

5.电子检漏仪检漏

检查时,应当遵照电子检漏仪制造厂家的有关规定。一般按下列步骤进行:

(1)转动控制器旋钮至断开(OFF)或0位置;

(2)电子检漏仪接入规定电压的电源,接通开关。如果不是电池供电,应有5 min的升温期;

(3)升温期结束后,放置探头于参考漏点处,调整控制器和敏感性旋钮至检漏仪有所反应为止,移动探头,反应应当停止,如果继续反应,则是敏感性调整得过高,如果停止反应,则是调整合适;

(4)移动寻漏软管,依次放在各接头下侧,还要检查全部密封件和控制装置;

(5)断开和系统连接的真空软管,检查真空软管接头处有无制冷剂蒸气;

(6)如发生漏点,检漏仪就会出现像放置在参考漏点处的反应状况;

(7)探头和制冷剂的接触时间不应过长,也不要把制冷剂气流或严重泄漏的地方对准探头,否则会损坏探测仪的敏感元件。

(二)制冷系统故障诊断常用方法

1.看

用眼睛观察整个空调系统各个零件是否处于正常工作状态,如图6-2-11。启动空调,观察储液干燥过滤器的观察窗,看制冷剂是否适量。如果观察到连续不断的气泡出现,说明制冷剂严重不足,如果每隔1~2 s就会有气泡出现,表示制冷剂不足。如果观察窗几乎透明,发动机转速变化时可能会出现气泡,说明制冷剂适量。看各接头处是否有油污和沾有灰尘。如果有油污和灰尘,则可能泄漏。观察冷凝器表面脏不脏,散热片是否有变形。

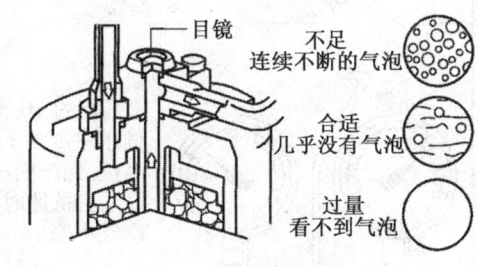

图6-2-11　目测制冷剂

2.听

用耳朵聆听运转中的空调系统有无异常声音,如果有噪声则可能是电磁线圈老化,吸力不足,通电后由于打滑而产生噪声,也可能是离合器片磨损造成间隙过大使离合器打滑。听压缩机是否有液击声,如果有液击声,可能是制冷机过多或膨胀阀开度过大,应释放制冷剂或调整膨胀阀。除此之外,就是压缩机内部损坏。

3.摸

高压管路比较热,如果某处特别热或进出口有明显温差,说明这个地方堵了。

用手感觉压缩机的进气管和排气管之间应该有明显的温度差,前者发凉、后者发烫。

用手感觉比较冷凝器进入管和排出管的温度,正常情况下,前者热一些,冷凝器上部温度比下部温度要高。用手摸储液干燥过滤器前后温度应一致。冷凝器输出管到膨胀阀输入管之间是制冷剂高压、高温区,温度应该均匀一致。

4. 测

(1)用空调冷媒检漏计检测

用检漏计检查各接头是否有泄漏。

(2)用歧管压力表检测根据歧管压力表的读数来判断故障,见表6-2-1。

表6-2-1 歧管压力表读数显示故障现象

压力表读数	故障现象	故障原因	处置要点
低压侧 高压侧	正常情况: 低压侧压力:0.15~0.25 MPa (1.5~2.5 kgf/cm²); 高压侧压力:1.37~1.57 MPa (14~16.5 kgf/cm²)		
低压侧 高压侧	高压:低于15 kg/cm²; 低压:低于1 kg/cm²; 冷媒不足; 低压、高压侧压力全部低下; 视窗上有连续的气泡通过; 冷气不凉	冷媒量不足,冷媒泄漏	1.检查泄漏点,并处理; 2.补充冷媒
低压侧 高压侧	高压超过16.5 kg/cm²; 低压超过2.5 kgf/cm²; 高压、低压侧压力超过正常值; 发动机低速时视窗无气泡; 冷气不凉	1.冷媒过充; 2.冷凝器冷却不良	1.调整冷媒量; 2.清扫冷凝器; 3.车辆冷却系统(电动风机)检查
低压侧 高压侧	低压表指针指向小于0 kgf/cm²处; 运行一段时间低压侧表针慢慢指向负压侧	系统含水	1.更换干燥器; 2.充冷媒前进行一次抽真空作业

续表

压力表读数	故障现象	故障原因	处置要点
低压侧 高压侧	高低压指针指向不同,但是数值相同; 低压侧高、高压侧低; 关掉空调后高压、低压侧很快就达到一个平衡点,就是说压力相等	压缩机不良	更换压缩机
低压侧 高压侧	冷媒不循环有堵塞现象; 完全堵塞时低压表很快指向负压侧; 不完全堵塞时低表针慢慢指向负压侧; 堵塞点前后有温差现象产生	灰尘、水分堵塞膨胀阀	1. 更换干燥器; 2. 抽真空

(三)空调系统常见故障的诊断与排除

1. 故障一

制冷量不足(空气不流出气流不足)。

可能的起因		正常状态下的标准值/故障诊断备注		
1	送风机继电器故障（内部断路）	★ 将起动开关转到 OFF 位置做好准备,然后在起动开关不转到 ON 位置的状态下,进行故障诊断(线圈侧)		
		R20(凸)	电阻值	
		在(1)至(3)之间	140～340 Ω	
		★ 将起动开关转到 OFF 位置做好准备,然后将起动开关转到 ON 位置进行故障诊断(触点侧)		
		R20	空调开关	电压
		在(4)至底盘接地之间	送风位置	20～30 V
2	功率晶体管故障（内部故障）	★ 将起动开关转到 OFF 位置做好准备,然后将起动开关转到 ON 位置进行故障诊断		
		风扇开关	如果气流根据风扇开关的操作变化,功率晶体管正常	
		在低、中和高之间操作		
3	送风机马达故障（内部故障）	★ 将起动开关转到 OFF 位置做好准备,然后将起动开关转到 ON 位置进行故障诊断		
		MB(导线侧)	空调开关	电压
		在(1)至(2)之间	送风位置	20～30 V
		如果以上电压正常而送风机马达不转动,送风机马达故障		

续表

可能的起因		正常状态下的标准值/故障诊断备注		
4	导线线束断路(导线断路或连接器接触不良)	★将起动开关转到 OFF 位置做好准备,然后在起动开关不转到 ON 位置的状态下,进行故障诊断		
		F01-11 至装置内保险丝至 R20(凹)(1)之间的导线线束	电阻值	最大值 1Ω
		R20(凹)(3)至 ACw(导线侧)(36)之间的导线线束	电阻值	最大值 1Ω
		F0111 至 R20(凹)(5)之间的导线线束	电阻值	最大值 1Ω
		R20(凹)(4)至 MB(导线侧)(1)之间的导线线束	电阻值	最大值 1Ω
		MB(导线侧)(2)至 PTR(导线侧)(3)之间的导线线束	电阻值	最大值 1Ω
		PTR(导线侧)(1)至底盘接地(T07)之间的导线线束	电阻值	最大值 1Ω
		PTR(导线侧)(2)至 ACw(导线侧)(8)之间的导线线束	电阻值	最大值 1Ω
		PTR(导线侧)(4)至 ACw(导线侧)(7)之间的导线线束	电阻值	最大值 1Ω

2. 故障二

当操作空调开关时,空调控制屏幕不显示。

	起因	正常状态下的标准值/故障诊断备注		
1	No.11 保险丝故障	如果保险丝熔断,电路可能接地故障(参见起因 4)		
2	装置内的保险丝故障	如果装置内的保险丝熔断,装置内的电路可能接地故障(参见起因 4)		
3	导线线束断路(导线断路或连接器接触不良)	★将起动开关转到 OFF 位置,做好准备,然后在起动开关不转到 ON 位置的状态下,进行故障诊断		
		F01-11 至装置内保险丝至 ACw(导线侧)(6)之间的导线线束	电阻值	最大值 1Ω
		ACw(导线侧)(16)至底盘接地(T07)之间的导线线束	电阻值	最大值 1Ω
4	导线线束接地故障(与接地电路短路)	★将起动开关转到 OFF 位置,做好准备,然后在起动开关不转到 ON 位置的状态下,进行故障诊断		
		F01-11 至 单元内保险丝至 ACw(导线侧)(6)至电路分支末端之间的导线线束	电阻值	最小值 1Ω
5	空调控制器故障	★将起动开关转到 OFF 位置做好准备,然后将起动开关转到 ON 位置进行故障诊断		
		ACw(导线侧)	电压	
		(6)至(16)之间	20～30 V	
		如果以上电压正常,空调控制器可能故障		
6	机器监控器故障	如果未检测到起因 1～5,机器监控器可能故障(由于是系统内故障,因此故障诊断不能进行)		

3. 故障三

空气不冷却(冷却性能不充足)。

起因		正常状态下的标准值/故障诊断备注		
1	压缩机继电器故障(内部断路)	★ 将起动开关转到 OFF 位置做好准备,然后在起动开关不转到 ON 位置的状态下,进行故障诊断(线圈侧)		
		R21(凸)	电阻值	
		在(1)至(3)之间	140~340 Ω	
		★ 将起动开关转到 OFF 位置做好准备,然后将起动开关转到 ON 位置进行故障诊断(触点侧)		
		R21	空调开关	电压
		在(2)至底盘接地之间	冷却位置	20~30 V
2	内部空气传感器故障	内部空气传感器可能故障,针对内部空气传感器异常进行故障诊断		
3	高低压力开关故障	高低压力开关可能故障,针对"致冷剂异常"进行故障诊断		
4	压缩机离合器故障(内部故障)	压缩机离合器可能故障,直接检查它		
5	压缩机故障(内部故障)	压缩机可能故障,直接检查它		
6	导线线束断路(导线断路或连接器接触不良)	★ 将起动开关转到 OFF 位置做好准备,然后在起动开关不转到 ON 位置的状态下,进行故障诊断		
		F01-11 至装置内保险丝至 R21(凹)(1)之间的导线线束	电阻值	最大值 1Ω
		R21(凹)(3)至 ACw(导线侧)(35)之间的导线线束	电阻值	最大值 1Ω
		F01-11 至 R21(凹)(4)之间的导线线束	电阻值	最大值 1Ω
		R21(凹)(2)至 AC02(凹)(1)之间的导线线束	电阻值	最大值 1Ω
7	导线线束接地故障(与接地电路短路)	★ 将起动开关转到 OFF 位置做好准备,然后在起动开关不转到 ON 位置的状态下,进行故障诊断		
		R21(凹)(3)至 ACW(导线侧)(35)之间的导线线束	电阻值	最小值 1 MΩ
		R21(凹)(2)至 AC02(凹)(1)之间的导线线束	电阻值	最小值 1 MΩ
8	空调控制器故障	如果未检测到起因 1~7,空调控制器可能故障(由于是系统内故障,因此故障诊断不能进行)		
9	空调系统故障	如果未检测到起因 1~7,空调系统可能故障,参见"装修手册"的"机器零件分册"、"空调"、"故障诊断"		

4. 故障四

空调异常记录:通信状态"CAN 断路"、通信状态"异常"。

当正检测到通信异常时,显示"CAN 断路"。

如果已检测到通信异常并重设,显示"异常"。

如果"CAN 断路"作为通信状态被显示,则通信不能正常进行。因此,不显示其他项目的状态。

重现异常记录的方法:将起动开关转到 ON 位置。

	起因	正常状态下的标准值/故障诊断备注		
1	导线线束断路(导线断路或连接器接触不良)	★ 将起动开关转到 OFF 位置做好准备,然后在起动开关不转到 ON 位置的状态下,进行故障诊断		
		N10(凹)(2)至 CM02(凹)(8)、(9)之间的导线线束	电阻值	最大值 1Ω
		N10(凹)(1)至 CM02(凹)(10)之间的导线线束	电阻值	最大值 1Ω
2	导线线束接地故障(与接地电路短路)	★ 将起动开关转到 OFF 位置做好准备,然后在起动开关不转到 ON 位置的状态下,进行故障诊断		
		N10(凸)(2)至 CM02(凹)(8)、(9)至 C01(凹)(45)至 CE02(凹)(46)至 K02(凹)(A)至 N08(凸)(3)之间的导线线束	电阻值	最小值 1 MΩ
		N10(凹)(1)至 CM02(凹)(10)至 C01(凹)(64)至 CE02(凹)(47)至 K02(凹)(B)至 N08(凸)(10)之间的导线线束	电阻值	最小值 1 MΩ
3	导线线束热短路(与接 24 V 电路短路)	★ 将起动开关转到 OFF 位置做好准备,然后将起动开关转到 ON 位置进行故障诊断		
		N10(凸)(2)至 CM02(凹)(8)、(9)至 C01(凹)(45)至 CE02(凹)(46)至 K02(凹)(A)至 N08(凸)(3)之间的导线线束	电压	最大值 5.5 V
		N10(凹)(1)至 CM02(凹)(10)至 C01(凹)(64)至 CE02(凹)(47)至 K02(凹)(B)至 N08(凸)(10)之间的导线线束	电压	最大值 5.5 V
4	CAN 终端电阻值错误(内部短路或断路)	将起动开关转到 OFF 位置做好准备,然后在起动开关不转到 ON 位置的状态下,进行故障诊断		
		K02(凸)	电阻值	
		在(A)至(B)之间	47 ~ 67 Ω	
5	空调控制器故障	如果未检测到起因 1 ~ 4,空调控制器可能故障(由于是系统内故障,因此故障诊断不能进行)		
6	机器监控器故障	如果未检测到起因 1 ~ 4,机器监控器可能故障(由于是系统内故障,因此故障诊断不能进行)		

5. 故障五

空调异常记录:设定状态"异常"。

如果空调控制器型号的设定不同于机器监控器型号的设定,显示"异常"。

如果"CAN 断路"作为通信状态被显示,则通信不能正常进行。因此,不显示此状态。

重现异常记录的方法:将起动开关转到 ON 位置。

	起因	正常状态下的标准值/故障诊断备注
1	空调控制器故障	空调控制器可能故障(由于是系统内故障,因此故障诊断不能进行)
2	机器监控器故障	机器监控器可能故障(由于是系统内故障,因此故障诊断不能进行)

6. 故障六

空调异常记录:内部空气传感器"异常"。

如果"CAN 断路"作为通信状态被显示,则通信不能正常进行。因此,不显示此状态。

重现异常记录的方法:将起动开关转到 ON 位置。

	起因	正常状态下的标准值/故障诊断备注		
1	内部空气传感器故障(内部断路或短路)	★ 将起动开关转到 OFF 位置做好准备,然后在起动开关不转到 ON 位置的状态下,进行故障诊断		
		THI(装置侧)	电阻值	
		在(1)至(2)之间	300～430 Ω	
2	导线线束断路(导线断路或连接器接触不良)	★ 将起动开关转到 OFF 位置做好准备,然后在起动开关不转到 ON 位置的状态下,进行故障诊断		
		ACw(导线侧)(11)至 THI(导线侧)(2)之间的导线线束	电阻值	最大值 1Ω
		ACw(导线侧)(27)至 THI(导线侧)(1)之间的导线线束	电阻值	最大值 1Ω
3	导线线束接地故障(与接地电路短路)	★ 将起动开关转到 OFF 位置做好准备,然后在起动开关不转到 ON 位置的状态下,进行故障诊断		
		ACw(导线侧)(11)至 THI(导线侧)(2)之间的导线线束	电阻值	最小值 1 MΩ
4	导线线束热短路(与接 24 V 电路短路)	★ 将起动开关转到 OFF 位置做好准备,然后将起动开关转到 ON 位置进行故障诊断		
		ACw(导线侧)(11)至 THI(导线侧)(2)之间的导线线束	电压	最大值 1 V
5	空调控制器故障	如果未检测到起因 1～4,空调控制器可能故障(由于是系统内故障,因此故障诊断不能进行)		

空调相关电路见图 6-2-12。

(四)空调制冷剂的排放与加注

在挖掘机空调制冷系统具体的检修过程中,离不开制冷剂的排放或回收、抽真空与加注等基本操作。修理空调系统时,经常需要拆开空调系统,这时就需要将系统中的制冷剂加以回收或排放。对于拆开修理的空调系统或者发现其制冷剂太少的空调系统,在添加新的制冷剂之前必须用真空泵完全抽空空调系统,目的是为了清除空调系统内的空气和水分。完成抽真空后,在确认系统无泄漏的情况下,就可对空调系统进行定量充注。

1. 制冷剂注入阀

制冷剂注入阀,如图 6-2-13 所示,是打开小容量制冷剂罐的专用工具,它利用蝶形手柄前部的针阀刺破制冷剂罐,通过螺纹接头把制冷剂引入歧管压力表组件。

2. 真空泵

真空泵是空调制冷系统安装、维修后抽真空不可缺少的设备,用以去除系统内的空气和水分等物质,如图 6-2-14 所示。

3. 放空——利用表阀将制冷剂排放到外部

(1)装上歧管压力表,如压缩机上有检修阀,先将手柄置于打开。

(2)关闭歧管压力表的高、低手动阀,连接管路。

(3)慢慢打开低压手动阀,并用集油器收集流出的冷冻润滑油。

(4)低压降到 345 kPa 时,慢慢打开高压表阀。

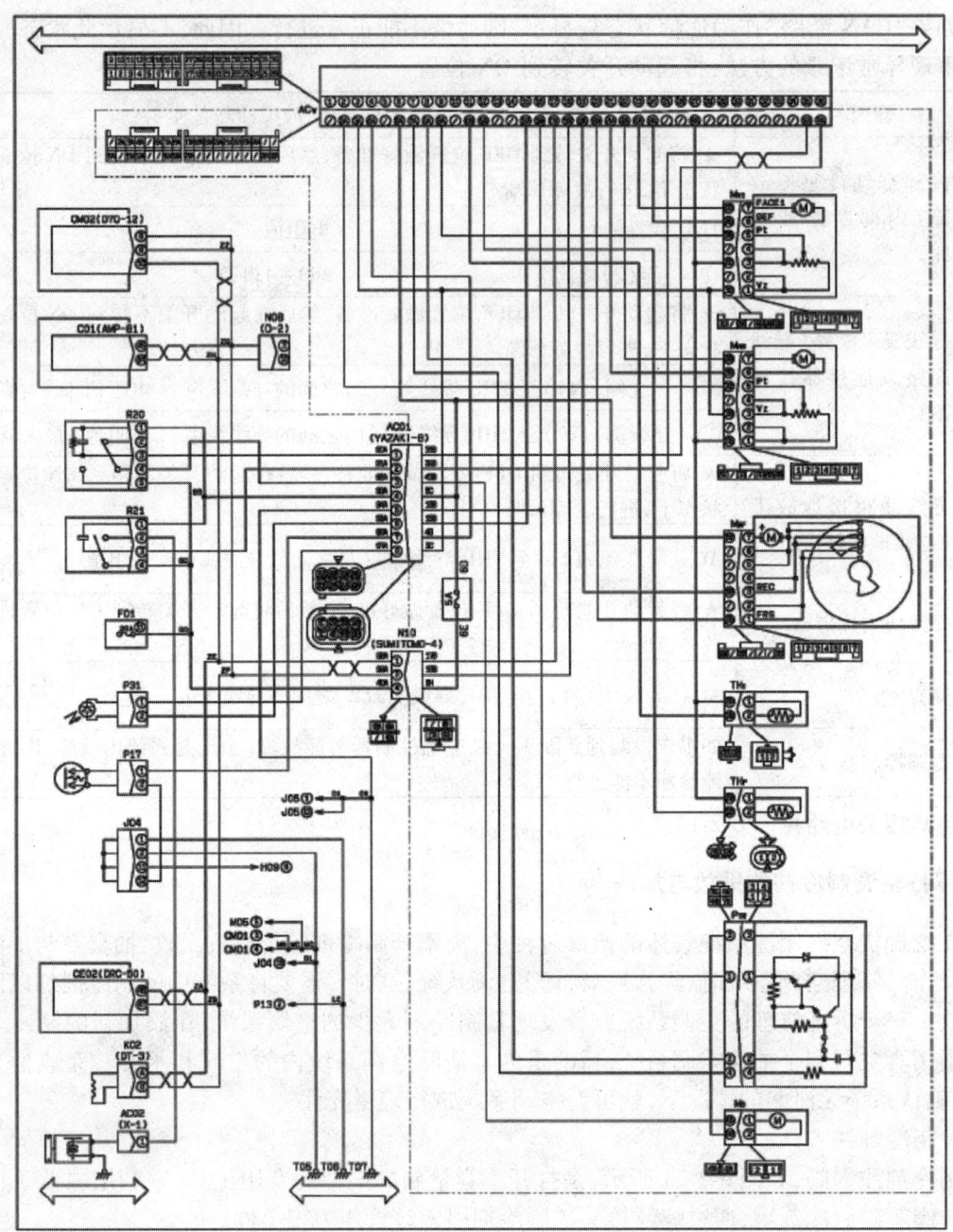

图 6-2-12　空调电路图

（5）压力表降到 0 时，放空结束。

（6）测量收集到的润滑油，超过 14.2，应加入同质量的油，少于则可不需添补。

放空还有一种方法就是回收制冷剂，此法较好，但需要有回收设备，如图 6-2-15 所示。

4. 抽真空

制冷系统中的空气、水分、杂质不但会降低制冷效果，而且会破坏轴承、密封圈等工作性能，腐蚀金属零件，因此要对系统抽空。其步骤如下：

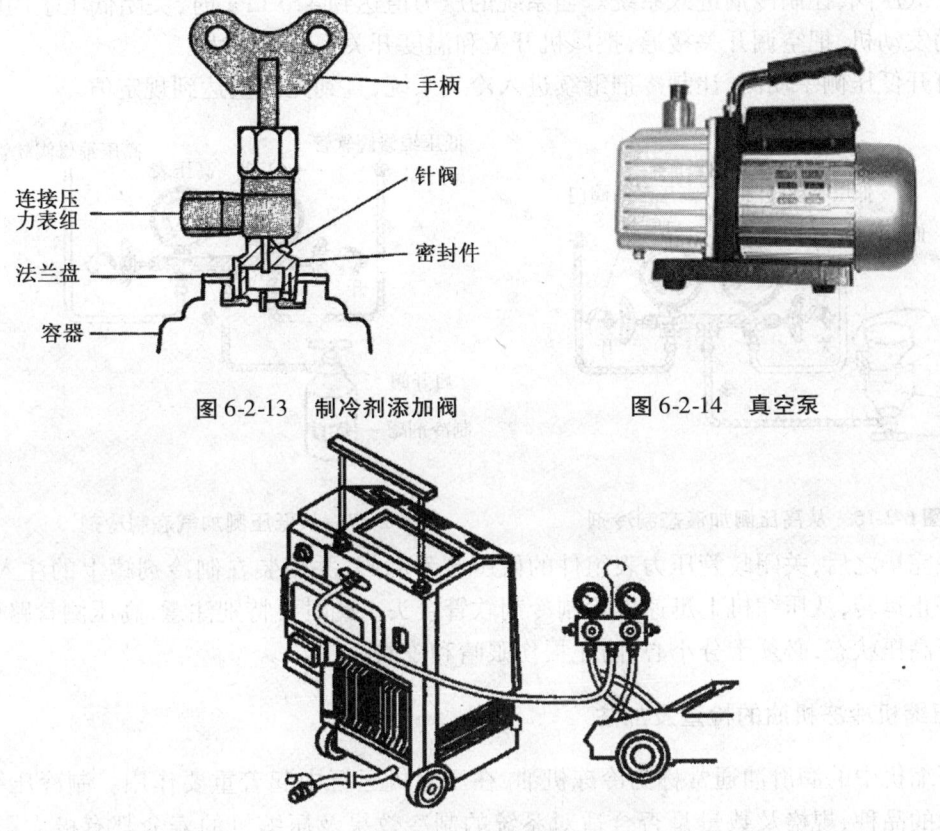

图 6-2-13　制冷剂添加阀　　　　图 6-2-14　真空泵

图 6-2-15　回收制冷剂

抽真空装置与制冷剂系统的连接：将真空泵、表阀、空调系统连接。

抽真空：开动真空泵，打开高、低压手动阀，抽真空时间为 5～10 min，低压表的真空度读数应在 0.2 MPa 左右，将高低压手动阀关闭，利用负压检漏：5～6 min 后，观察低压表，指针是否会上升，如指针回升，要进行检漏，维修然后再抽真空。如指针不上升，就继续抽真空 15～20 min，表针到底（抽真空时间一般为 15～30 min）。关闭高、低压手动阀，观察低压表指针，若保持不动，则说明系统无泄漏，然后关闭真空泵。

5. 制冷剂的加注

（1）充注液态制冷剂（适合给新系统加注制冷剂）

①当系统抽完真空之后，关闭歧管压力表组件的高、低压两侧手动阀。

②将中间软管的一端与制冷剂注入阀的接头连接起来，打开制冷剂罐开启阀，再拧开歧管压力表组件软管一端的螺母，让制冷剂溢出少许，把空气赶走，然后再拧紧螺母。

③拧开高压侧手动阀到全开的位置，把制冷剂罐倒立，以便从高压侧注入液态制冷剂。

④从高压侧注入液态制冷剂两罐以上，或按规定的量注入。特别要注意：从高压侧向系统注入制冷剂时，千万不能开动发动机，而且充注时不能拧开低压侧手动阀（如图 6-2-16 所示）。

（2）充注气态制冷剂（适合给空的或部分空的系统补充加注制冷剂）

①按图 6-2-16 所示，把歧管压力表组件与压缩机和制冷剂罐连接好（如图 6-2-17 所示）。

②打开制冷剂罐，拧松中间注入软管在歧管压力表组件侧的螺母，直到听见制冷剂蒸气有流动的声音，然后拧紧螺母。其目的是将注入软管中的空气赶走。

③打开低压阀,让制冷剂进入系统。当系统的压力值达到 420 kPa 时,关闭低压手动阀。

④起动发动机,把空调开关接通,把风机开关和温度开关都开到最大。

⑤再打开低压侧手动阀,让制冷剂继续进入冷气系统,直到充注量达到规定值。

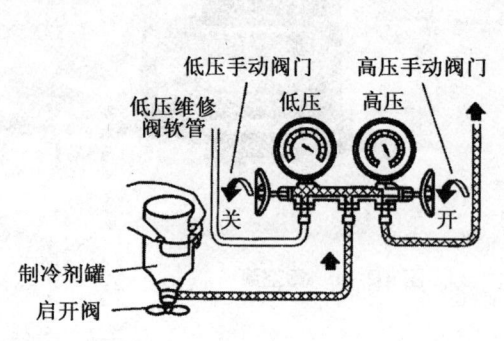 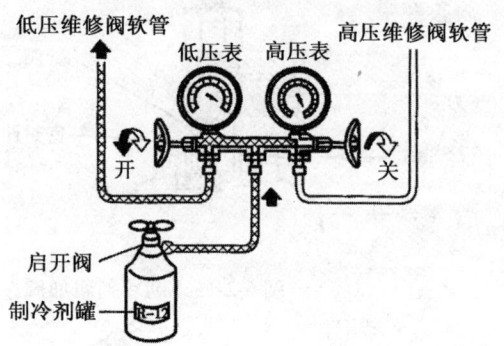

图 6-2-16　从高压侧加液态制冷剂　　　　图 6-2-17　从低压侧加气态制冷剂

⑥充注完毕之后,关闭歧管压力表组件的低压侧手动阀,关闭装在制冷剂罐上的注入阀,使发动机停止运转,从压缩机上迅速拆除制冷剂软管接头。此时要特别注意,高压侧管路里的制冷剂处于高压状态,必须十分小心,防止损伤眼睛和皮肤。

(五)压缩机冷冻机油的检查及加注

空调压缩机中的润滑油通常称为冷冻机油,在压缩机运行中起着重要作用。制冷压缩机中冷冻机油的品种、规格及数量是否合适对系统的制冷效果及压缩机的寿命都有极大影响。修理中,空调系统如果与大气相通,制冷剂便会汽化,而冷冻机油在室温下并不会汽化,几乎全部保留在空调系统中,当更换贮液干燥器、蒸发器、冷凝器等部件时,必须补充相当于留在旧部件中的冷冻机油量。管路破裂或排放制冷剂时如制冷剂逸出速度过快,都将带出冷冻机油,在加注制冷剂时应添加适量冷冻机油。另外,系统中冷冻机油如果变质,也将严重影响制冷系统的正常工作。

1.冷冻机油的作用

空调压缩机冷冻机油是一种在高、低温工况下均能正常工作的特殊润滑油,其作用为:

(1)润滑作用

它可以润滑压缩机轴承、活塞、活塞环、连杆曲轴等零部件表面,减少阻力和磨损,降低功耗,延长使用寿命。

(2)冷却作用

它能及时带走运动表面摩擦产生的热量,防止压缩机温升过高或压缩机被烧坏。

(3)密封作用

冷冻机油渗入各摩擦件密封面而形成油封,起到阻止制冷剂泄漏的作用。

(4)降低压缩机噪声

冷冻机油不断冲洗摩擦表面,带走磨屑,可减轻摩擦件的磨损。

2.真空吸入法添加冷冻机油

(1)按抽真空的方法先对制冷系统抽真空。如图 6-2-18 所示。

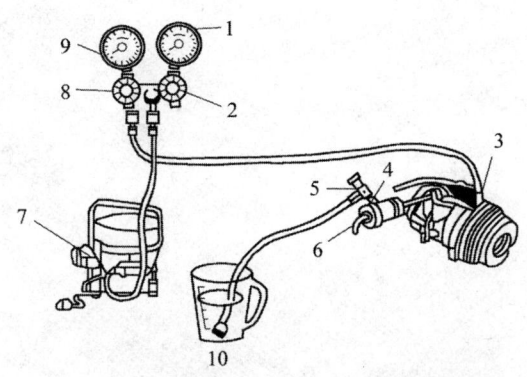

图 6-2-18　抽真空加注冷冻机油方法示意图

1—高压表;2—高压手动阀;3—回气门;4—排气口;5—辅助阀;6—高压管路;7—真空泵;8—低压手动阀;
9—低压表;10—油杯

（2）选用一个带有刻度的注油器,其上面有一个加油螺塞和一个放油阀。加入比要补充的冷冻机油量还要多一些的冷冻机油。

（3）将注油器接在表阀的低压接口和空调制冷系统低压检修阀之间。

（4）启动真空泵,打开注油器的上放油阀,补充的冷冻机油就从制冷系统的低压侧进入压缩机,当冷冻机油油量达到规定量时,停止真空泵,关闭放油阀。

（5）拆下注油器,把低压软管接在制冷系统的低压气门阀,接着对系统进行抽真空,加注制冷剂。

冷冻机油使用完后,需及时盖严油瓶口,并擦净系统上的油迹,更换新的压缩机时,一般里面已有冷冻机油,不用再加。

项目七
电气线路识图与故障诊断

项目描述：

    本项目是以小松挖掘机、装载机工作灯故障现象为载体，了解电气系统的组成，掌握电路分析方法，能够对电气系统常见故障进行诊断，提出正确排除方法。

知识目标：

    （1）了解电气系统组成；

    （2）掌握电路分析方法；

    （3）掌握挖掘机、装载机电气系统故障诊断方法与排除方法。

能力目标：

    （1）能够正确使用万用表等常用检测工具；

    （2）能够按照操作规程对挖掘机电气系统常见故障进行检测与维修。

素质目标：

    （1）具有良好的心理素质和较强的沟通能力；

    （2）具有团队意识及友好协作精神；

    （3）具有诚实守信、勤奋进取的敬业精神；

    （4）具备不断创新和可持续发展的探索精神。

任务7.1 挖掘机电气系统组成

任务描述：

介绍小松挖掘机电气系统组成及工作原理,对电气系统常见故障现象进行诊断,并提出正确排除方法。

一、挖掘机电气系统认识

(一)基础知识

了解和认识电气系统的组成首先要认识电气系统的电路符号,见表7-1-1。

表 7-1-1　电气系统常用电路符号表

序号	名称	电路符号	解释
1	电线	0.5W	用直线来表示; 用0.5表示线径的粗细; W表示电线的颜色
2	电线交叉	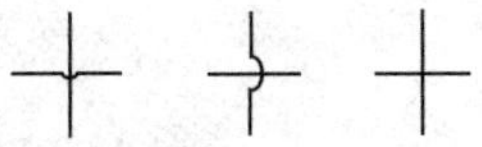	
3	电线相接	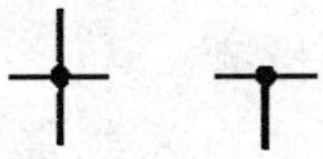	
4	接地		
5	端子		○ 表示接线端; —○ 表示接线端上连有导线
6	电池	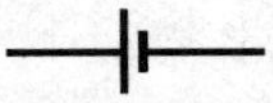	
7	电池组	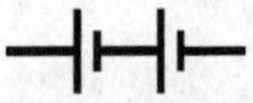	
8	保险丝	 或 	

续表

序号	名称	电路符号	解释
9	灯	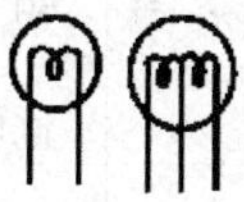	 这个符号表示灯中有两组灯丝，可以变光
10	二极管	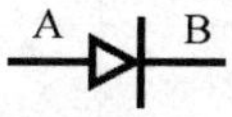 A　B	电流单向导通，只能从 A 流向 B
11	三极管	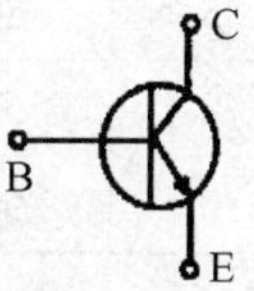 C B E	主要是通过 B 点电压来控制 C 和 E 之间的通路，当 $V_B > 0.7$ V 时，电流可以从 C 流向 E，当 $V_B < 0.7$ V 时，电流不能从 C 流向 E
12	开关	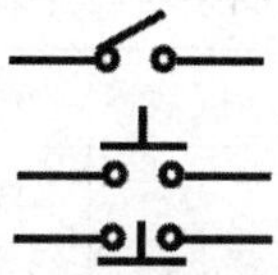	手动开关； 常开式按钮开关； 常闭式按钮开关
13	电阻	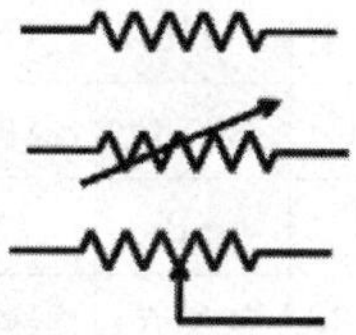	定值电阻； 可变电阻； 可变电阻
14	电动机	 Ⓜ	
15	发电机	 Ⓖ	
16	接头	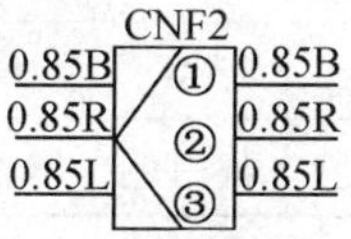 CNF2 0.85B ① 0.85B 0.85R ② 0.85R 0.85L ③ 0.85L	F2 是接头端子，同一车上所有接头端子都是不一样的，是接头端子的插座侧，是接头端子的插头侧。 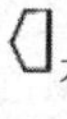 ①②③是接头内的针脚编号

（二）线径的粗细与颜色

在电器维修中，我们一般都通过辨认导线的粗细与颜色来进行线路的查找和测量，见表7-1-2 和表 7-1-3。线径颜色的表示方法如图 7-1-1 所示，花色线主色在前，辅色在后，通常用缩写字母表示，字母前的数字代表线径的粗细。

表 7-1-2　线径规格与参数表

公称尺寸	铜电线			电缆外径（mm）	电流值（A）		适用的电路
	股数	各股的直径（mm）	横截面积（mm²）		额定值	60 s 通30 s 停允许电流	
0.85	11	0.32	0.88	2.4	12	—	起动、照明、信号等电路
2	26	0.32	2.09	3.1	20	—	照明、信号等电路
5	65	0.32	5.23	4.6	37	—	充电和信号等电路
15	84	0.32	13.36	7.0	59	—	起动电路（火花塞）
40	85	0.32	42.73	11.4	135	500	起动电路
60	127	0.32	63.84	13.6	178	650	起动电路
100	217	0.32	109.1	17.6	230	900	起动电路

表 7-1-3　颜色代码表

次序			充电	接地	起动	照明	仪表	信号	其他		
1	基本色	代号	W	B	B	R	Y	G	L	Br	P
		颜色	白色	黑色	黑色	红色	黄色	绿色	蓝色	棕色	桃红
2	复合色	代号	WR	—	BW	RW	YR	GW	LW	BrW	PW
		颜色	白红色	—	黑白色	红白色	黄红色	绿白色	蓝白色	棕白色	桃红白
3		代号	WB		BY	RB	YB	GR	LR	BrB	PB
		颜色	白黑色		黑黄色	红黑色	黄黑色	绿红色	蓝红色	棕黑色	桃红黑
4		代号	WL		BR	RY	YG	GY	LY	BrR	—
		颜色	白蓝色		黑红色	红黄色	黄绿色	绿黄色	蓝黄色	棕红色	—
5		代号	WG			RG	YL	GB	LB	BrY	PY
		颜色	白绿色			红绿色	黄蓝色	绿黑色	蓝黑色	棕黄色	桃红黄
6		代号	—	—	—	RL	YW	GL	—	BrG	PG
		颜色				红蓝色	黄白色	绿蓝色		棕绿色	桃红绿

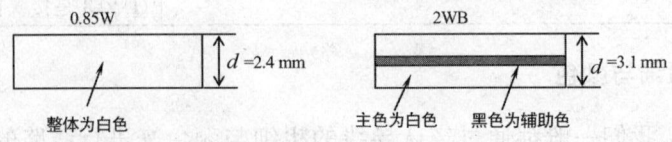

图 7-1-1　线径颜色缩写及表示方法

（三）电路图的一般分析方法

工程机械的电路图往往只给出一张比较复杂的总图，根据总图来进行线路查找是非常困难的，因此当遇到电器问题时，我们一般用下面的方法进行分析。

（1）画出个别回路图。要求标出从电池正极开始涉及的所有接头、开关、电线、继电器、电器元件等到接地的所有详细情况。

（2）根据开关、传感器等元件处在的不同状态，分析正常时应该得到的现象。

（3）根据实际出现的电器故障现象，分析可能存在问题的地方，并列出检查顺序。

（4）检查测量问题点。注意根据接头号和电线的线径、颜色来找到测量点。

（四）连接器位置表和系统电路图

连接器位置对于查找故障点有极大的帮助，但因为连接器较多，需按编号查找。表7-1-4、表7-1-5和表7-1-6连接器的符号表示含义应与图7-1-2、图7-1-3、图7-1-4、图7-1-5、图7-1-6、图7-1-7和图7-1-8的连接器实体图中的标号对应查询。

表7-1-4　连接器位置表（一）

连接器号	型号	针脚数	装置名称	地址			
				实体图	M电路	G电路	P电路
A01	X	4	中间连接器	T-1	H-6	I-5	I-8
A02	X	4	中间连接器	T-1	H-6	I-4	
A03	D	12	中间连接器	N-1	H-6	I-2	I-8
A04	SWP	12	中间连接器	O-1			I-7
A05	SWP	14	中间连接器	T-1	H-5		I-5
A06	SWP	14	中间连接器	N-1	H-5		I-5
A07	SWP	16	中间连接器	S-1	H-3	I-1	I-4
A08	SWP	12	中间连接器	N-2			
A09	SWP	8	中间连接器	N-2			I-3
A10	端子	1	转台接地	H-1	H-1	J-5	J-4
A11	端子	1	转台接地	H-1	I-1		
A12	端子	1	转台接地	H-2	I-1		
A13	端子	1	转台接地	I-2	I-1	J-4	J-8
A14	端子	1	转台接地	K-2	I-1		
A15	端子	1	转台接地	I-2	I-1		J-4
A16	端子	1	转台接地	I-2	I-1		J-1
A20	端子	1	蓄电池继电器（E端子）	J-1	I-2	J-4	

续表

连接器号	型号	针脚数	装置名称	地址			
				实体图	M 电路	G 电路	P 电路
A21	端子	1	蓄电池继电器(BR 端子)	J-1	I-1	J-4	
A22	端子	1	蓄电池继电器(M 端子)	J-1	I-1	J-4	
A23	端子	1	蓄电池继电器(B 端子)	J-2	J-1	K-4	
A25	端子	1	加热器继电器(线圈)	L-3		K-6	
A26	端子	1	加热器继电器(触电)	L-3	K-2		
A27	X	2	起动器安全继电器(S 和 R 端子)	K-2	J-2		
A29	端子	1	起动器安全继电器(C 端子)	L-3			
A30	YAZAKI	2	空调器外部气温传感器	L-4			
A31	D	2	空气滤清器堵塞传感器	L-4	K-4		
A33	X	2	散热器水位传感器	L-4	K-5		
A34	L	2	易熔保险丝(65 A)	A-4	K-6	K-5	
A35	M	2	易熔保险丝(30 A)	A-5	K-6	K-4	
A40	AMP	1	报警喇叭(低音)	H-1			
A41	AMP	1	报警喇叭(高音)	H-1			
A42	X	1	中间连接器	I-9	J-7		
A43	X	2	行走警报	I-2	K-4		
A44	M	1	前右灯	A-6	K-7		
A50	KESO	2	车窗洗涤监控器(水箱)	K-3	K-5		
A51	D	3	F 泵油压传感器	K-3			K-5
A52	D	3	R 泵油压传感器	J-9			K-5
A60	X	1	燃油油压传感器	D-9	K-4		
A61	D	2	液压油温度传感器	H-9	K-5		
C01	DRC	24	调速泵控制器	V-9	A-3	A-8	A-8
C02	DRC	40	调速泵控制器	W-9	A-3	A-7	A-7

续表

连接器号	型号	针脚数	装置名称	地址			
				实体图	M 电路	G 电路	P 电路
C03	DRC	40	调速泵控制器	W-9	A-2	A-4	A-4
C09	S	8	型号选择连接器	W-6		C-9	
D01	SWP	8	组装式二极管	W-7	A-9	D-1	G-1
D02	SWP	8	组装式二极管	W-7	A-8	D-1	
D03	SWP	8	组装式二极管	P-1			H-1
D04	SWP	8	组装式二极管	Q-1	A-8	F-1	I-1
E01	端子	1	吸入式空气加热器（电进气加热器）	J-9	L-2	L-6	
E02	端子	1	发动机液压开关	L-8	K-6		
E03	D	2	发动机油位开关	L-6	K-5		
E04	D	2	发动机转速传感器	K-9		K-8	
E05	D	2	发动机冷却水温度传感器	J-9	K-4		
E06	M	3	燃油计	K-8			
E06	X	1	空调压缩机电磁开关	O-8			
E08	X	1	中间连接器	L-7	J-3	J-5	
E10	D	3	调速器电位计	J-9		K-2	
E11	D	4	调速马达	K-9		K-2	
E12	X	2	交流发电机	L-7	K-3	K-5	
F02	YAZAKI	2	旋转报警器	AA-9			
FB1	—	—	保鲜盒	W-5	I-9	C-4	F-9
G01	—	—	—	V-2			
G02	—	—	—	V-3			
G03	—	—	—	V-3			
G04	—	—	—	V-2			
G05	—	—	—	V-3			

续表

连接器号	型号	针脚数	装置名称	地址			
				实体图	M 电路	G 电路	P 电路
H08	M	8	中间连接器	W-4	K-8		
H09	S	8	中间连接器	W-4	J-8		
H10	S	16	中间连接器	T-9	D-6	I-8	
H11	S	16	中间连接器	S-9	D-5	I-8	B-9
H12	S	12	中间连接器	S-9	D-5	D-5	
H15	S090	20	中间连接器	N-7	C-2	E-2	C-2
P01	070	12	监控器面板	N-6	A-7	K-8	
P02	040	20	监控器面板	N-5	A-6	K-8	A-9
P03	M	2	蜂鸣器解除开关	P-9	D-1		
P05	M	2	旋转报警灯开关	W-3			
P15	Y050	2	空调器日光传感器	N-6			
P70	040	16	监控器面板	N-4	A-5	K-7	
R10	R	5	灯继电器	O-8	E-1		
R11	R	5	发动机启动马达断开继电器（PPC 锁定）	P-8	E-1		
R13	R	5	发动机启动马达断开继电器（人员代码）	Q-9	F-1		
R20	R	5	附件电路开关继电器	W-6			C-9
R21	—	—	—	W-7			
S01	X	2	铲斗挖掘油压开关	S-8			K-2
S02	X	2	动臂下降油压开关	L-7			K-3
S03	X	2	回转油压开关,左	L-7			K-2
S04	X	2	斗杆挖掘油压开关	L-6			K-3
S05	X	2	铲斗卸载油压开关	L-5			K-2
S06	X	2	动臂提升油压开关	L-5			K-3

续表

连接器号	型号	针脚数	装置名称	地址			
				实体图	M 电路	G 电路	P 电路
S07	X	2	回转油压开关,右	L-5			K-2
S08	X	2	斗杆卸载油压开关	L-4			K-3
S09	X	2	备用油压开关(中间连接器)	K-3			K-1
S10	X	2	备用油压开关,前	—			K-1
S11	X	2	备用油压开关,后	—			K-1
S14	M	2	安全锁定手柄开关	S-1	K-9		F-8
S21	端子	3	应急泵驱动开关	R-9			F-2
S22	端子	6	回转好停车制动应急解除开关	R-9			F-2
S25	S090	16	中间连接器	Q-9			E-3
S30	X	2	行走液压开关	O-1			A-1
S31	X	2	行走转向液压开关	P-1			A-1
SC	端子	1	发动机启动马达(C端子)	K-8			
SSW	端子	5	发动机启动开关	N-7			
T05	端子	1	地板机架接地	W-3	J-8		
T06	端子	1	收音机接地	—			
T06A	M	1	中间连接器	T-2			
T11	端子	1	驾驶室接地	AD-3			
T13	D	1	发动机启动马达(C端子)	L-6	J-3		
J01	J	20	接头连接器(黑)	W-8	C-9	D-9	C-9
J02	J	20	接头连接器(黑)	W-8	D-9	D-9	D-9
J03	J	20	接头连接器(绿)	W-8	D-9		D-9
J04	J	20	接头连接器(绿)	W-7	E-9	E-9	E-9
J05	J	20	接头连接器(粉)	W-6	E-9		E-9
J06	J	20	接头连接器(橘)	W-6	F-9		H-9

续表

连接器号	型号	针脚数	装置名称	地址			
				实体图	M 电路	G 电路	P 电路
J07	J	20	接头连接器(橘)	U-9	F-9	F-9	H-9
J08	J	20	接头连接器(粉)	U-9	F-9	F-9	H-9
K19	M	2	泵电阻器(用于应急泵驱动)	U-2			E-3
K30	D	3	CAN 终端电阻器	T-9	A-2	C-1	
K31	D	3	CAN 终端电阻器	N-4	A-4	K-7	
M07	M	3	灯开关	P-8	C-2		
M09	M	1	工作灯(前右)	E-9	K-7		
M13	KESO	2	扬声器(右)	AC-8			
M19	YAZAKI	2	点烟器	N-3			
M21	PA	9	收音机	U-9			
M22	Y090	2	喇叭开关	N-7			
M23	Y090	2	触式加力开关	T-1			
M26	S	12	空调装置	W-5			
M27	SWP	16	空调装置	W-5			
M28	SWP	12	空调装置	W-4			
M29	040	20	空气控制盘	W-3			
M30	040	16	空气控制盘	W-3			
M31	M	2	选购的电源(2)	U-2			
M32	M	2	选购的电源(1)	S-9			
M33	SWP	2	选购的电源(2)	—			
M33	SWP	8	空调装置	S-9			
M34	YAZAKI	2	空调内部空气传感器	W-8			
M40	YAZAKI	2	工作灯	Z-8	K-8		
M41	YAZAKI	2	工作灯(附加)	Y-7	K-8		

续表

连接器号	型号	针脚数	装置名称	地址			
				实体图	M 电路	G 电路	P 电路
M42	M	1	中间连接器	K-3	J-8		
M43	M	1	工作灯(中)	—	K-7		
M45	D	12	中间连接器	K-3	J-7		
M46	S090	4	RS232C 继电连接器	U-9			B-9
M71	M	2	室灯	Z-8			
M72	M	4	DC/AC 转换器	U-2			
M73	KESO	2	扬声器(左)	AD-8			
M79	YAZAKI	12V	电气设备插座	V-9			
V01	D	2	PPC 液压锁定电磁阀	J-2			K-6
V02	D	2	行走连锁电磁阀	J-2			K-6
V03	D	2	合流/分流电磁阀	J-2			K-6
V04	D	2	行走速度电磁阀	J-3			K-5
V05	D	2	回转及停车制动电磁阀	J-3			K-5
V06	D	2	2 级溢流电磁阀	K-3			K-6
V12	D	2	附件回位开关电磁阀	I-9			K-4
V21	D	2	PC-EPC 电磁阀	I-9			K-7
V22	D	2	LS-EPC 电磁阀	I-9			K-7
V30	X	2	附件油流量调节 EPC 电磁阀	P-1			A-1
W03	X	2	后限制开关(窗)	AB-9	L-8		
W04	M	6	挡风玻璃雨刷器马达	Y-4	B-9		
X05	M	4	回转锁定开关	Q-9	D-2		C-2
Y08	—	—	—	G-9			
Y09	—	—	—	G-1			
Y10	—	—	—	G-9			

续表

连接器号	型号	针脚数	装置名称	地址			
				实体图	M 电路	G 电路	P 电路
Y11	—	—	—	A-6			
Y12	—	—	—	G-9			
Y13	—	—	—	G-1			
Y16	—	—	—	G-9			

表 7-1-5　连接器位置表(二)

连接器号	详细说明
D 或 T	日本和德国制造的 DT 型连接器(08192-XXXXX)
L	YAZAKI 公司的产品,L 型连接器(08056-2XXXX)
J	SumitomoWiring Systems 的产品 090 型接头
M	YAZAKI 的产品,M 型连接器(08056-0XXXX)
R	Ryosei Electro-Circuit Systems ∗ 的产品 PH166-05020 型连接器
S	YAZAKI 的产品,S 型连接器(08056-1XXXX)
X	YAZAKI 的产品,X 型连接器(08055-0XXXX)
PA	YAZAKI 的产品,PA 型连接器
SWP	YAZAKI 的产品 SWP 型连接器 (08055-1XXXX)
DRC	日本和德国制造的 DRC 型连接器
040	日本 AMP 的产品,040 型连接器
070	日本 AMP 的产品,070 型连接器
Y050	YAZAKI 的产品,050 型连接器
S090	Sumitomo 的产品,090 型连接器
Y090	YAZAKI 的产品,090 型连接器
YAZAKI	YAZAKI 制造的连接器
KESO	KESO 型连接器(08027-0XXXX)
端子	圆脚型单端子连接器
端子	圆端子

表 7-1-6　连接器位置表（三）

连接器号	型号	针脚数	部件名称	立体图地址
A08	SWP	12	中间连接器	V-1
A13	DT	2	中间连接器	I-1
A15	DT	2	中间连接器	L-9
AB	端子	2	交流发电机（端子 B）	AK-9
AC01		8	空调装置	Y-3
AC02	X	1	空调压缩机电磁离合器	AJ-4
环境压力		3	环境压力传感器	AJ-2
增压压力和 IMT		3	增压压力/温度传感器	AK-5
C01	AMP	81	泵控制器	U-8
C02	AMP	40	泵控制器	U-8
CAM 传感器		3	发动机 Bkup 转速传感器	AJ-1
CE01	DRC	60	发动机控制器	AK-1
CE02	DRC	50	发动机控制器	AJ-1
CE03	DTP	4	发动机控制器	AK-1
CK01	AMP	14	KOMTRAX 通信模块	Z-7
CK02	AMP	10	KOMTRAX 通信模块	AA-7
CM01	070	18	机器监控器	P-5
CM02	070	12	机器监控器	P-4
CM03	070	18	机器监控器	P-3
CM04	070	12	机器监控器（未连接）	P-4
CM05	070	8	机器监控器（用于摄像头的连接）	Q-6
CM06	070	4	机器监控器（JPS 天线）	P-2
冷却液温度		2	发动机冷却液温度传感器	AJ-3
曲轴传感器		3	发动机 Ne 转速传感器	AJ-1
D01	SWP	8	组合式二极管	O-8
D02	SWP	8	组合式二极管	O-8
D03	SWP	8	组合式二极管	P-9
D10		2	二极管	X-8
D11		2	二极管	Y-8
E06	DT	2	中间连接器	AL-1
E01	端子	1	电进气加热器	AK-5

续表

连接器号	型号	针脚数	部件名称	立体图地址
E08	X	1	中间连接器	AK-9
E10	D	1	中间连接器	AI-6
E12		2	交流发电机(端子 IG 和端子 L)	AL-9
F01	—	—	保险丝盒	V-9
F04	L	2	熔线(65 A)	C-9
F05	M	2	熔线(30 A)	C-8
燃油油槽压力		3	共用油槽压力传感器	AM-5
燃油调节器			供油泵电磁线圈(IMV)	AN-2
H08	M	4	中间连接器	Z-3
H09	M	8	中间连接器	AA-4
H15	090	22	中间连接器	V-1
H16	S	12	中间连接器	Z-3
INJ CYL 1	DT	2	#1 喷油器	AJ-4
INJ CYL 2	DT	2	#2 喷油器	AJ-4
INJ CYL 3	DT	2	#3 喷油器	AK-5
INJ CYL 4	DT	2	#4 喷油器	AK-5
INJ CYL 5	DT	2	#5 喷油器	AL-5
INJ CYL 6	DT	2	#6 喷油器	AL-6
J01		20	结合连接器(黑)	AA-7
J02		20	结合连接器(黑)	Y-3
J03		20	结合连接器(绿)	Y-2
J04		20	结合连接器(绿)	Z-7
J05		20	结合连接器(粉)	Y-8
J06		20	结合连接器(橘黄)	Y-2
K01	M	2	泵(PC)电阻	P-6
K02	DT	3	CAN 端子电阻	AL-1
L01	DT	2	工作灯(动臂)	F-8
L02	DT	2	右前灯	F-8
L03		2	室灯	AE-8
L05		2	中间连接器[旋转灯技术规格]	AF-9
L09	DT	2	后工作灯[后工作灯技术规格]	

续表

连接器号	型号	针脚数	部件名称	立体图地址
L15		2	旋转灯［旋转灯技术规格］	AG-9
M01	PA	9	收音机	W-2
M02		2	扬声器（左）	AH-6
M03		2	扬声器（右）	AG-9
M04		2	点烟器	R-6
M05	M	6	雨刷器马达	P-3 AC-5
M06	KESO	2	车窗洗涤器马达	M-3 AB-6
M07	090	2	喇叭（高音）	H-1
M08	090	2	喇叭（低音）	G-1
M09	M	2	可用电源连接器（1）	Z-4
M10	M	2	可用电源连接器（2）	AB-4
M11	M	4	AC/DC 转换器	AB-5
M12	M	2	可选电源连接器（12 V）	AA-4
M13	M	2	12 V 出口	AB-5
M14	D	2	行走报警	L-2
M40		2	前灯［前灯技术规格］	AD-8
M41		2	前灯［前灯技术规格］	AC-7
N08	D	12	备用连接器	V-9
N10		4	空调装置	T-7
油压开关		端子	机油压力开关（抵压）	AM-1
P01	AMP	3	铲斗挖掘 PPC 压力传感器	N-7
P02	X	2	动臂下降 PPC 压力开关	N-7
P03	AMP	3	左回转 PPC 压力传感器	N-4

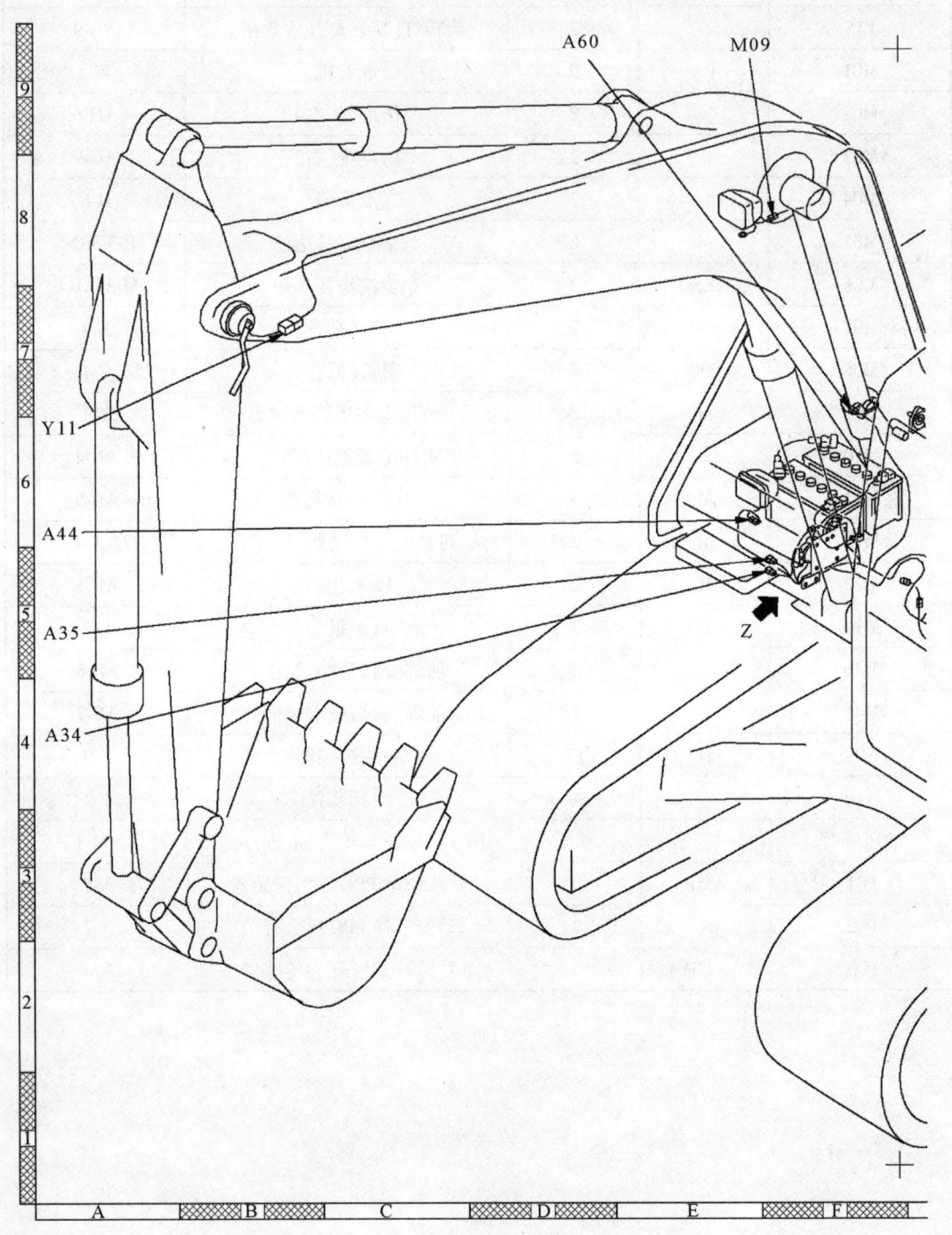

图 7-1-2　连接器位置实体图(一)(左)

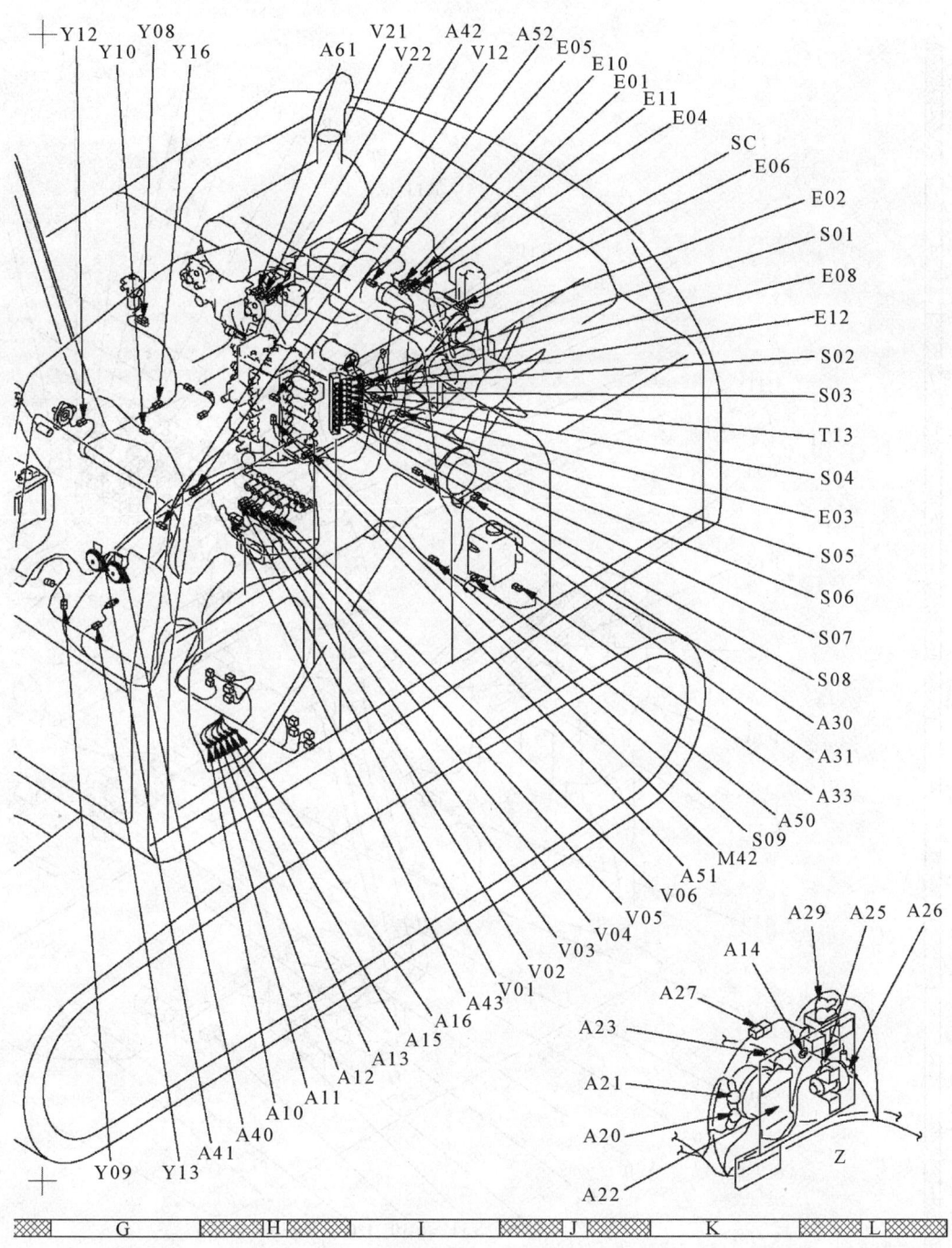

图 7-1-2　连接器位置实体图(一)(右)

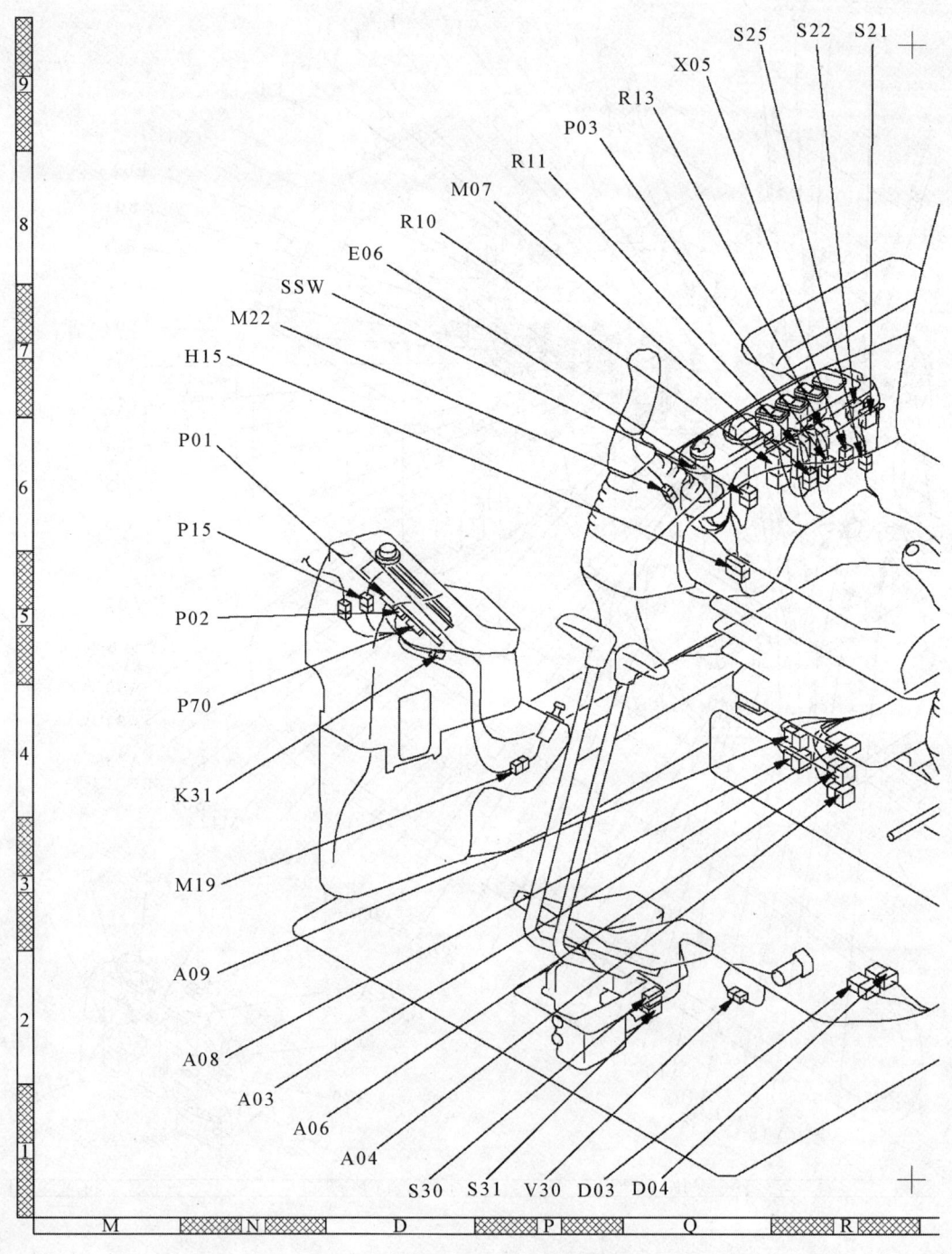

图 7-1-3　连接器位置实体图（二）（左）

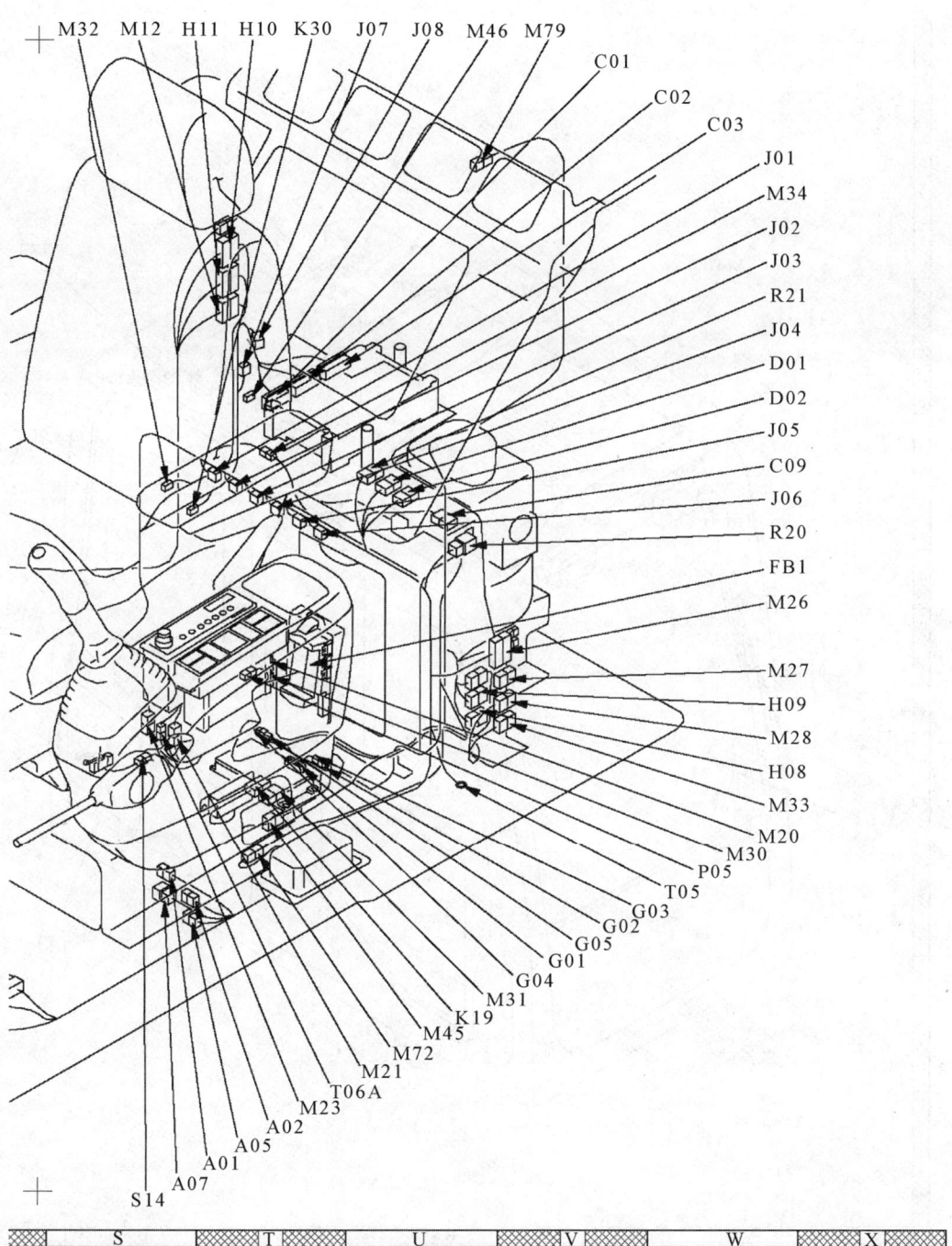

图 7-1-3 连接器位置实体图(二)(右)

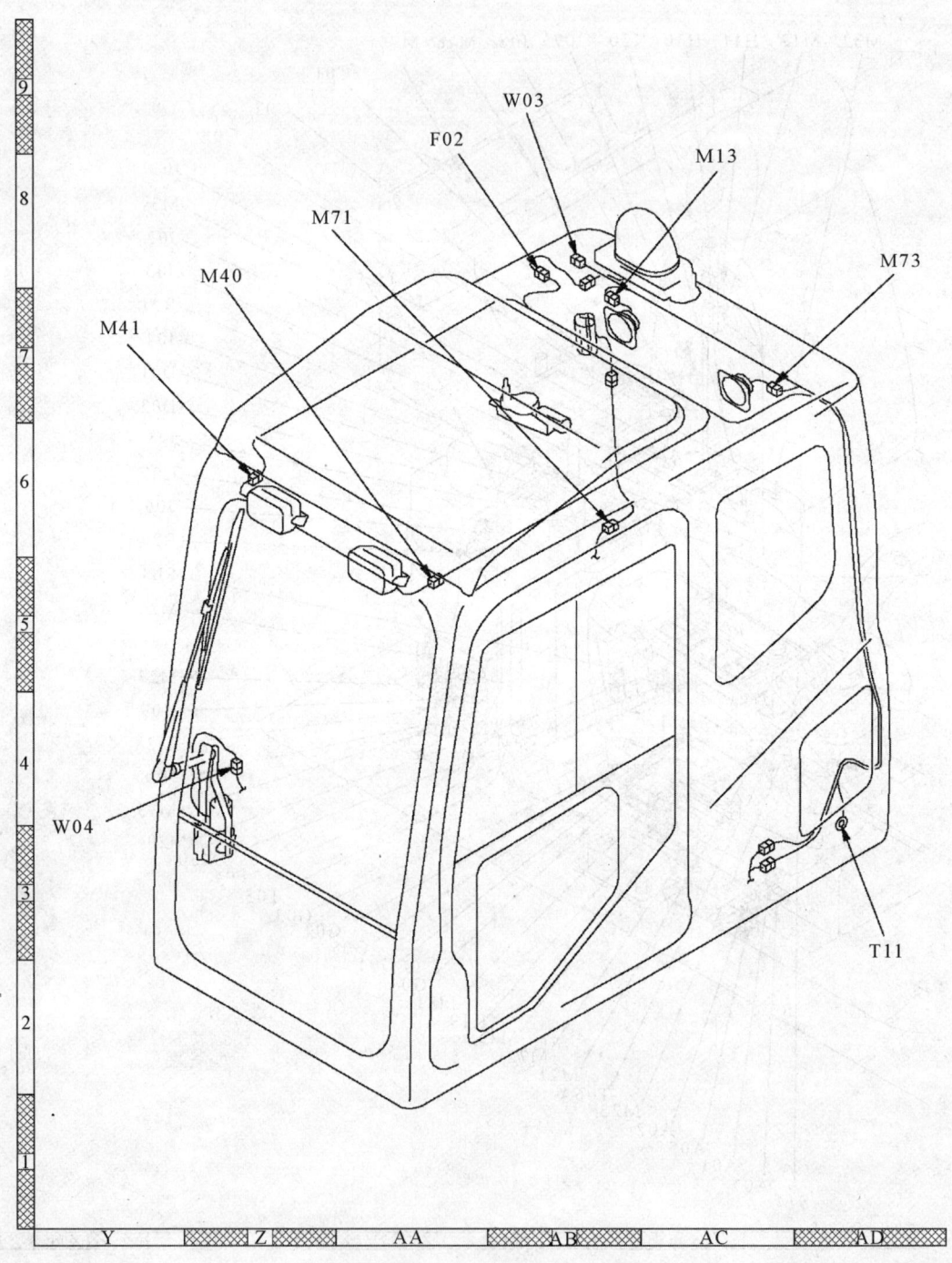

图 7-1-4　连接器位置实体图(三)

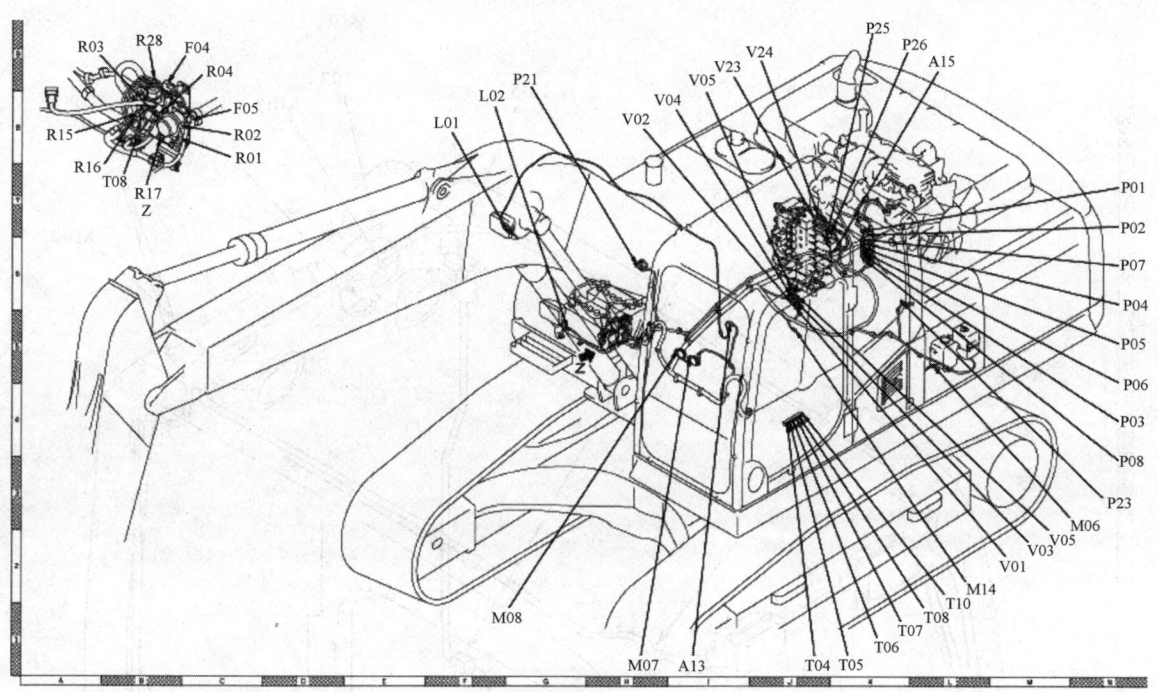

图 7-1-5　连接器位置实体图(四)

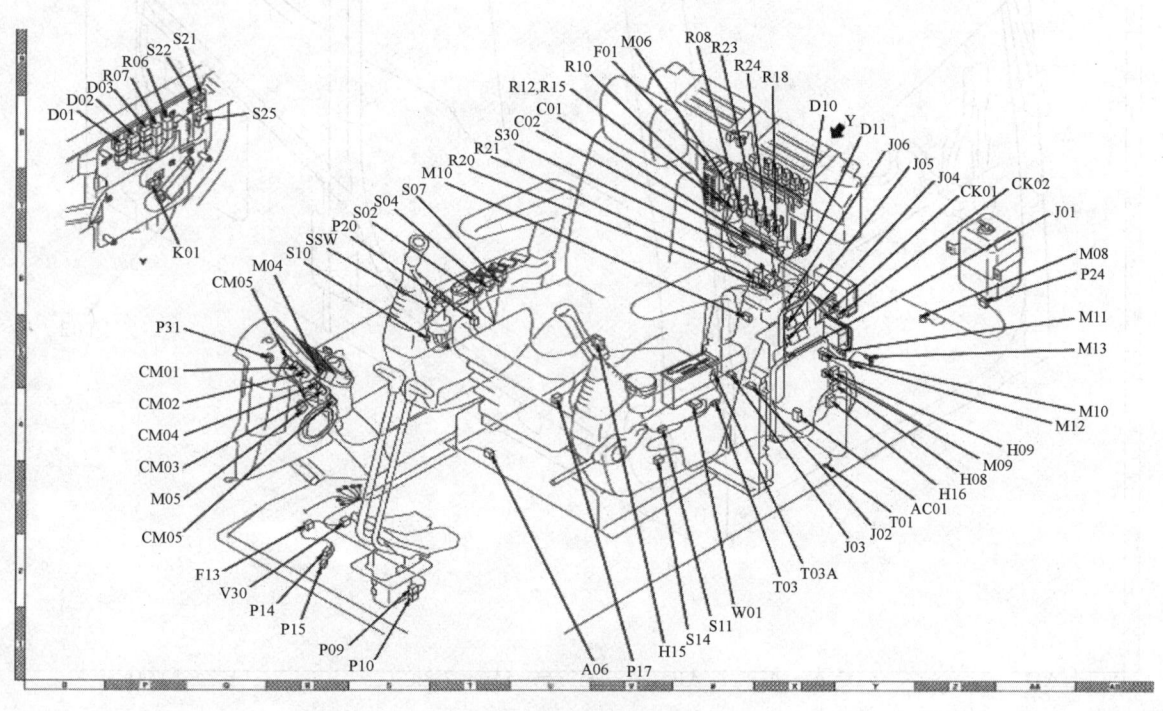

图 7-1-6　连接器位置实体图(五)

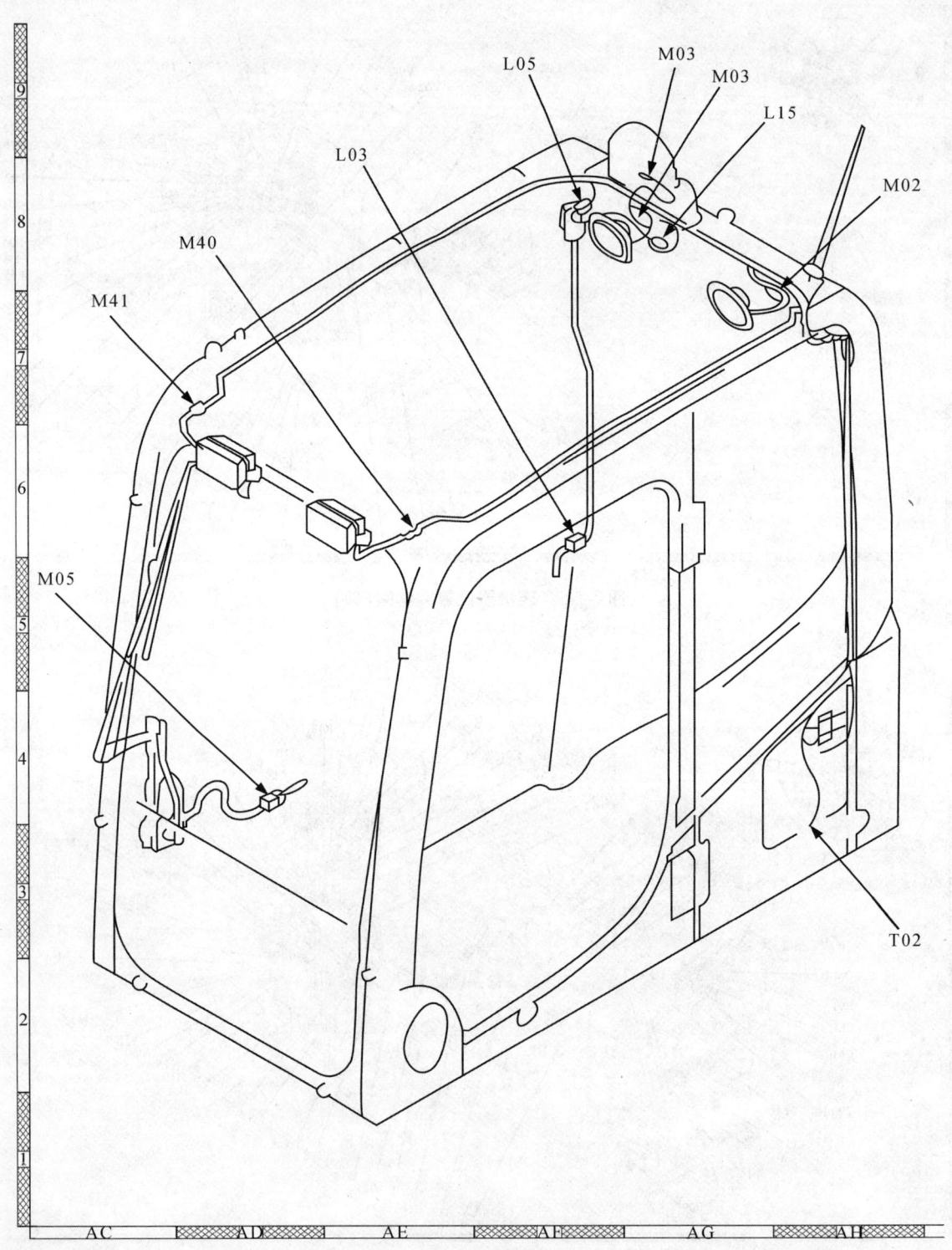

图 7-1-7　连接器位置实体图(六)

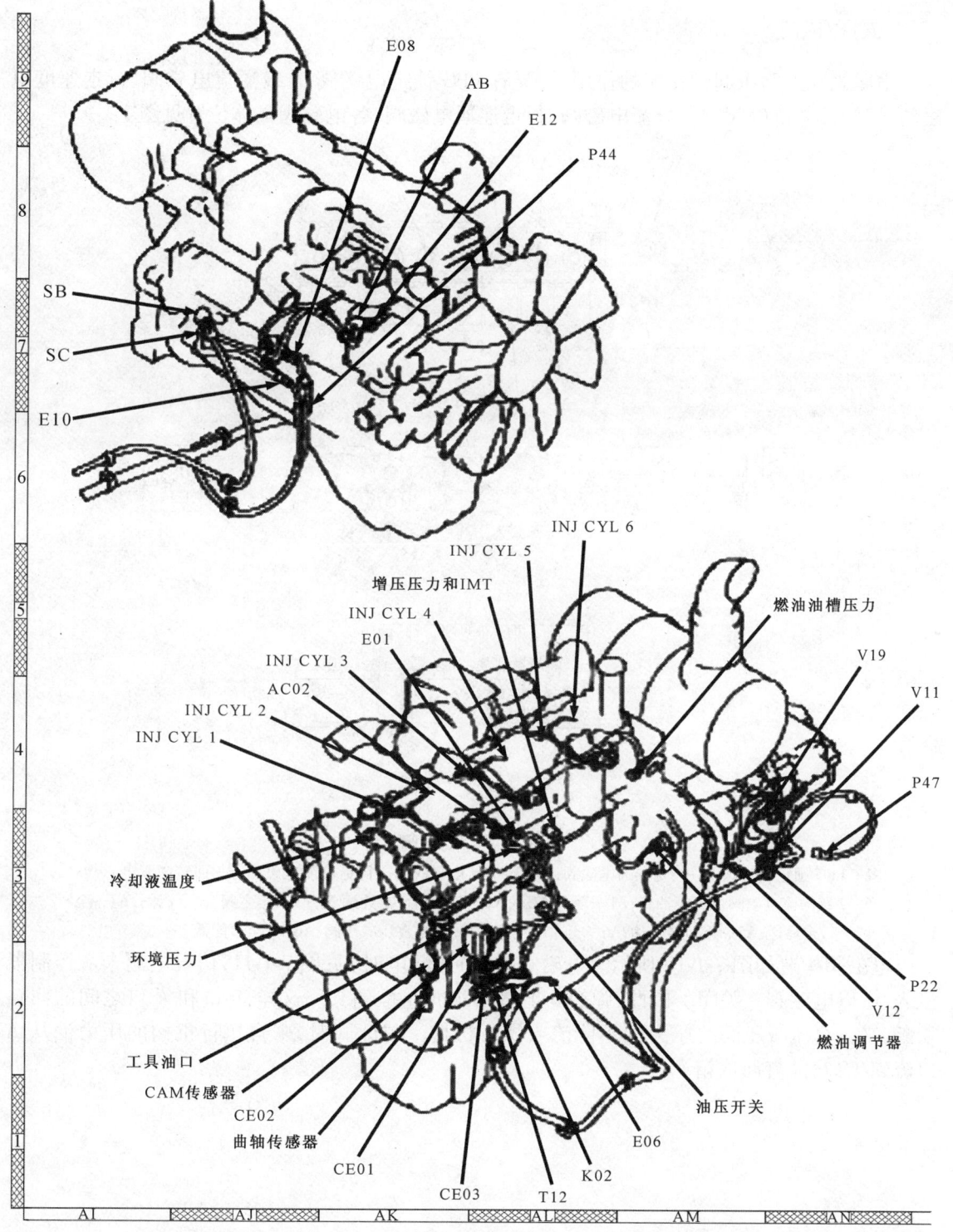

图 7-1-8　连接器位置实体图(七)

（五）电磁阀

电磁阀在电路中起到控制的作用,主要有 PPC 锁定电磁阀、2 级溢流电磁阀、行走速度电磁阀、回转锁紧电磁阀、合/分流电磁阀、行走连通电磁阀,各电磁阀具体位置见图 7-1-9。

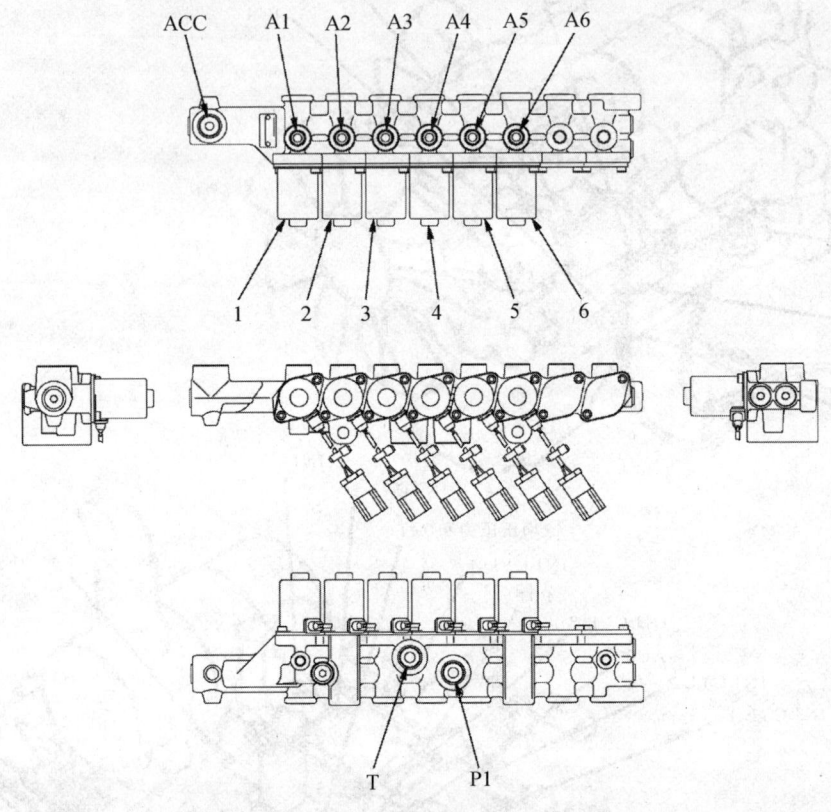

图 7-1-9 电磁阀

1—PPC 锁定电磁阀;2—行走连通电磁阀;3—合/分流电磁阀;4—行走速度电磁阀;5—回转锁紧电磁阀;
6—2 级溢流电磁阀;T—至油箱;A1—至 PPC 阀;A2—至主阀行走连通;A3—至主阀合/分流;A4—至
两个行走马达;A5—至回转马达;A6—至主溢流阀;P1—来自自压减压阀;ACC—至蓄能器

电磁阀构造如图 7-1-10 所示。电磁阀关闭时（断电时）见图 7-1-11,信号电流未从控制器流入,所以电磁阀 3 关闭。因此,弹簧 6 把滑阀 4 向左推到头。这样,P 口和 A 口之间的回路切断,来自自压减压阀的压力油不能流入执行机构。与此同时,来自执行机构的压力油从 A 口流到 T 口,并流回油箱。

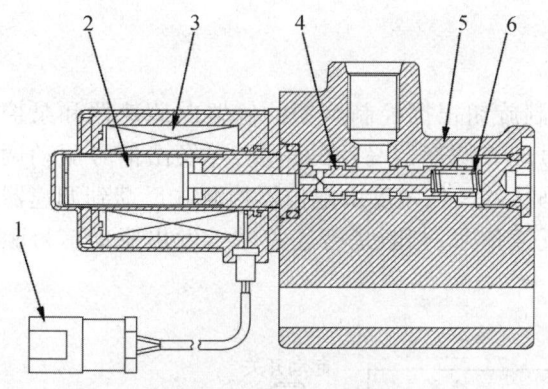

图 7-1-10　电磁阀构造
1—连接器;2—可变芯子;3—线圈;
4—滑阀;5—缸体;6—弹簧

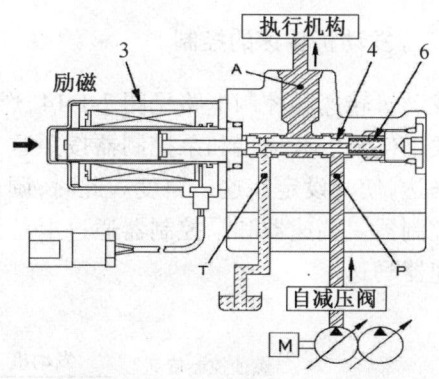

图 7-1-11　电磁阀关闭原理

电磁阀打开时(通电时)见图 7-1-12,信号电流由控制器流到电磁阀 3 时,电磁阀 3 励磁。因此,电磁力将滑阀 4 推向右边。这样,来自自压减压阀的压力油从 P 口经滑阀 4 的内部流到 A 口,再流入执行机构。同时,油口 T 被关闭,阻止油流回油箱。

二、发动机转速控制

(一)起动发动机

起动开关转到"起动"(START)位置后,起动信

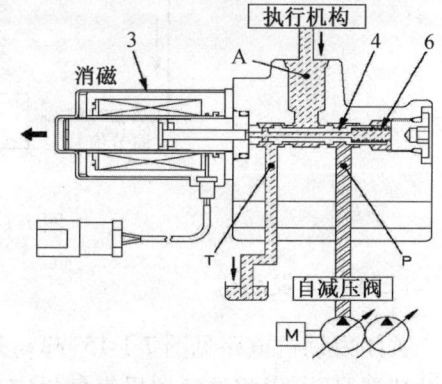

图 7-1-12　电磁阀打开原理

号传给起动马达,如图 7-1-13 所示,起动马达转动,随之起动发动机。此时,调速器和泵控制器检查燃油控制旋钮发出的信号,并将发动机转速调定到燃油控制旋钮设定的转速。

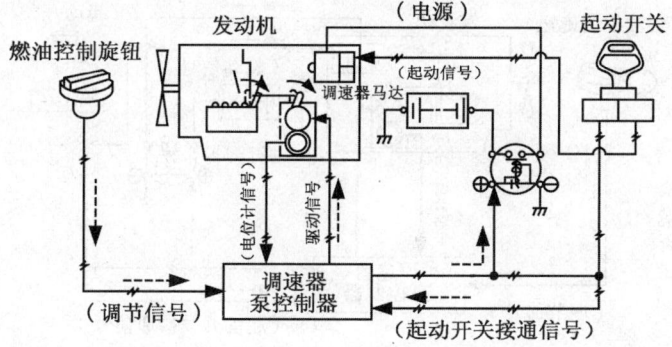

图 7-1-13　起动发动机电路

（二）发动机转速的控制

发动机转速的控制电路见图7-1-14,燃油控制旋钮根据控制旋钮的位置向调速器和泵控制器发出信号。调速器和泵控制器按照这一信号计算调速器马达的角度,并发出信号驱动调速器马达,使其设定在这一角度。此时,调速器马达的工作角度由电位器检测并反馈到调速器和泵控制器。调速器和泵控制器通过电位计的反馈信号,判断是否还需继续发出驱动信号驱动调速器马达。

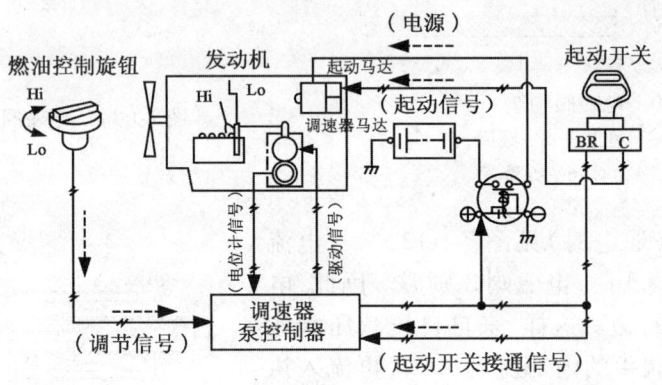

图 7-1-14　发动机转速的控制

（三）关闭发动机

关闭发动机电路见图7-1-15,起动开关转到"停止"（STOP）位置后,调速器泵和控制器驱动调速器马达,以将调速器操纵杆设定到不喷油位置。此时,为了将系统内的电源保持到发动机完全停止,调速器和泵控制器本身发出驱动电信号至蓄电池继电器 Br 端子,使蓄电池继电器延时工作约 4 s。

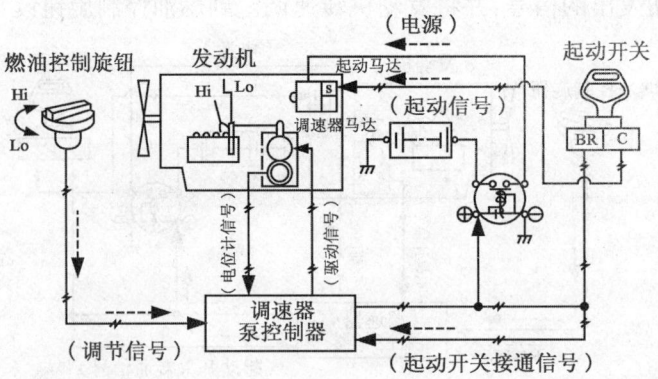

图 7-1-15　关闭发动机电路

（四）调速器马达结构及功用

调速器马达结构如图7-1-16 所示,其功能为由调速器和泵控制器发出的驱动信号驱动调速器马达,以此来控制喷油泵调速杆。提供动力的调速器马达采用步进马达。另外安装了反馈电位计,以监控马达的工作情况。马达的转动通过齿轮传给电位计。

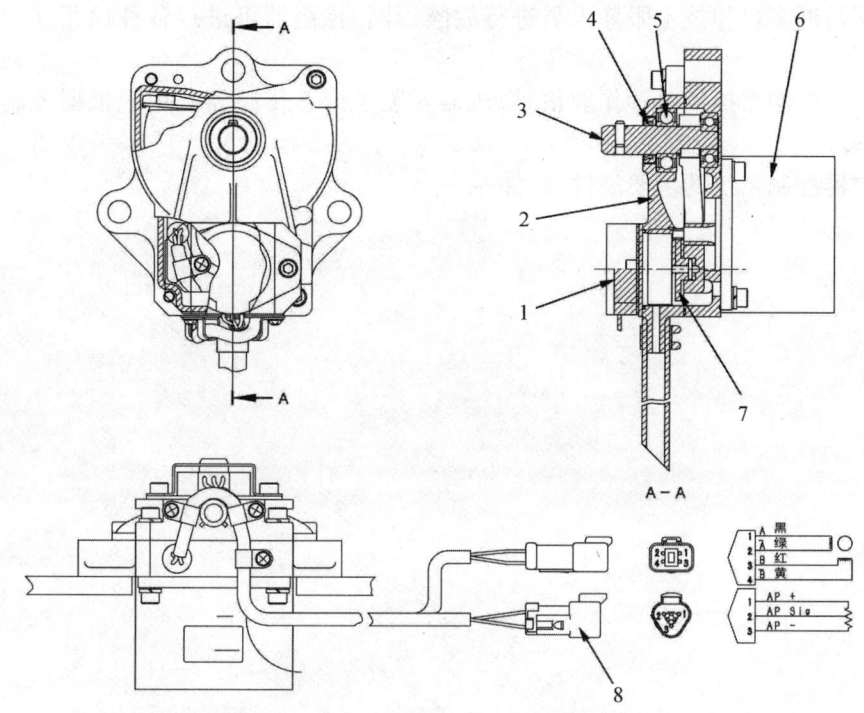

图 7-1-16　调速器马达结构原理

1—电位计;2—盖;3—轴;4—防尘密封;5—轴承;6—马达;7—齿轮;8—插头

具体操控如下:

马达停止时:马达的 A 相和 B 相均连通电源。马达运转时:调速器和泵控制器向 A 相和 B 相发出脉冲电流,马达与脉冲同步转动。

(五)调速器和泵控制器

调速器泵控制器安装位置及插接孔见图 7-1-17,其控制主框图及控制基本思路如下:

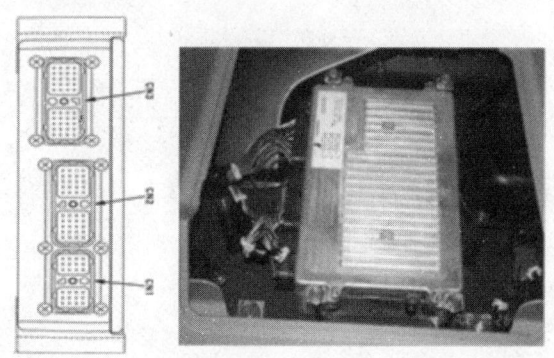

图 7-1-17　调速器泵控制器

(1)用控制器对挖掘机进行控制的总思路是节省能源,提高生产率,增加各主要部件的寿命(发动机、泵、各类阀等)及提高操作性。

(2)用控制器对挖掘机进行控制的主要工作是通过控制器实现发动机与主泵的最佳

匹配。

（3）为了帮助客户和技术服务人员进行故障诊断，控制器可进行各种检测和给出各种故障代码。

（4）为了给控制器提供各种作业信息，机器安装了许多传感器和用于根据控制器命令而动作的电磁阀。

（5）控制器控制系统的主要硬件、软件。

任务7.2 装载机电气系统原理分析

📌任务描述:

介绍小松WA-3装载机电气系统组成及工作原理,对电气系统常见故障现象进行诊断,并提出正确排除方法。

一、装载机电气系统认识

(一)基础知识

小松装载机电气系统的电路符号与小松挖掘机电气系统符号相同,线径及颜色读取规则也是一样的,在此不再赘述。

1. 插接件型式及安装位置

部分插接件型式和安装位置图表参见表7-2-1和图7-2-1、图7-2-2。

表中地址栏指明了接头布置图(三维坐标图)中的地址。标有"﹡"号的接插件,"( )"中的数字在接插件上可查询。

表7-2-1 插接件型式及安装位置表

插接件编号	插接件型号	销数	安装位置	地址	插接件编号	插接件型号	销数	安装位置	地址
L27	—	5	危险警告继电器	O7	L50	—	5	预热继电器	N5
L28	—	5	中立继电器	O9	L52	KES1	4	后雨刮器开关	N5
L29	KES1	2	二极管(底板架线束)	O7	L53	KES1	6	前雨刮器开关	M5
L29	—	5	中立继电器	O6	L54	KES1	6	前雨刮器	N1
L30	—	5	交流发电机继电器	O7	LR1	S(蓝色)	12	中间插接件(底板架线束)	K2
L31	—	5	自动降速继电器	N7	LR2	SWP	14	中间插接件(底板架线束)	J2
L32	—	6	倒继电器	N7	LR3	L	2	中间插接件(底板架线束)	K2
L33	—	6	前进继电器	N7	LR4	L	2	延时保险丝(底板架线束)	J2
L34	—	5	制动ACC继电器	O9	LR5	SWP	8	中间插接件(底板架线束)	K2

续表

插接件编号	插接件型号	销数	安装位置	地址	插接件编号	插接件型号	销数	安装位置	地址
L35	—	5	喇叭继电器	P8	R03	KES1	2	二极管(发动机线束)	G9
L36	—	5	铲斗定位继电器	O9	R04	KES1	2	二极管(发动机线束)	G9
L37	—	5	动臂限位继电器	O9	L13	KES1	2	室内照明灯开关	M2
L39	KES1	2	二极管(底板架线束)	N1	L14	KES1	4	工作灯开关	M3
L40	KES1	2	二极管(底板架线束)	O1	L15	KES1	4	变速箱切断选择器开关	N1
L41	KES1	2	二极管(底板架线束)	M2	L16	KES1	2	动臂限位电磁阀	O1
L42	KES1	2	二极管(底板架线束)	M2	L17	KES1	2	铲斗定位器电磁阀	O1
R05	X	2	制动低压开关	G1	L17	KES1	2	停车灯开关	P1
R07	X	2	燃油油位传感器	K6	L20	KES1	2	自动降速开关	N5
R08	M	6	后组合灯(左)	K7	L56	KES1	2	停车制动开关	P1
R10	插接件	6	接地(发动机线束)	K6	L23	终端	1	接地(底盘架线束)	Q1
E09	终端	1	蓄电池继电器	B8	L24	M	6	启动开关	M3
E08	终端	1	蓄电池继电器	B8	L25	接插件	1	喇叭开关	M5
E07	插接件	1	延时保险丝	A9	L26	–	6	工作灯继电器	P8
E01	插接件	1	延时保险丝	A9	F11	接插件	1	喇叭	B4
R18	单芯接插件	1	车辐照灯	K8	F12	接插件	1	喇叭	B2
R19	单芯接插件	1	车辐照灯	K8	FR1	S(白色)	10	中间接插件(前线束)	F1
R25	X	2	制动低压开关	G1	FR2	X	4	中间接插件(后线束)	F1
R30	终端	1	加热器继电器	A8	FS1	M	4	保险丝	R5
T1	X	2	变速箱前进电磁阀	I2	FS2	M	2	保险丝	Q6
T2	X	2	变速箱退后电磁阀	I2	*FS3	M	6	保险丝(3)	Q6

续表

插接件编号	插接件型号	销数	安装位置	地址	插接件编号	插接件型号	销数	安装位置	地址
T3	X	2	变速箱 Hi-Lo 电磁阀	H2	*FS4	M	6	保险丝(4)	Q6
T4	X	2	变速箱 speed 电磁阀	H2	*FS5	M	2	保险丝(1)	P6
T5	单芯接插件	1	变矩器油温传感器	K4	*FS6	L	2	保险丝(2)	O6
E03	终端	3	发动机停止电磁阀	V8	FS7	M	6	保险丝	R2
B01	X	2	冷凝器	G9	*FS8	L	2	保险丝(5)	P6
B03	KES1	2	前雨刷器水箱	H9	G01	M	2	后工作灯(右)	I9
B04	KES1	2	后雨刷器水箱	I9	G02	M	2	后工作灯(左)	J8
B05	KES1	2	二极管	H9	GR1	M	3	中间接插件(散热器线束)	I9
B07	—	2	空气调节器压力开关	H9	L1	Yazaki	10	仪表盘	M1
BR1	SWP	8	中间接插件(隔离箱线束)	G9	L2	Yazaki	12	仪表盘	M3
C0C1	KES1	4	中间接插件(驾驶室前线束)	R3	L3	SWP	14	变速箱组合开关	M4
C0C2	KES1	6	中间接插件(驾驶室后线束)	R4	L4	SWP	6	变速箱组合开关	M4
C0L1	M	8	中间接插件	R2	L5	SWP	6	变速箱组合开关	M4
C0N1	接插件	1	收音机	R4	L6	KES1	4	转向装置	M8
C0N2	单芯接插件	1	收音机	R5	L7	Yazaki	8	中间接插件(空调装置)	Q2
C0N3	接插件	1	收音机	R4	L12	X	2	变速箱切断开关	P1
E11	终端	1	发动机油压开关	S7	E6	终端	2	二极管	V1
E06	接插件	1	发动机水温传感器	S5	E14	终端	1	接地(后车架)	V2
E04	单芯接插件	1	发动机水温传感器	S4	E17	终端	1	交流发电机(E)	X5
E10	KES1	2	二极管(发动机线束)	X6	E16	终端	1	交流发电机(R)	X3

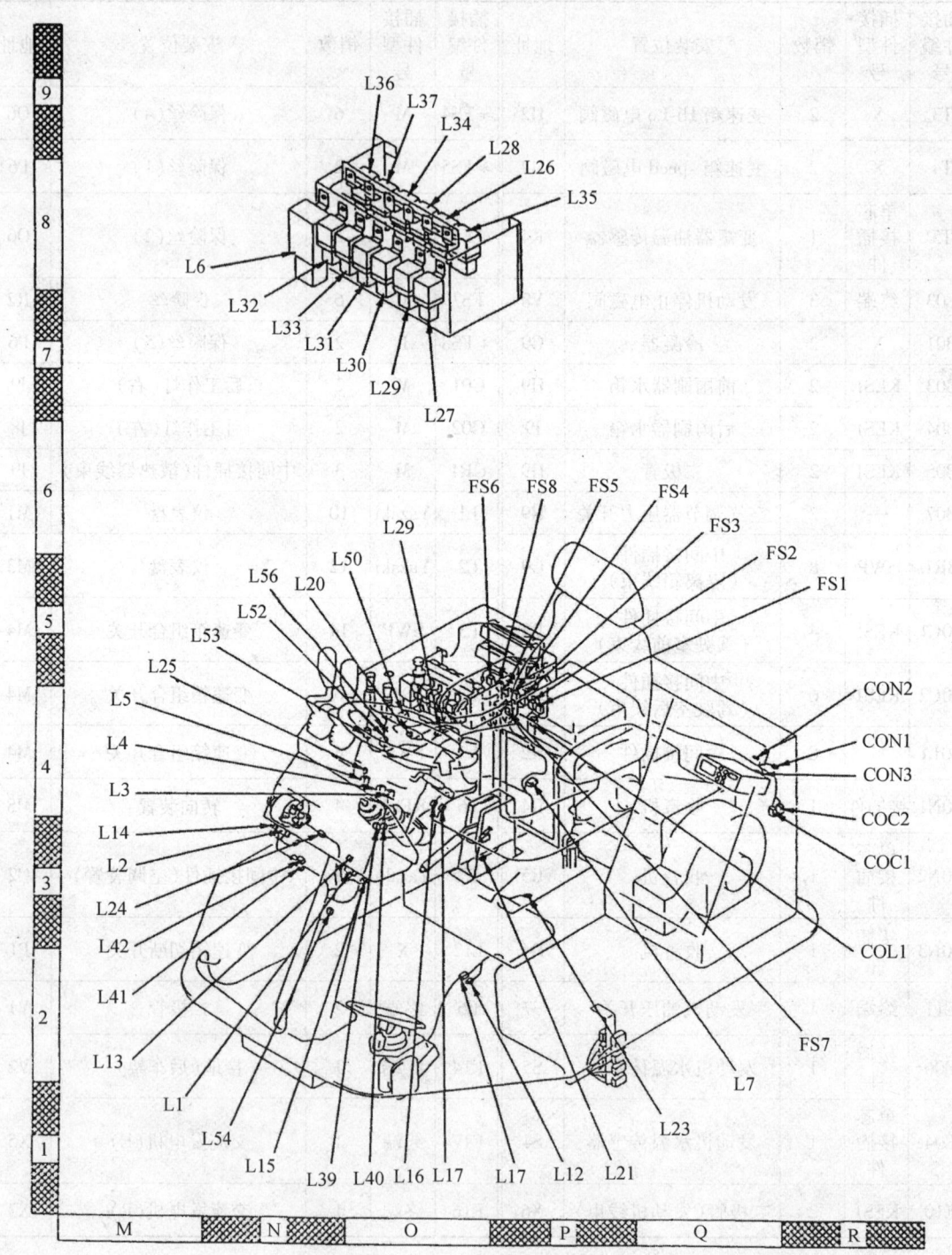

图 7-2-1　插件型式和安装位置图(一)

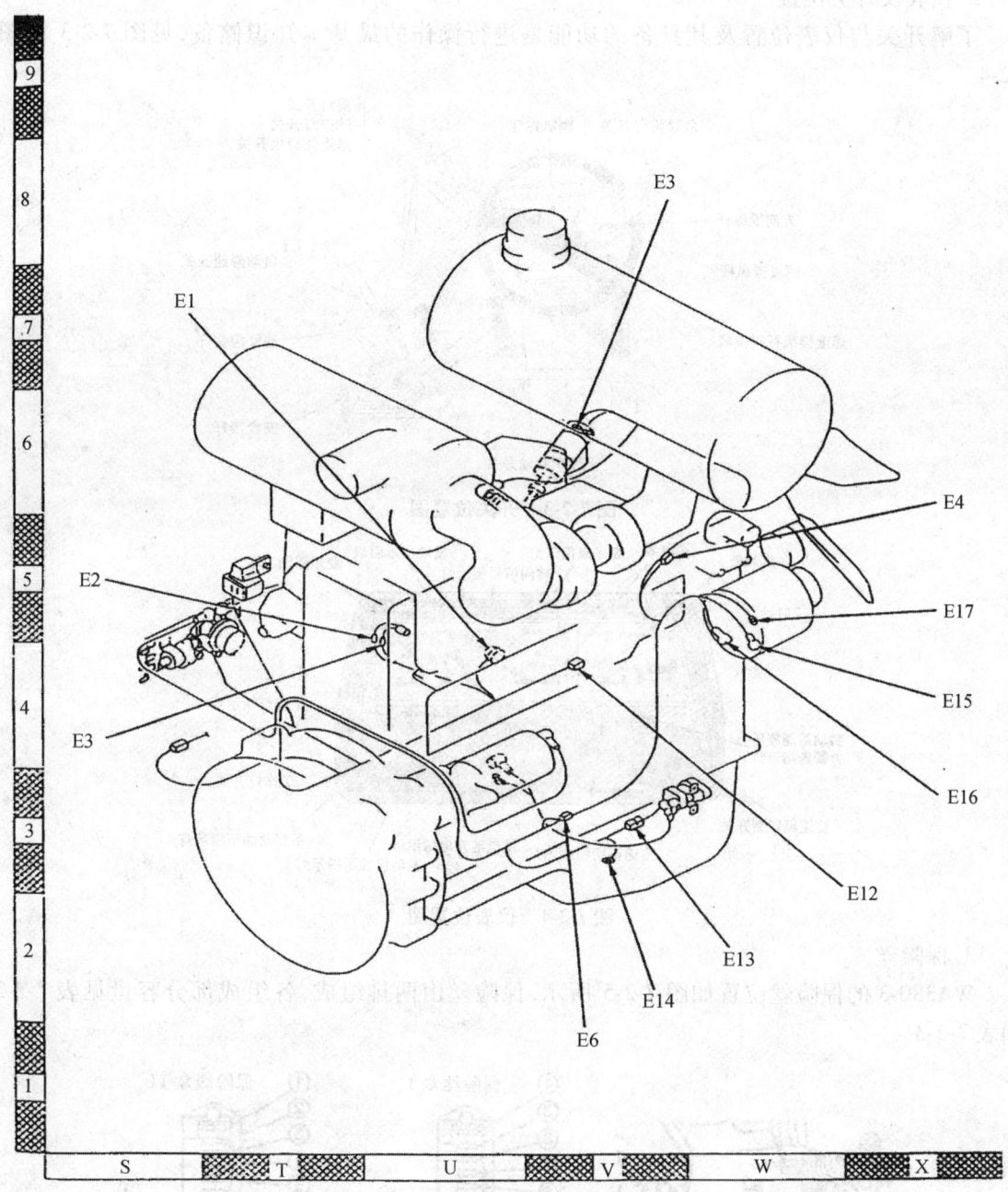

图 7-2-2 插件型式和安装位置图（二）

2. 仪表及开关位置

了解开关与仪表位置及其具备的功能是进行操作的最基本知识储备,见图 7-2-3 和图 7-2-4。

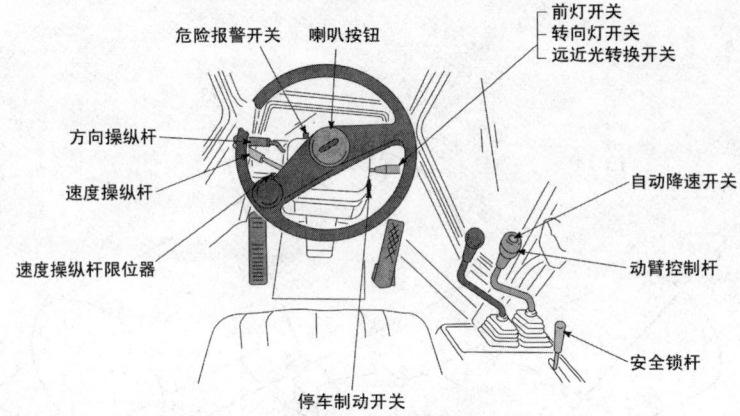

图 7-2-3　开关位置图

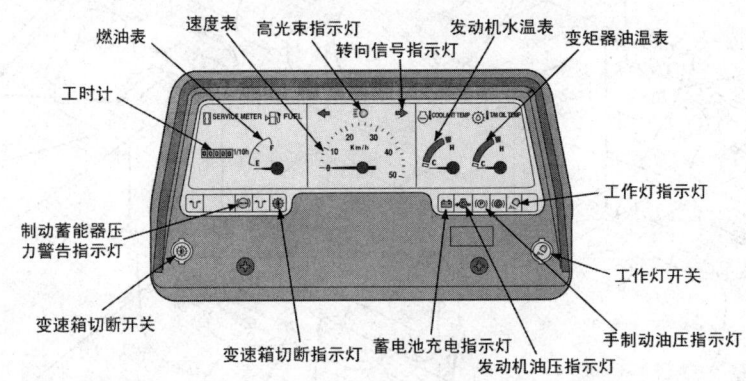

图 7-2-4　仪表位置图

3. 保险丝

WA380-3 的保险丝位置如图 7-2-5 所示,保险丝由两排组成,各组成部分容量见表 7-2-2 和表 7-2-3。

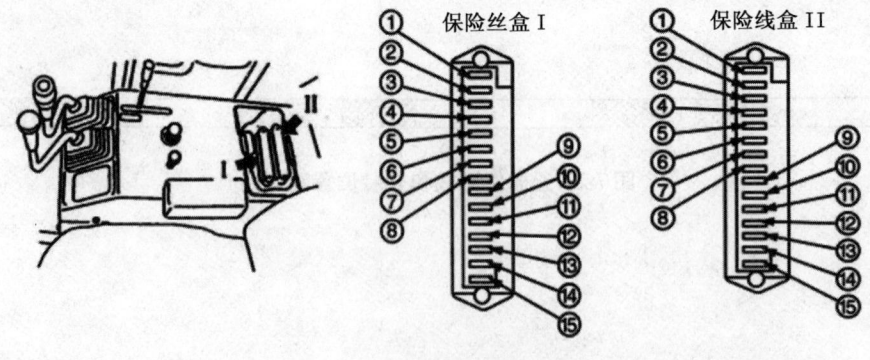

图 7-2-5　保险丝位置分布图

表7-2-2 保险丝盒Ⅰ容量与作用

序号	保险丝容量	通往
1	10 A	起动开关
2	10 A	紧急点灭灯
3	20 A	雨刷马达开关
4	10 A	变速箱控制
5	10 A	接近开关
6	10 A	计数仪表盘
7	20 A	主灯、刹车灯
8	10 A	转向灯
9	10 A	喇叭
10	20 A	作业灯
11	10 A	刹车油压
12	10 A	前照灯
13	10 A	车幅灯
14	10 A	停车灯
15	10 A	刹车油压

表7-2-3 保险丝盒Ⅱ容量与作用

序号	保险丝容量	通往
1	—	—
2	—	—
3	—	—
4	—	—
5	—	—
6	—	—
7	20 A	雨刷、洗净
8	20 A	(空调)
9	20 A	室内灯(收音机)
10	10 A	点烟器
11	10 A	旋灯
12	10 A	(空调)
13	10 A	(备用)
14	10 A	(备用)
15	10 A	(备用)

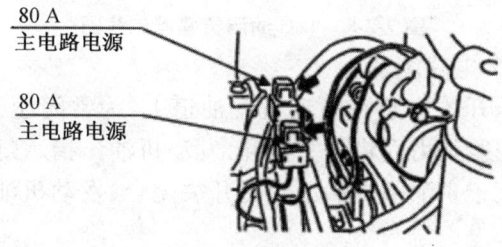

图 7-2-6 延时保险丝

二、分立电路图

1.燃油传感器电气图

燃油传感器的工作原理:燃油油位传感器是一个可变电阻,燃油满时电阻值小,流过燃油表的电流就大,燃油表指针偏转也大。电路图见图7-2-7。

电流通过 10 A 熔断器进入 CN FS3 号插接器后为截面积 0.85 mm 绿黄色导线,进入 CN L1 号插接器的 3 号针脚到达驾驶室燃油表的 B 端子后,从 S 端子出来又返回到 CN L1 的 1 号针脚,出来后变成 0.5 mm 的黄色导线,再经过 CN LR2 的 1 号针脚导线又变成 0.85 mm 的黄色导线进入 CN R07 插接器的 1 号针脚,最后进入燃油油位传感器。燃油液面变化引起传感器中电阻值变化,从而引起流过电流表的电流变化,燃油表为动磁式结构,使得合成磁场方向改变,导致燃油表的指针发生偏转。

2.T/C 油温传感器电气图

工作原理:变矩器油温传感器是一个负温度系数热敏电阻,油温上升时电阻值减小,流过 T/C 油温表的电流就增大,使得测温表中电磁场增强吸引,油温表指针偏转增大。电路图见图7-2-8。

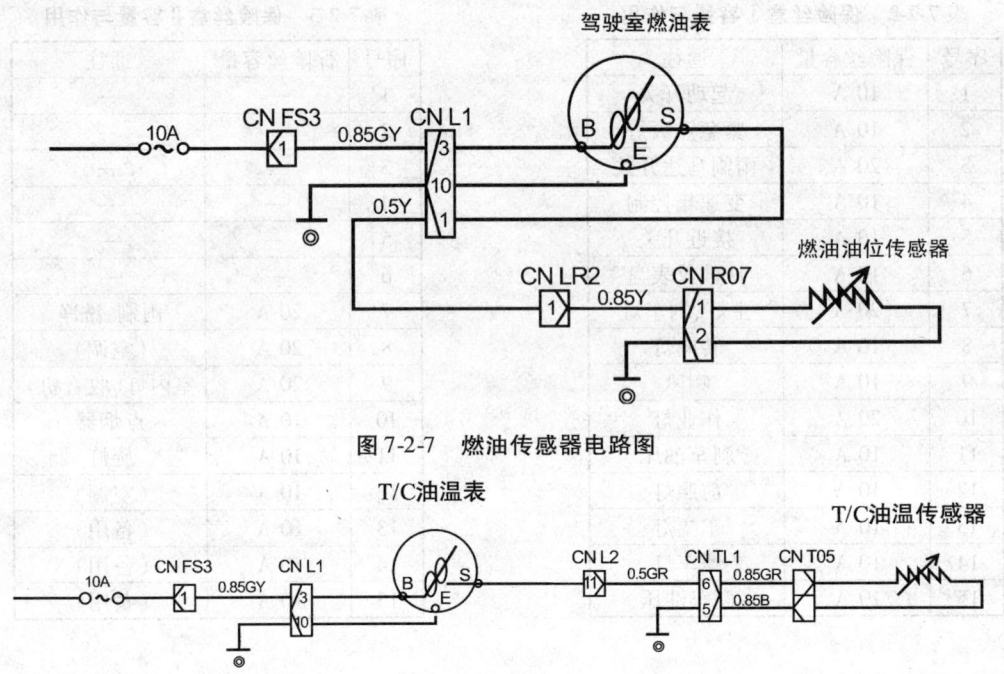

图 7-2-7　燃油传感器电路图

图 7-2-8　T/C 油温传感器电气图

3. 发动机机油压力报警电路图

工作原理:发动机油压开关安装在发动机主油道上,为常闭型开关。当发动机油压正常时,主油道内的油压克服弹簧弹力而将开关推开,发动机油压指示灯熄灭;只有当发动机油压低于设定值时,弹簧弹力大于主油道内油压使得开关闭合,发动机油压指示灯点亮,提示机油压力异常。电路图见图 7-2-9。

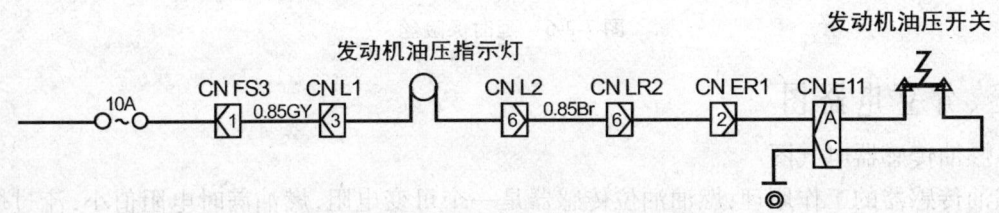

图 7-2-9　发动机机油压力报警电路图

4. 喇叭电路图

工作原理:参见电路图 7-2-10,按下喇叭开关,电源从 10 A 熔断器经插接器到达喇叭继电器 1 号端子后进入电磁线圈,从 2 号出来经过插接器 CN L25 后通过喇叭开关搭铁。此时喇叭继电器触点被吸合,3 号与 5 号端子相通,此时电源从 10 A 熔断器经插接器 CN FS3 进入继电器 5 号端子、3 号端子到达左右喇叭后搭铁。由于喇叭开关只接通继电器电磁线圈线路,电流小,因此起到保护喇叭开关的目的。

5. 刹车灯电路图

工作原理:制动油压开关安装在制动阀出口的后制动油道上,为常开触点。只有当制动时,此开关在油压作用下克服弹簧弹力而闭合,使得车架后部的刹车灯电路接通点亮,以提醒后面的其他车辆注意。电路图见图 7-2-11。

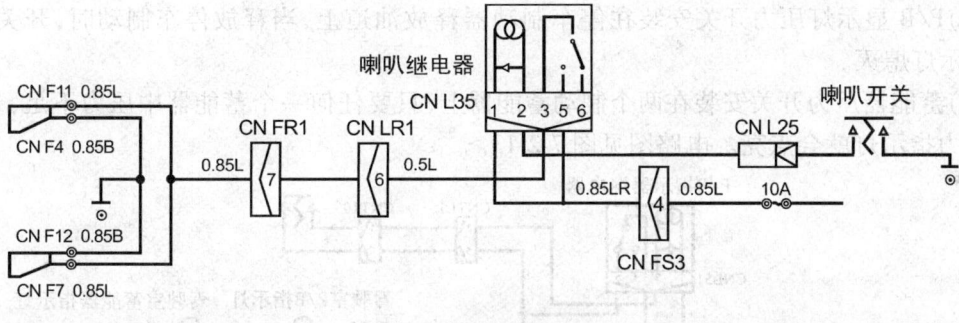

图 7-2-10　喇叭电路图

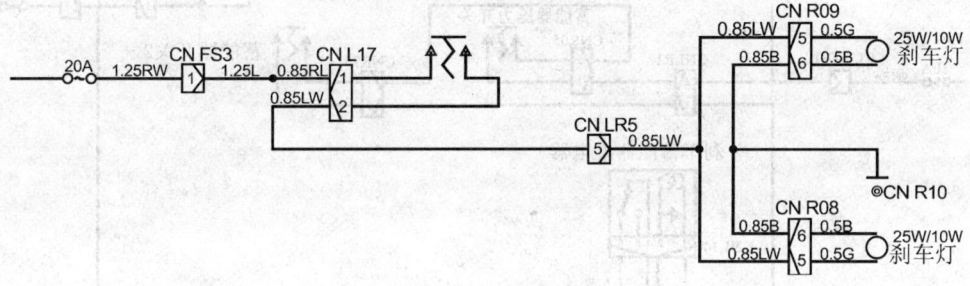

图 7-2-11　刹车灯电路图

6. 充电指示灯回路图

工作原理：

（1）在发动机起动前,电路可以通过交流发电机 R 端及发电机励磁线圈接地,交流发电机继电器吸合,蓄电池充电灯点亮。

（2）交流发电机正常发电时,R 端电压为 28 V 作用到交流发电机继电器的励磁线圈一端,交流发电机励磁线圈另外一端来自蓄电池,电压接近 28 V,使得继电器线圈两端压降接近于零,电流接近于零,触点松开,蓄电池充电灯熄灭。电路图见图 7-2-12。

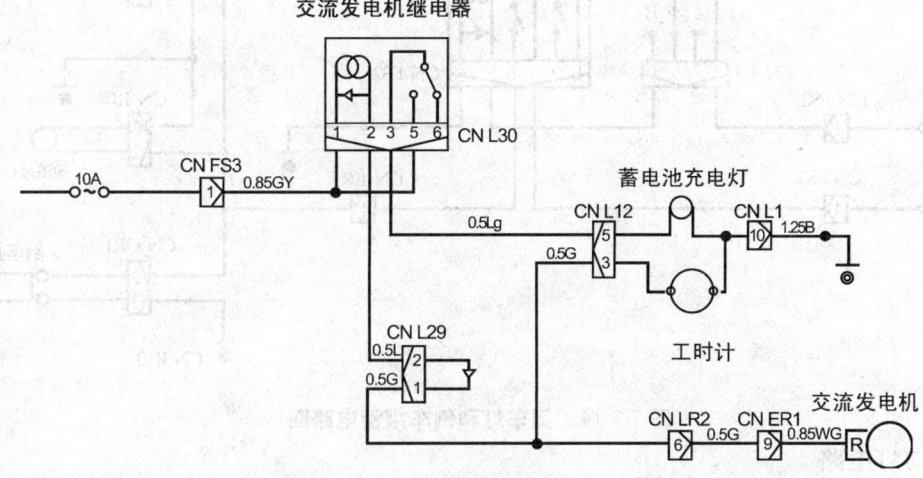

图 7-2-12　充电指示灯回路图

7. 刹车蓄能器压力指示灯和停车制动指示灯电路图

工作原理：见图 7-2-13。

（1）P/B 显示灯压力开关安装在停车制动器释放油道上,当释放停车制动时,开关闭合,P/B 指示灯熄灭。

（2）蓄能器压力开关安装在两个制动蓄能器上,只要任何一个蓄能器中压力不足,驾驶室内的压力指示灯就会点亮。电路图见图 7-2-13。

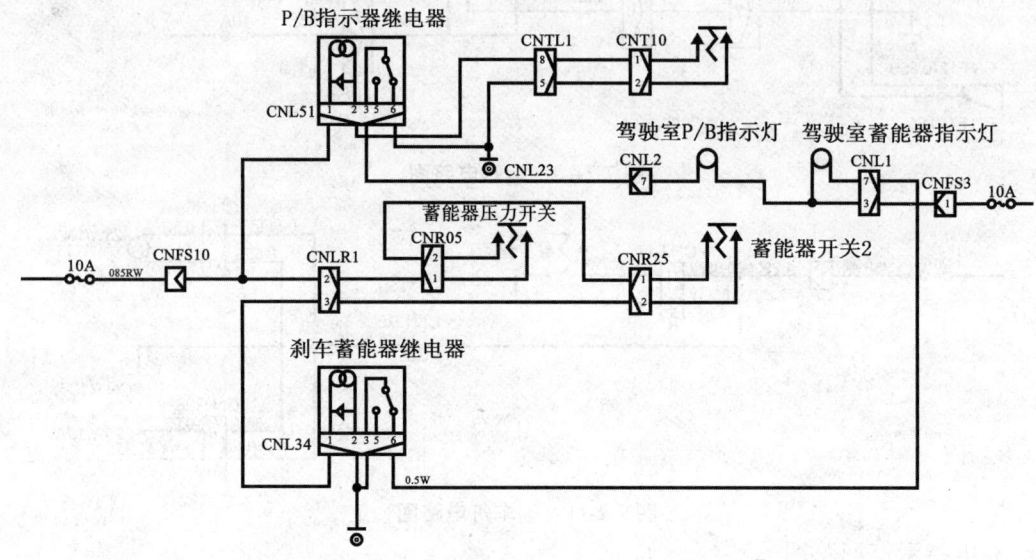

图 7-2-13　刹车蓄能器压力指示灯和停车制动指示灯电路图

8. 倒车灯和倒车报警电路图

工作原理:当方向操纵杆置于后退挡时,倒车继电器吸合,倒车灯点亮,倒车报警器发出报警声。原理见图 7-2-14。

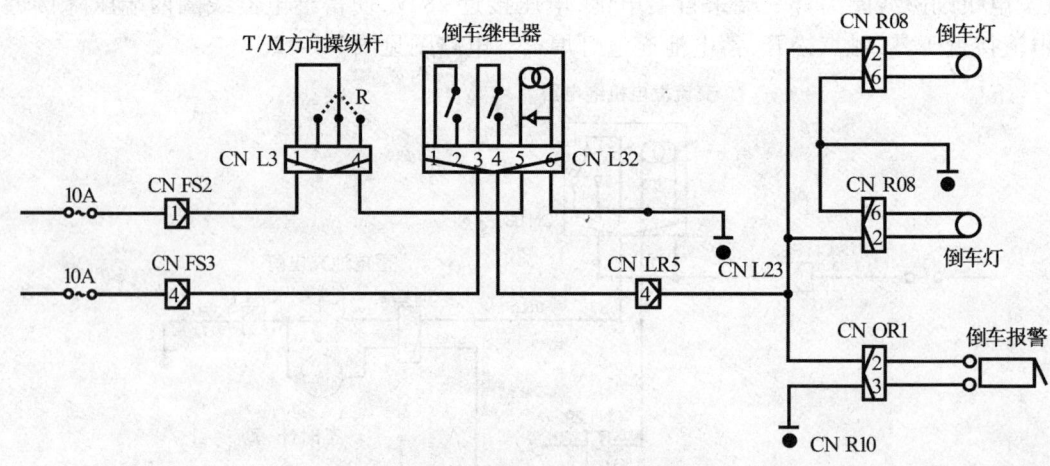

图 7-2-14　倒车灯和倒车报警电路图

9. 转向灯电路

（1）工作原理（见图 7-2-15）

①当转向灯开关向左时,左前转向灯与左后转向灯点亮,同时,驾驶室面板的左指示灯点亮。当转向灯开关向右时,右前转向灯与右后转向灯点亮,同时,驾驶室面板的右指示灯点亮。

②当报警开关接合时,报警继电器吸合,给脉冲发生器供电,脉冲发生器发出脉冲信号。这时,四只转向灯与两只指示灯都同时闪亮。

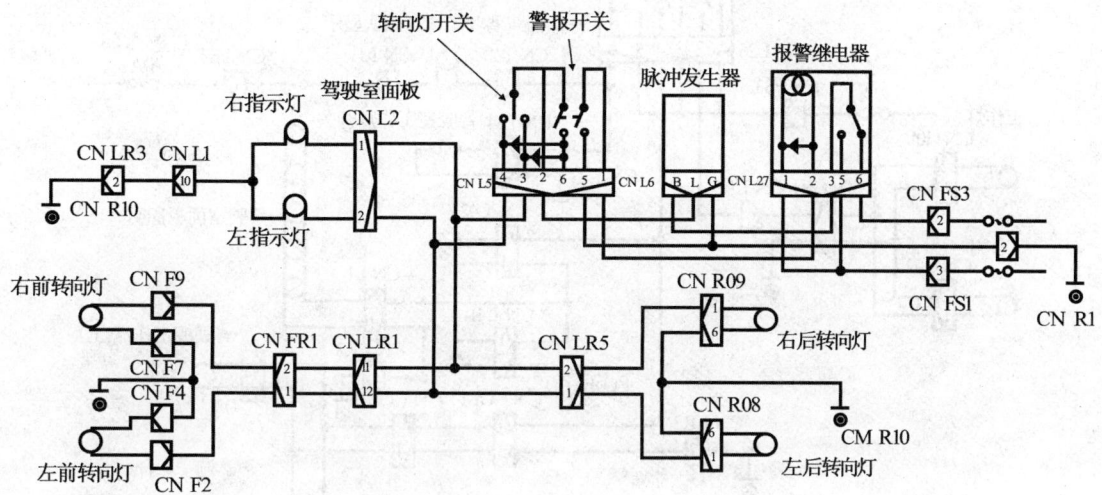

图 7-2-15　转向灯电路

（2）电路分析

①当转向灯开关向左时,左前转向灯与左后转向灯点亮,同时,驾驶室面板的左显示灯点亮。电源→CNFS3→报警继电器（6－3）→脉冲发生器（B－L）→转向灯开关 CNL5→左→CNL2→左指示灯→CNL1→CNLR3→CNR10。

电源→CNFS3→报警继电器（6－3）→脉冲发生器（B－L）→转向灯开关 CNL5→左→CNLR1→CNFR1→CNF2→左前转向灯。

电源→CNFS3→报警继电器（6－3）→脉冲发生器（B－L）→转向灯开关 CNL5→左→CNLR5→CNR08→左后转向灯。

②当转向灯开关向右时,右前转向灯与右后转向灯点亮,同时,驾驶室面板的右指示灯点亮。电源→CNFS3→报警继电器（6－3）→脉冲发生器（B－L）→转向灯开关 CNL5→右→CNL2→右显示灯→CNL1→CNLR3→CNR10。

电源→CNFS3→报警继电器（6－3）→脉冲发生器（B－L）→转向灯开关 CNL5→右→CNLR5→CNR09→右后转向灯。

电源→CNFS3→报警继电器（6－3）→脉冲发生器（B－L）→转向灯开关 CNL5→右→CNLR1→CNFR1→CNF2→右前转向灯。

10.工作灯电路图

工作原理:如图 7-2-16 所示,接合驾驶室工作灯开关时,工作灯确认显示灯点亮。同时,工作灯继电器吸合,四只工作灯与驾驶室面板照明灯也点亮。

11.铲斗和大臂自动定位电路图

工作原理:如图 7-2-17。

（1）铲斗自动找平:当铲斗从卸料位置收起时,收铲斗的动作自动进行,达到设定位置时,铁片与铲斗接近开关分离,铲斗定位继电器松开,铲斗定位电磁阀吸合,使铲斗控制阀返回中位,实现自动定位。

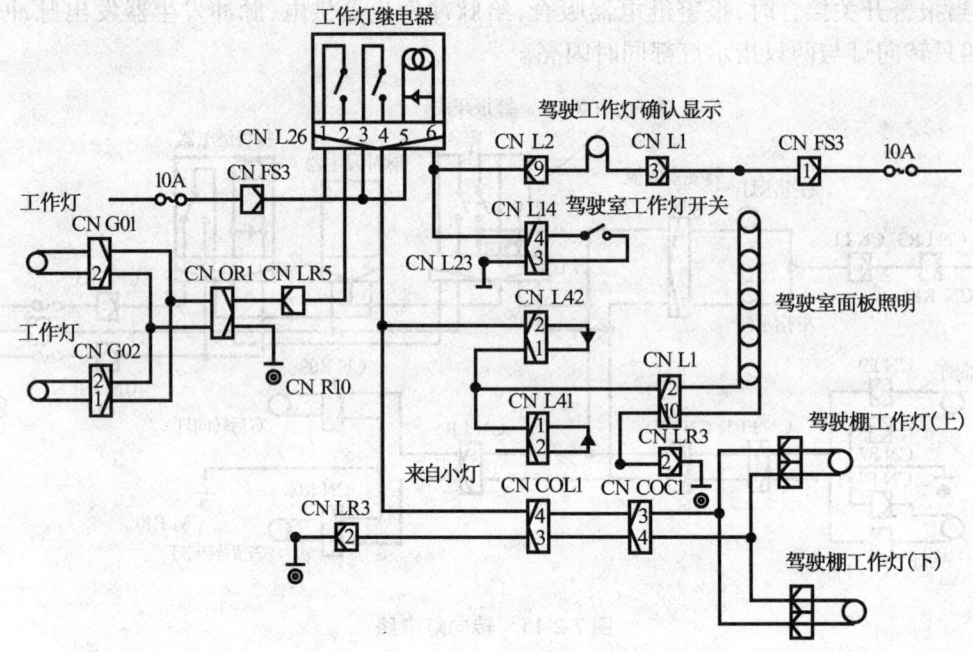

图 7-2-16　工作灯电路图

（2）大臂自动定高：当大臂从地面位置举升时，举大臂的动作自动进行，达到设定高度时，铁片与大臂接近开关正对，大臂定位继电器吸合，大臂定位电磁阀吸合，使大臂控制阀返回中位，实现自动定高。

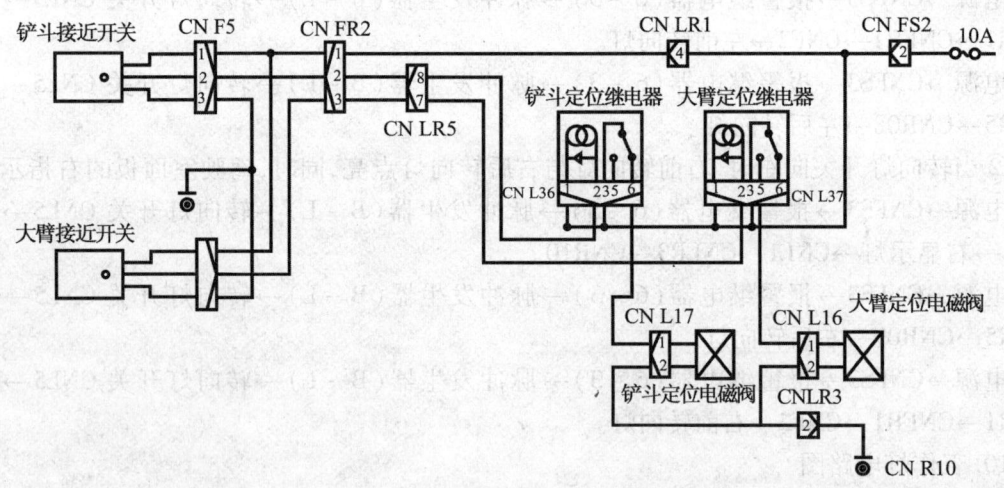

图 7-2-17　铲斗和大臂自动定位电路图

12. 前车灯电路图

前车灯电路图如图 7-2-18 所示。

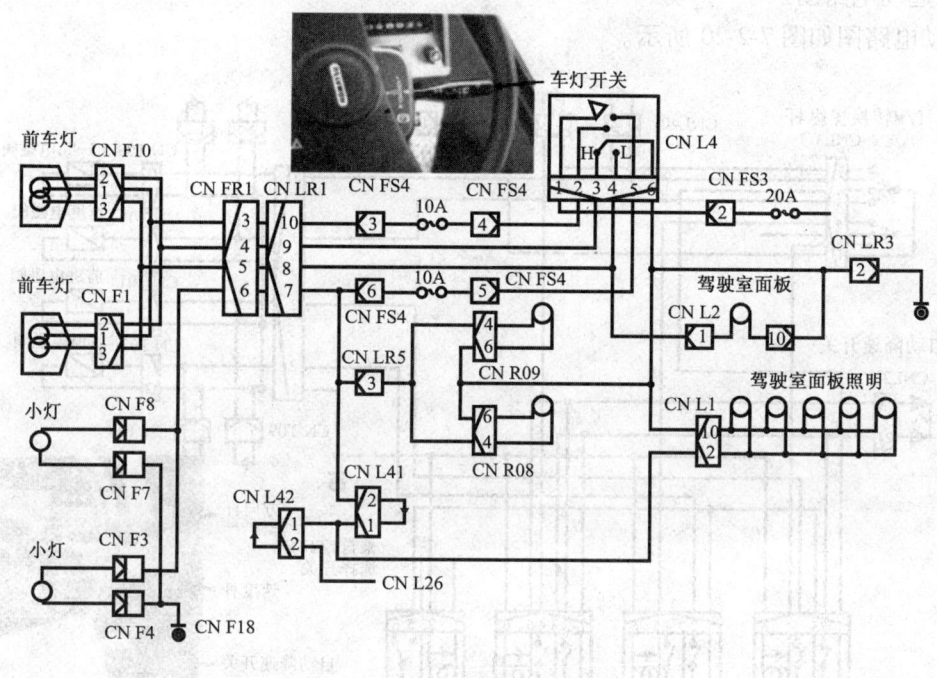

图 7-2-18 前车灯电路图

13. 停车制动和 T/M 中立电路图

停车制动和 T/M 中立电路图如图 7-2-19 所示。

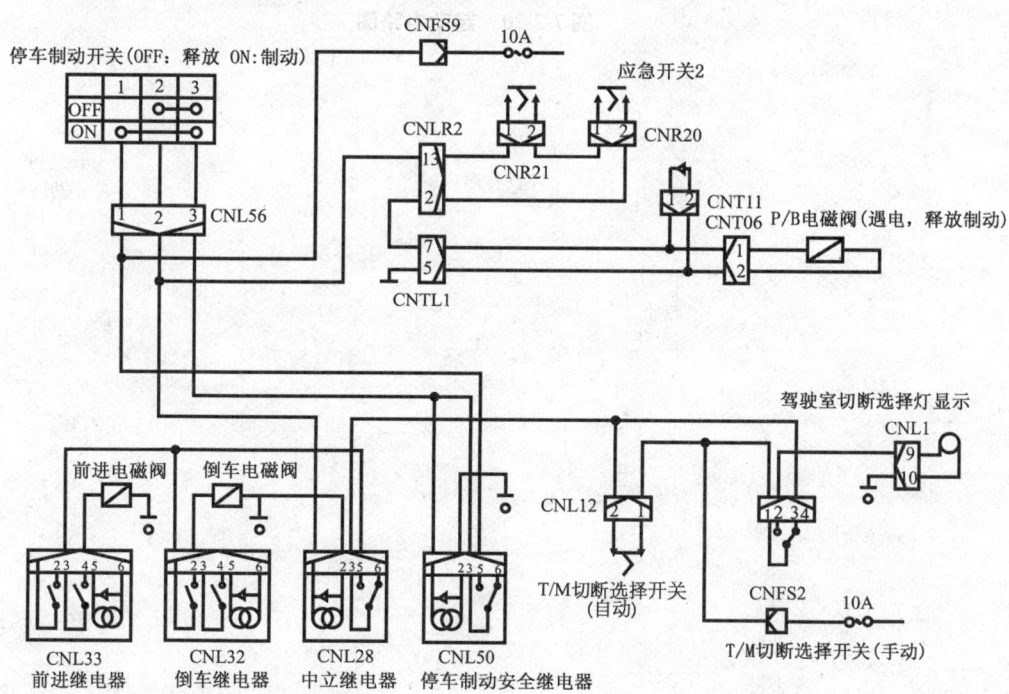

图 7-2-19 停车制动和 T/M 中立电路图

14. 起动电路图

起动电路图如图 7-2-20 所示。

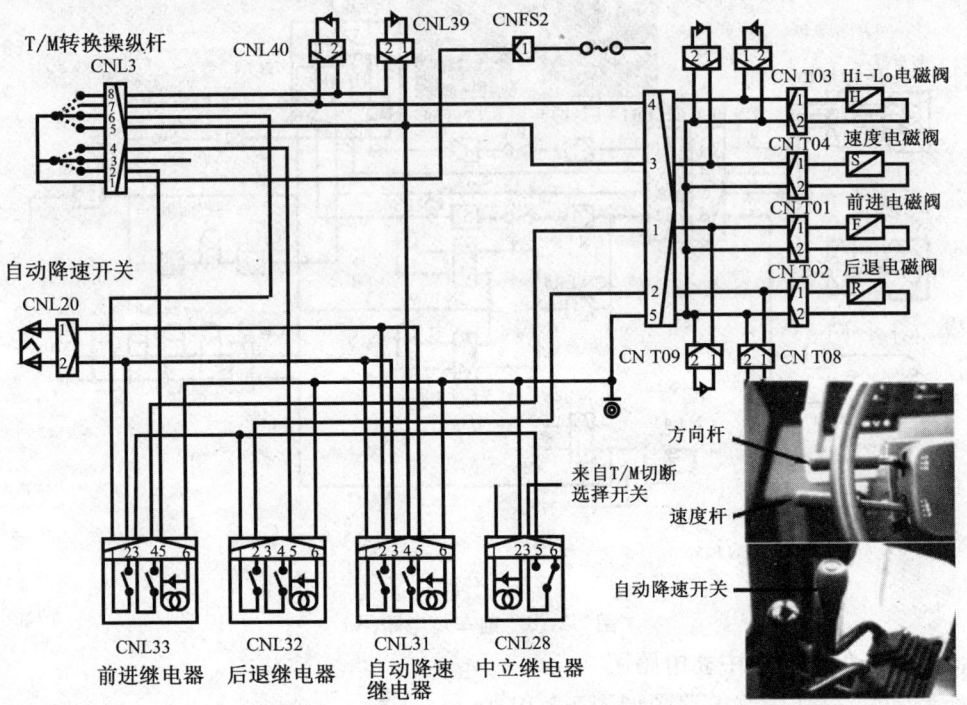

图 7-2-20 起动电路图

项目八
装载机变速箱油温过高故障

项目描述：

以装载机变速箱油温过高故障现象为载体，讲授液力变矩器及变速器的结构及工作原理、装载机液压系统各部件的结构、控制原理及常见故障现象与排除方法。

知识目标：

(1)液力变矩器结构及工作原理；

(2)变速箱结构与工作原理；

(3)变速箱液压系统常见故障现象诊断与排除方法。

能力目标：

(1)具备装载机变速箱液压系统分析能力；

(2)具备变速箱拆解与装配能力；

(3)具备变速箱液压系统常见故障现象诊断与排除能力。

素质目标：

(1)具有较强的沟通能力和表达能力；

(2)具有团队意识及友好协作精神；

(3)具有较强的动手能力。

任务 8.1 液力变矩器故障诊断与排除

任务描述：

以装载机为载体讲授液力变矩器及变速器的结构及工作原理、装载机液压系统各部件的结构、控制原理及常见故障现象与排除方法。

一、液力变矩器结构

液力变矩器安装在发动机与变速箱之间,发动机的动力通过与飞轮相连的变矩器泵轮,转变为液体的流动,流体的动能推动涡轮旋转,而涡轮与变速箱输入轴相连。从而将动力传递到变速器各个离合器。

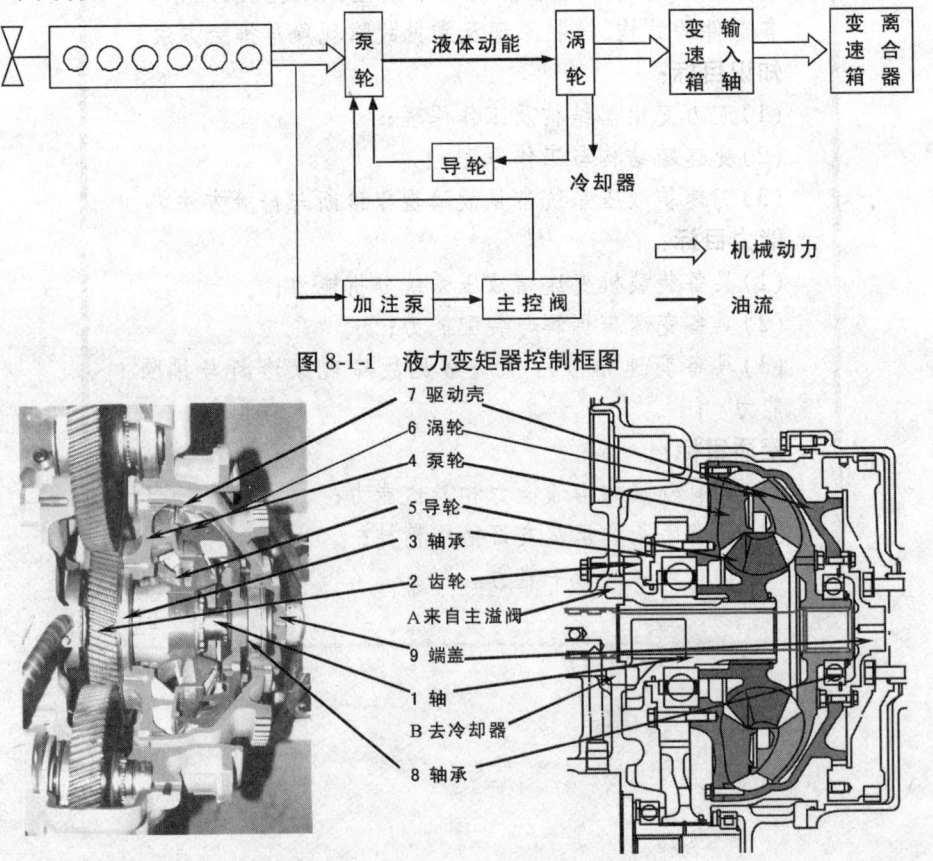

图 8-1-1 液力变矩器控制框图

图 8-1-2 液力变矩器实物模型与剖视图

变速箱结构形式为单级单相三元件,单级为液力变矩器的涡轮的数目为 1 个,如果涡轮的数目为 2 个,那么就是 2 级。单相是导轮固定在壳体上不动,如果导轮能单向旋转则为双相。三元件是指泵轮 4、涡轮 6、导轮 5 各 1 个。泵轮 4 与发动机飞轮通过驱动壳 7 与齿轮 3 刚性的连接在一起,涡轮 6 与变速器输入轴 1 通过花键轴刚性的连接在一起。导轮 5 用螺栓固定在壳体上,而泵轮与涡轮、发动机与变速器之间通过油作为介质而相互柔性连接在一起。

液力变矩器三元件中泵轮 4、导轮 5 与涡轮 6 均为铝合金材料,且它们之间间隙很小,很容易遇到脏物而磨损,所以对变矩器进行正确的维护保养对延长使用寿命是非常重要的。

二、液力变矩器工作原理

(一)液力变矩器工作原理与功能

液力变矩器运转工作时,循环腔内充满工作液体,利用工作液体的旋转运动和沿工作轮叶片流道的流动,形成一个复合运动,用来实现能量的传递和转换。发动机运转时带动液力变矩器的壳体和泵轮一同旋转,泵轮内的工作油在离心力的作用下,由泵轮叶片外缘冲向涡轮,并沿涡轮叶片流向导轮,再经导轮叶片流回泵轮叶片内缘,形成循环的工作油。在液体循环流动过程中,导轮给涡轮一个反作用力矩,从而使涡轮输出力矩不同于泵轮输入力矩,具有"变矩"功能。一般工况下,涡轮转矩要比泵轮转矩大,一般在涡轮制动(失速)工况下,输出转矩可增大 2~6 倍。

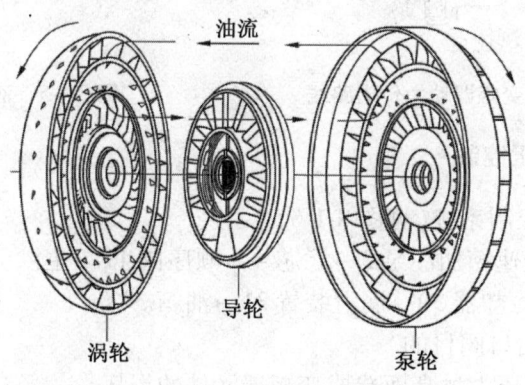

油流

导轮

涡轮　　　　　　　　　　　　　　泵轮

图 8-1-3　液力变矩器工作原理图

(二)液力变矩器的功能

(1)可以利用流体的功能,平稳而没有冲击地传递动力;

(2)机器受到很大振动与冲击时,冲击不会附加到传动系的齿轮和轴上;

(3)可以随着负载大小的变化而自动改变它的输出扭矩。

三、液力变矩器的动力传递与油流控制

(一)动力传递路径

液力变矩器安装在发动机和变速箱之间。来自发动机的原动力从飞轮进入驱动装置箱 4。驱动装置箱 4、泵 5、以及 PTO 齿轮装置 6(驱动)均用螺栓固定,并且直接靠发动机的转动

而转动。泵 5 的原动力使用油作为介质使涡轮 2 转动,并把原动力传送到变速箱的输入轴 11,如图 8-1-4 所示。

(二)油的流向

从主溢流阀来的油,经变速箱壳体中的油道进入入口 A,流至泵轮 5,然后把油的能量传至涡轮。涡轮 2 固定在变速箱输入轴 11 上。来自涡轮 2 的油传送到导轮 3,并再次回到泵轮上,但是,有一部分油从变速箱输入轴 11 与机体的间隙,通过出口 B 传送到冷却器,如图 8-1-5 所示。

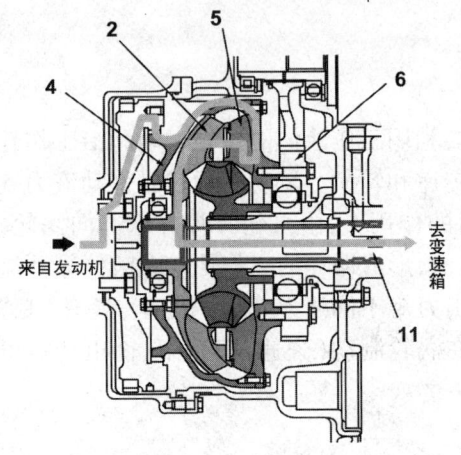

图 8-1-4　液力变矩器动力传递路线　　图 8-1-5　液力变矩器油路

(三)液力变矩器液压控制

1.液力变矩器液压控制系统(见图 8-1-6)

油箱→粗滤器 2→变速箱加注泵 3→滤芯 4→顺序阀 11→主溢流阀 8→液力变矩器 29→液力变矩器出口阀 32→冷却器 30→润滑装置 31→油箱。

2.设置液力变矩器出口阀目的

(1)防止变矩器内部压力过高而造成变矩器元件的损坏。

(2)可以防止液力变矩器内部的压力低于规定值,避免在变矩器中形成气泡,而产生气蚀现象。

3.液力变矩器的操作与保养

(1)操作时,要避免在持续的失速状态下使用。

(2)使用小松推荐的润滑油和纯正滤芯 4,并按照规定定期更换,每次均须将新油加至规定的高度。

(3)更换油时要避免异物进入油箱 1,并清洗粗滤器 2。

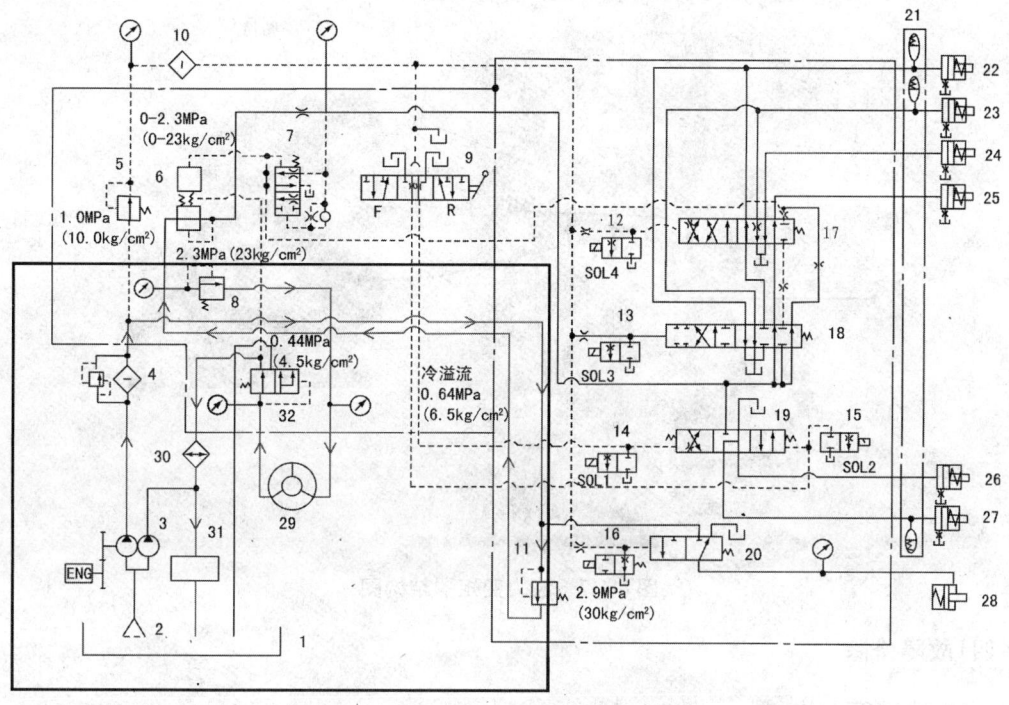

图 8-1-6　液力变矩器液压控制线路图

1—变速箱;2—粗滤器;3—液压泵(SAL45＋20);4—滤油器;5—先导减压阀;6—调制阀;7—快速复位阀;8—主溢流阀;9—应急手动滑阀;10—先导滤油器;11—压力顺序阀;12—范围电磁阀;13— H-L 电磁阀;14—前进电磁阀;15—后退电磁阀;16—停车制动电磁阀;17—范围选择阀;18—H-L 选择阀;19—方向选择阀;20—停车制动阀;21—蓄能器阀;22—一挡离合器;23—二挡离合器;24—三挡离合器;25—四挡离合器;26—倒退离合器;27—前进离合器;28—停车制动器;29—液力变矩器;30—油冷却器;31—变速箱润滑装置;32—液力变矩器出口阀

四、液力变矩器故障实例

(一)故障现象

(1)机器行走无力,尤其在满载情况下。

(2)工作一段时间后,就出现油温过高。

(二)检查结果

工时计 2 500 h;变速箱油未曾更换过;油中有铝质粉末。

(三)故障分析

如图 8-1-7 所示,间隙 C 是泵轮 5 与涡轮 10 形成的一个间隙,由于它们为铝质材料,如果油温过高后,间隙 C 由于它们受热膨胀会使泵轮与涡轮相互接触而加剧磨损。未及时更换油与清洗粗滤,已经劣化的油中的杂质,使间隙 C 变大,内泄严重而打滑且油温上升。油中的杂质也会对轴承 4、15 产生磨损,使泵轮与涡轮的定位发生变化,使它们之间的磨损加剧,使间隙 C 变大,造成机器行走无力与油温过高的不良现象。

图 8-1-7　液力变矩器结构图

（四）故障排除

对变矩器进行大修。

结论：正确地对机器进行操作保养是非常重要，只有按时按生产厂家要求对变速箱油与变速箱滤芯进行及时、正确地更换就能避免上述故障的发生。

任务 8.2 变速箱液压系统故障诊断与排除

任务描述:

以装载机变速箱液压系统常见的故障现象为载体,讲授变速箱的结构、液压管路及控制形式。

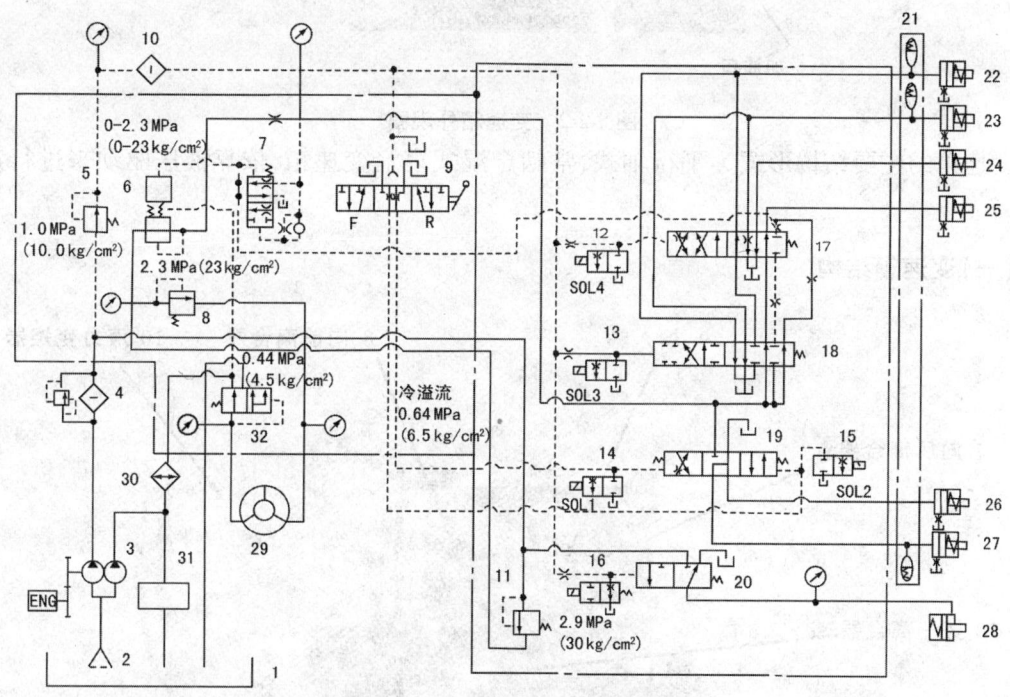

图 8-2-1 变速箱液压回路图

1—变速箱;2—粗滤器;3—液压泵(SAL45 +20);4—滤油器;5—先导减压阀;6—调制阀;7—快速复位阀;8—主溢流阀;9—应急手动滑阀;10—先导滤油器;11—压力顺序阀;12—范围电磁阀;13— H-L 电磁阀;14—前进电磁阀;15—后退电磁阀;16—停车制动电磁阀;17—范围选择阀;18—H-L 选择阀;19—方向选择阀;20—停车制动阀;21—蓄能器阀;22——挡离合器;23—二挡离合器;24—三挡离合器 25—四挡离合器;26—倒退离合器;27—前进离合器;28—停车制动器;29—液力变矩器;30—油冷却器;31—变速箱润滑装置;32—液力变矩器出口阀

一、变速箱

变速箱安装在液力变矩器的后面。来自变矩器的动力通过变速箱的输入轴 9 传递到变速箱,再由驱动轴传递到前后驱动桥。

变速箱通过前进或倒退离合器以及 4 种速度离合器的组合,进行 F(前进)1 ~ 4 或 R(倒退)1～4 的换挡,并把动力从输入轴 9 传到输出轴 14、13、16,其结构图如图 8-2-3 所示。

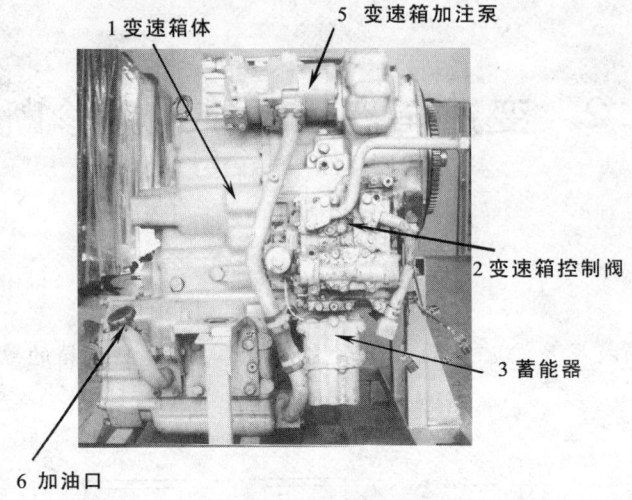

图 8-2-2　变速箱外观图

变速箱的主要结构形式为平行轴式,常啮合湿式多盘变速箱,依靠液压驱动来进行速度变换。

(一)变速箱结构

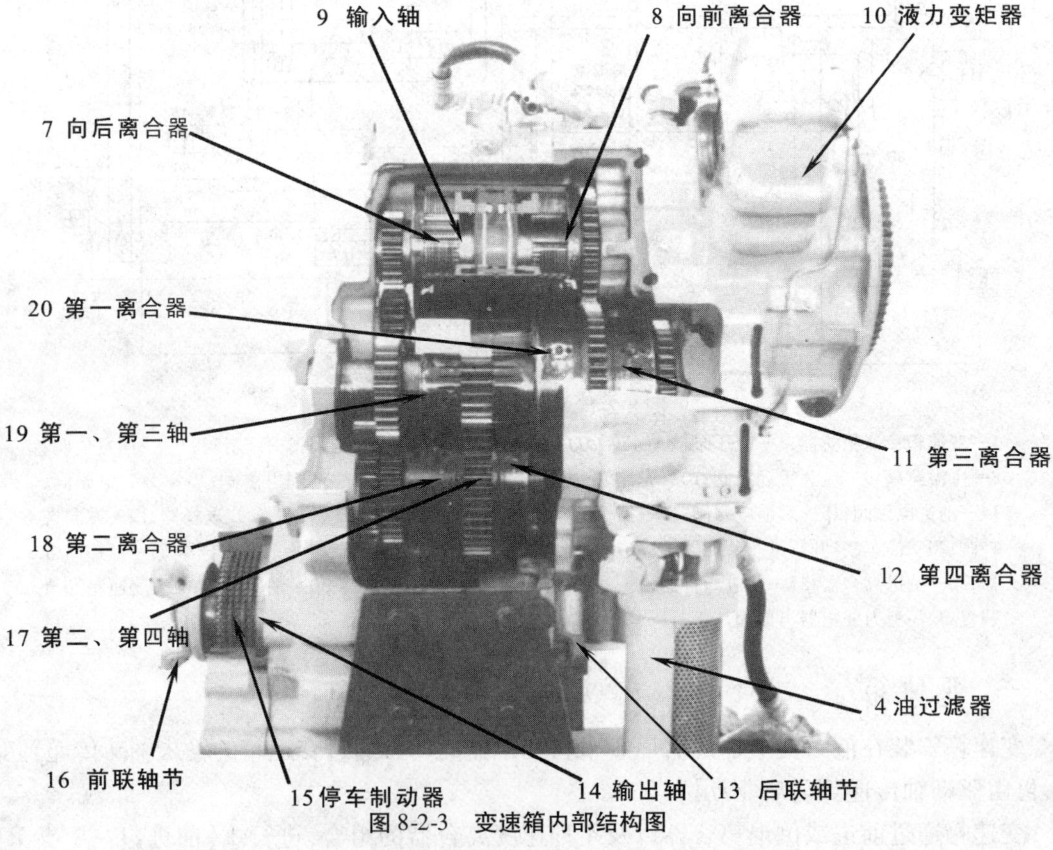

图 8-2-3　变速箱内部结构图

（二）变速箱的控制与动力传递

变速箱的控制方式为电气控制先导油压，再由先导油压控制主油压。机器的行驶方向通过选择前进、后退离合器中的一个，其行驶速度通过选择一、二、三、四挡离合器中的一个，以上选择的两个离合器确定一个挡位，通过以上方法可以确定机器的八个挡。如图8-2-4所示。

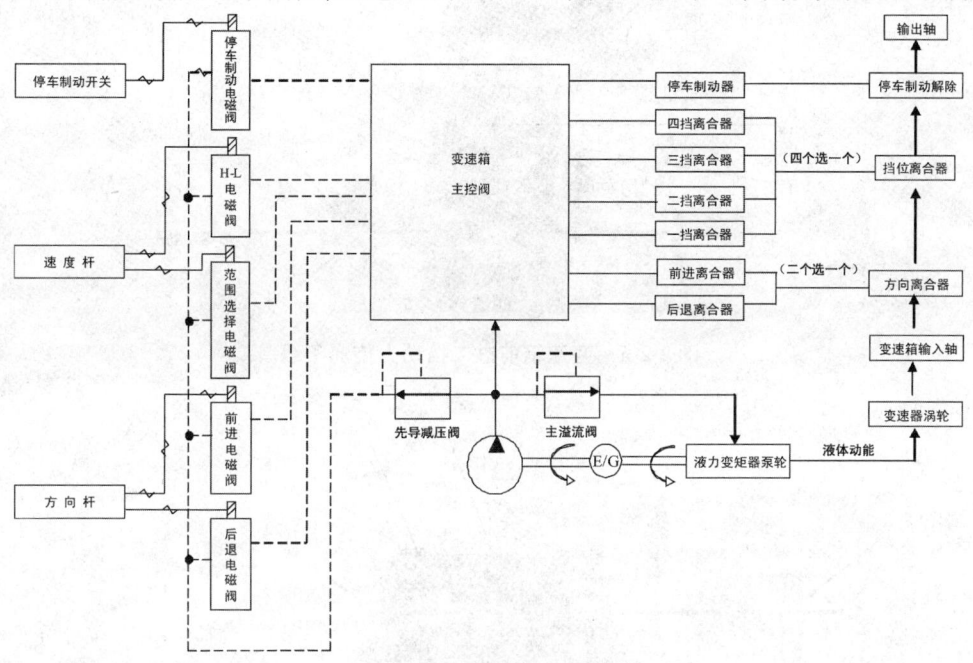

图8-2-4　变速箱控制框图

（三）变速箱的动力传递路线

1. 前进二挡

（1）在前进二挡中，前进离合器8和二挡离合器18是啮合的，从液力变矩器传到变速箱输入轴9的动力被传到输出轴14。

（2）前进离合器8和二挡离合器18的离合器摩擦片凭借施加到离合器活塞上的液压力，使主、从动摩擦片、轴成为一个整体。

动力传递路线：

发动机飞轮→液力变矩器泵轮 $\xrightarrow{\text{油为介质}}$ 涡轮→变速箱输入轴9 $\xrightarrow{\text{前进离合器啮合}}$ 前进离合器8→前进齿轮23→一、三挡缸体齿轮32→一、三挡轴19、惰轮29→二挡齿轮26 $\xrightarrow{\text{二挡离合器啮合18}}$ 二挡离合器18→二、四挡轴17、惰轮31→输出齿轮34→输出轴14。

2. 倒退一挡

（1）在倒退一挡中，后退离合器7和一挡离合器20是啮合的。从液力变矩器传到输入轴9的动力被传送到输出轴14。

（2）后退离合器7和一挡离合器20的离合器摩擦片，凭借施加在活塞口的液压力，使主、从动摩擦片与轴结合为一体，将动力传送出去。

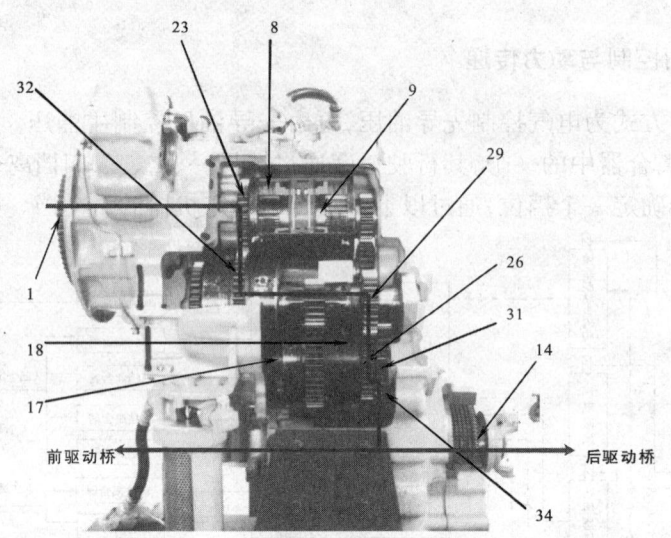

图 8-2-5　变速箱前进二挡动力传递路线

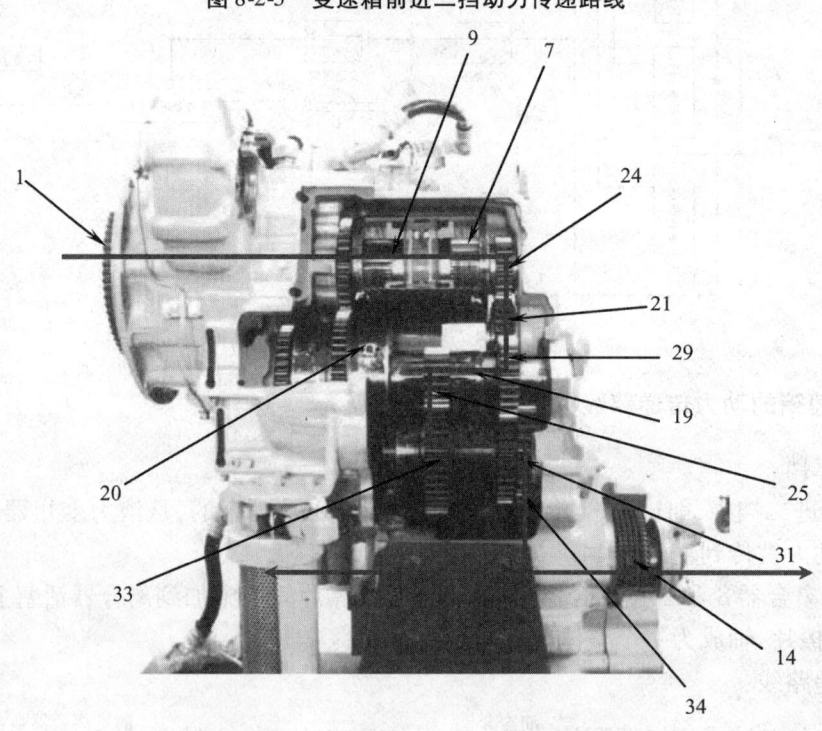

图 8-2-6　变速箱倒退一挡动力传递路线

动力传递路线：

发动机飞轮→液力变矩器泵轮 $\xrightarrow{\text{油为介质}}$ 涡轮→变速箱输入轴 9 $\xrightarrow{\text{后退离合器 7 啮合}}$ 后退离合器 7→后退齿轮 24→反向惰轮 2 $\xrightarrow{\text{反向}}$ 惰轮 29、一、三挡轴 19 $\xrightarrow{\text{一挡离合器啮合}}$ 一挡离合器 20→一挡齿轮 25→二、四挡缸体齿轮 33→二、四挡轴、惰轮 31→输出齿轮 34→输出轴 14→前、后驱动桥。

（四）离合器

离合器通过液压力推动活塞11,使主动摩擦片与从动摩擦片接合在一起,并利用其产生的摩擦力将输入轴8的动力通过离合器齿轮输出。

1.离合器结构

（1）前进、倒退离合器结构图（如图8-2-7所示）

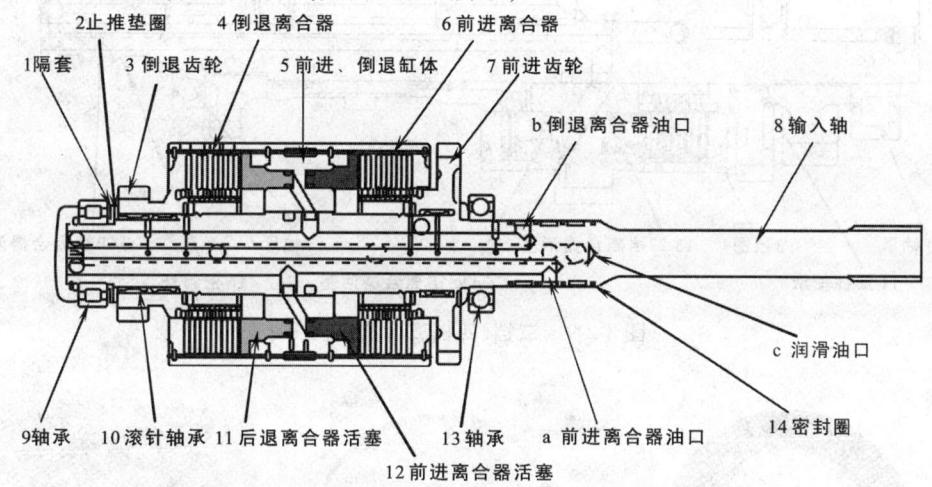

图8-2-7 前进、倒退离合器结构图

（2）一挡、三挡离合器（如图8-2-8所示）

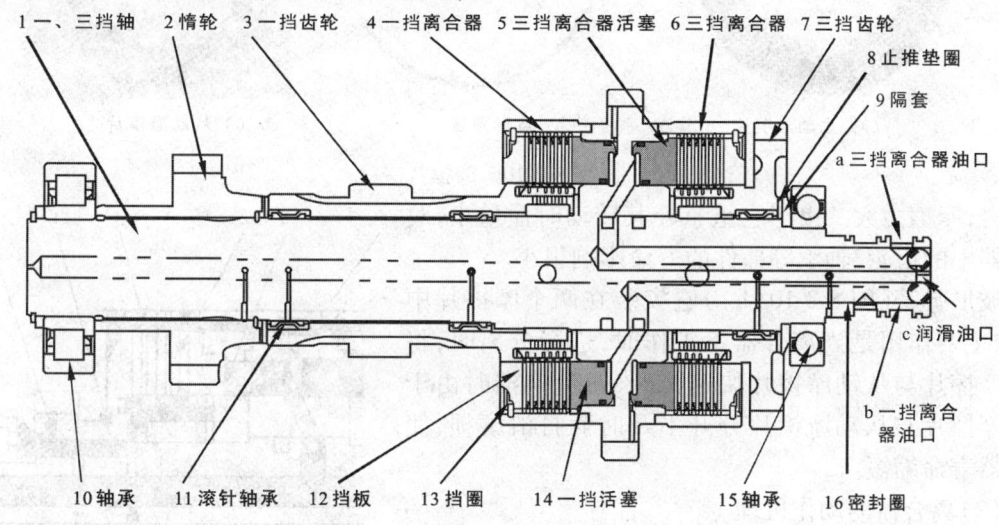

图8-2-8 一挡、三挡离合器结构图

（3）二挡、四挡离合器结构（如图8-2-9所示）

2.离合器的工作原理

（1）摩擦片的构造机理

主动摩擦片（图8-2-10（a））与离合器轴通过花键固定在一起,离合器轴旋转主动摩擦片随之一起旋转,在一个离合器中它的数量比从动摩擦片多一个。从动摩擦片（图8-2-10（c））与离合器缸体通过花键固定在一起,它表面一层为纸基,能提供较大的摩擦系数,与铜基相比

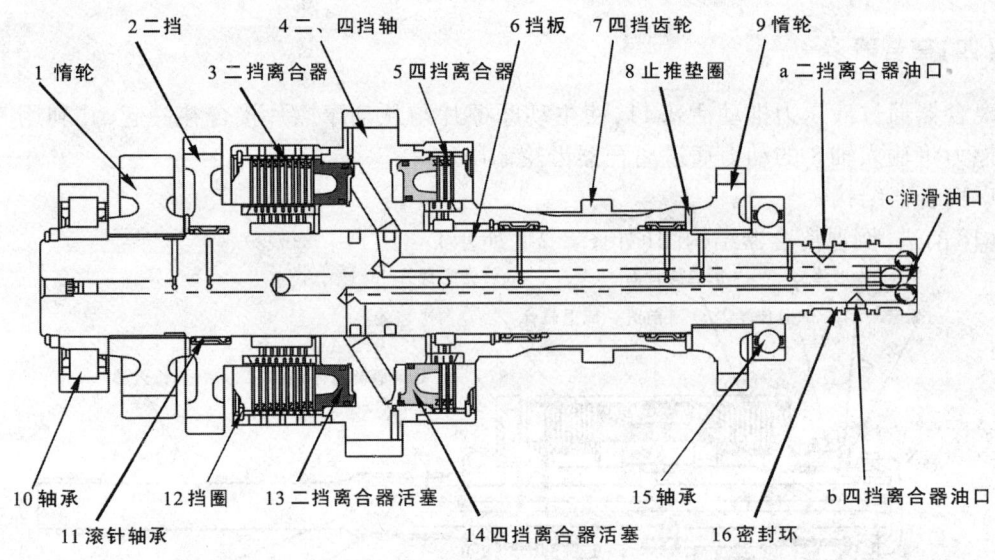

图 8-2-9　二挡、四挡离合器结构图

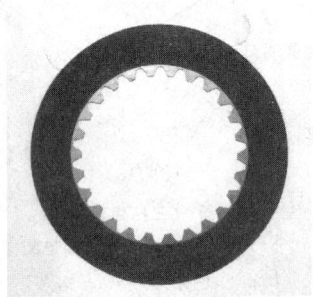

（a）主动摩擦片

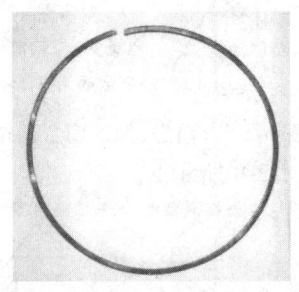

（b）波形弹簧

（c）从动摩擦片

图 8-2-10　摩擦片

重量轻,摩擦力大。由于它重量轻其转动时惯量小,对离合器中的齿轮、轴承等部件的寿命影响很小。

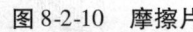

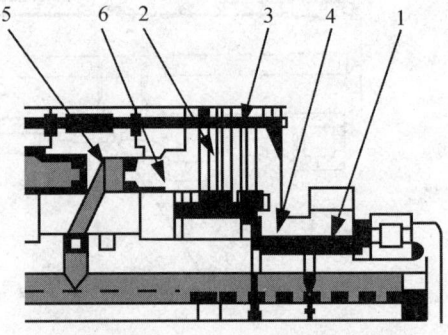

图 8-2-11　离合器工作

波形弹簧(图 8-2-10(b))它安装在两个摩擦片中间,它主要作用是当离合器不工作时,进行分离时,将主动摩擦片与从动摩擦片快速分开,避免换挡时由于主动摩擦片与从动摩擦片分开不及时而打滑磨损,使离合器寿命缩短。

（2）离合器的动作机理

①当操作时（如图 8-2-11 所示）

a.油从变速箱阀主控阀通过轴 1 内侧的油通道 5 传送并传到活塞 6 的背面,从而推动活塞。

b.当推动活塞 6 时,主动摩擦片 2 被压靠在从动摩擦片 3 上,并使轴 1 和离合器齿轮 4 形成一个整体,以传送原动力。

c.油孔与离合器轴 1 中间的润滑油道相通。它主要作用是润滑、清洗各运动部件的表面和及时冷却离合器啮合时产生的热量。

②当不制动时（如图 8-2-12 所示）

a. 如果截断来自变速箱阀的油，作用在活塞 6 背面的油压力便下降。

b. 活塞通过波状弹簧 7 返回到原来的位置，致使轴 1 和离合器齿轮 4 分离。

3. 离合器故障事例

（1）故障现象

整机行走无力。

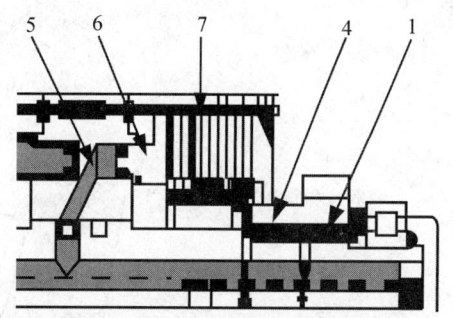

图 8-2-12　离合器不制动

（2）检查结果

变速箱油脏并有异味，粗滤表面有很多纸屑。

（3）故障分析

机器长期处于超载状态下运行；离合器的润滑油路堵塞，从动摩擦片得不到良好的润滑冷却；变速箱油中混有水或燃油，使表层严重剥落，油中有固体颗粒使表面严重划伤；没有使用小松推荐的机油，而是使用劣质机油或没有按照小松的要求进行机油、滤芯的更换。

（a）表层严重剥落

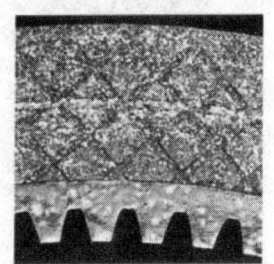

（b）表面划伤

图 8-2-13　摩擦片故障

（4）故障排除

对离合器片进行更换。

离合器的正确操作与保养措施：为了预防机器发生故障、延长其寿命、充分发挥机器的效能，必须严格地遵照执行"操作与保养手册"中的保养条例。然而仍要特别地忠告用户在使用机器时注意下列事项：使用小松的专用润滑油，根据环境温度变化选用合适的润滑油；使用机器前要充分地预热发动机，应尽可能避免超载状态下使用；尽可能避免频繁地突然变速操纵和高速换向；定期地执行油位检查、加油、换油及油的分析。

二、变速箱液压管道

油在油底壳经粗滤器后被加注泵输出，然后经过变速器、滤芯过滤，干净的油进入主控阀后，被分配到离合器与变矩器，从变矩器流出的高温油进入水箱下部的冷却器，冷却后重新流入变速箱壳体，与润滑泵的油合流润滑各部件。

安装在变速箱底壳的粗滤器，将变速箱油中较大的颗粒过滤掉，可以将金属颗粒吸附在粗滤器磁棒上，从吸附物可以辨别变速箱各部分的磨损情况和推断故障点在何处。该粗滤器一般为工作 1 000 h 就要进行清洗，如果不清洗，大的颗粒脏物将损坏油泵、轴承、离合器片等部件。

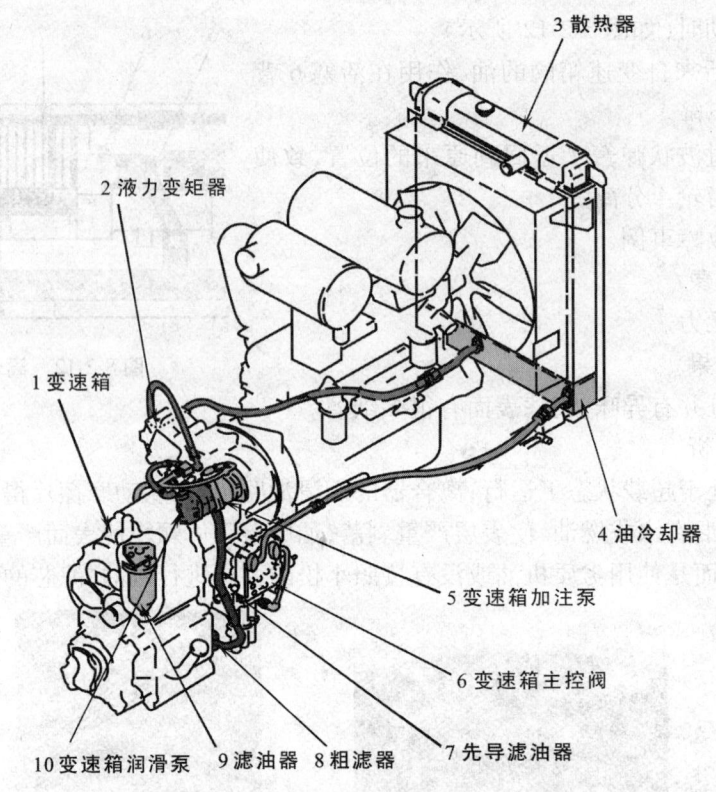

图 8-2-14　变速箱液压管路图

液压泵为二联泵,加注泵将油供给液力变矩器与挡位阀,而润滑泵给变速箱的轴承、离合器片、齿轮等主要旋转部件,起到清洗、润滑、冷却等作用。

三、变速箱主控阀

主控阀是集电气与液压为一体的控制阀,它控制着停车制动的释放,机器行走的八个速度挡位。并通过主溢流阀还控制着液力变矩器的进油,可以这样说,主控阀是机器行走的神经中枢,其控制形式如图 8-2-15。

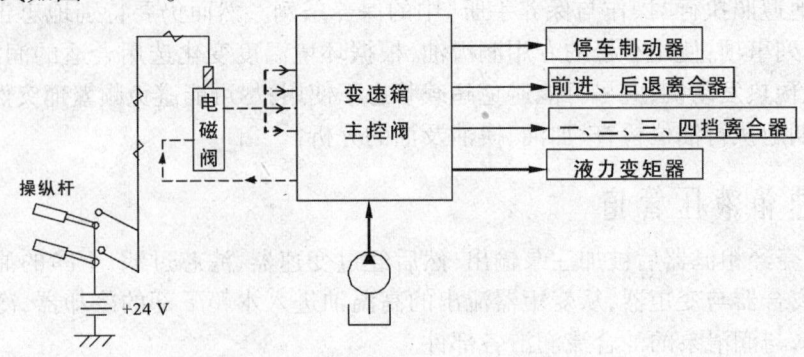

图 8-2-15　主控阀控制框图

(一)主控阀结构

来自泵的油通过滤油器进入变速箱控制阀。油通过顺序阀进行分配,然后流入先导回路、

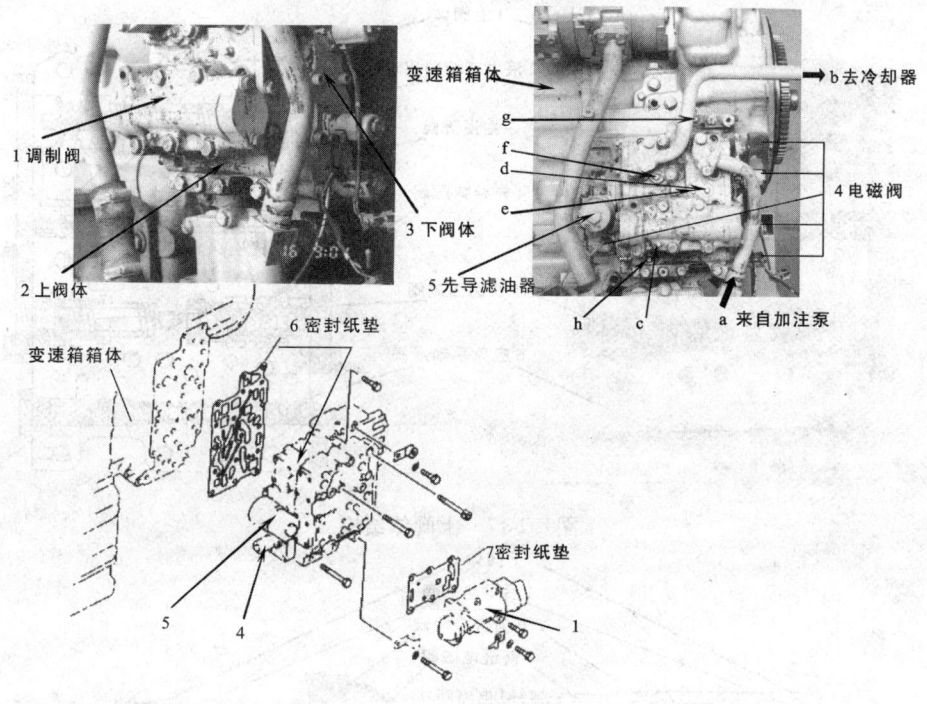

图 8-2-16　主控阀结构

a—来自变速箱加注泵；b—去油冷却器；c—离合器压力测试口；d—主油压测试口；e—液力变矩器
入口压力测试口；f—液力变矩器出口压力测试口；g—停车制动压力测试口；h—先导压力测试口

停车制动器回路以及离合器操作回路。

顺序阀控制油流，以使油按顺序流入控制回路和停车制动器回路。保持油压不变。

流入先导回路的油的压力由先导压力减压阀进行调节，这就是当电磁阀接通和断开时，制动前进/倒退、H/L、范围和停车制动器滑阀的油压力。

流入停车制动器回路的油，通过停车制动器阀控制停车制动器的释放油的压力。通过主溢流阀流入离合器操作回路的油，其压力用调制阀调节，这种油用来制动离合器。由主溢流阀释放的油，供给液力变矩器。

当通过快速回流阀和蓄能器阀的动作换挡齿轮时，调制阀平稳的增高离合器的油压，因此就被减小了换挡时的冲击。安装蓄能阀的目的是为了在齿轮换挡时减小延时和冲击。

变速箱主控阀由上阀体、下阀体和密封纸垫组成。上阀体结构如图 8-2-17 所示，由液力变矩器出口阀、主溢流阀、先导减压阀、快速回流阀、应急手动滑阀组成。下阀体结构如图 8-2-18 所示，有前进电磁阀、后退电磁阀、范围选择电磁阀、H/L 选择电磁阀及停车制动电磁阀五个电磁阀，由方向选择阀、范围选择阀、H/L 选择阀、顺序阀、停车制动阀组成。

（二）变速箱控制

从 8-2-19 方框图可以看出，小松 WA-3 系列变速箱控制主要是以下面的形式进行控制：
电气→先导油压→主油压→机械。

小松 WA-3 系列装载机行进的方向与速度由四个电磁阀控制，前进电磁阀与后退电磁阀分别控制前进和后退，而 H-L 选择电磁阀与范围选择电磁阀通过四种不同的组合，控制四种

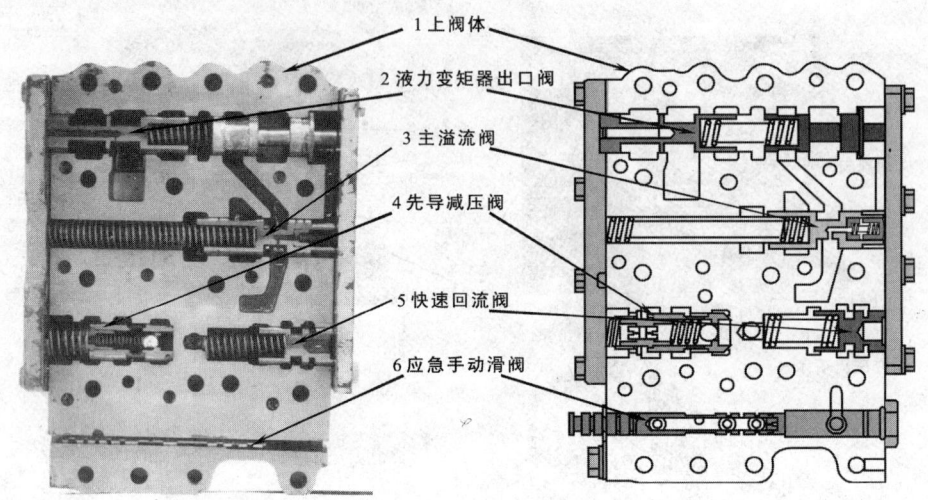

图 8-2-17　上阀体结构

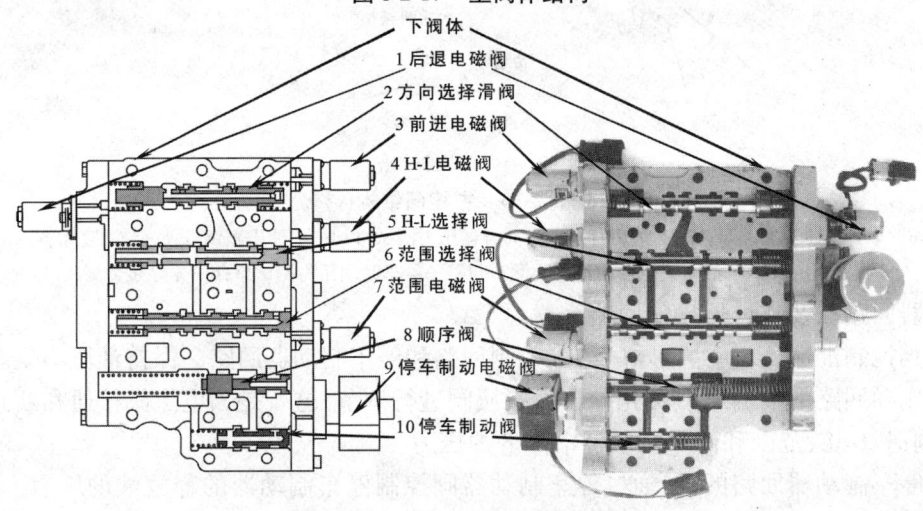

图 8-2-18　下阀体结构

不同的速度。下面是在各个挡位时各个电磁阀工作的情况。"○"代表电磁阀通电。实现不同的方向和速度,电磁阀的通电情况如表 8-2-1 所示。

表 8-2-1　电气液压所处的状态

挡位	前进电磁阀	后退电磁阀	H-L 选择电磁阀	范围选择电磁阀
前进一挡	○			○
前进二挡	○			
前进三挡	○		○	
前进四挡	○		○	○
空 挡				
前进一挡		○		○
前进二挡		○		
前进三挡		○	○	
前进四挡		○	○	○

从表 8-2-1 可以看出,前进电磁阀控制着机器前进位,如果该电磁阀出现问题,则机器将

不能前进。同样,后退电磁阀也是如此。

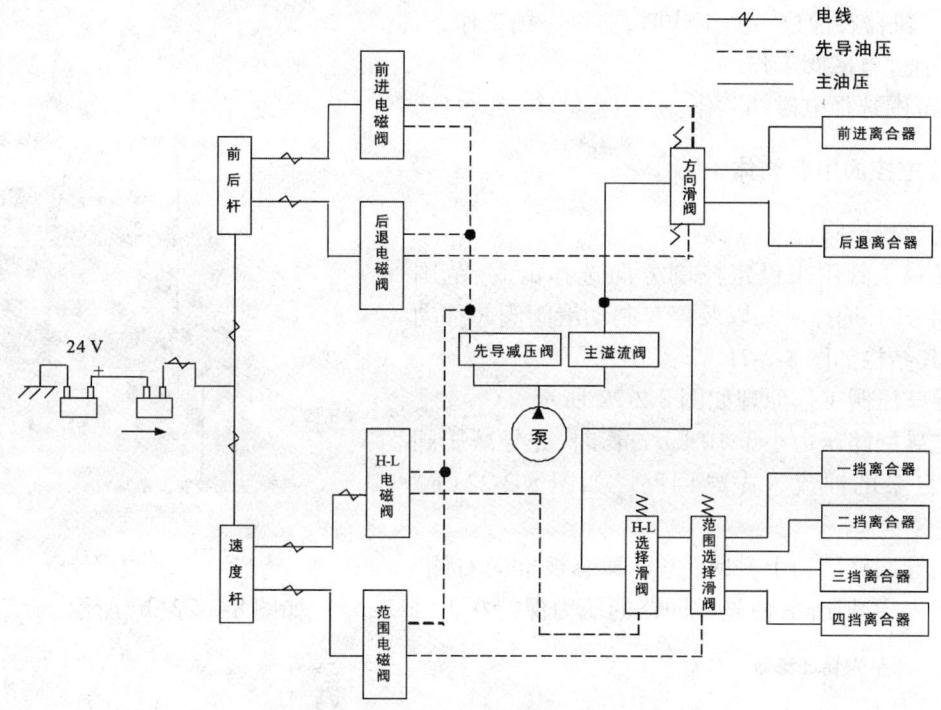

图 8-2-19　离合器基本控制机理方框图

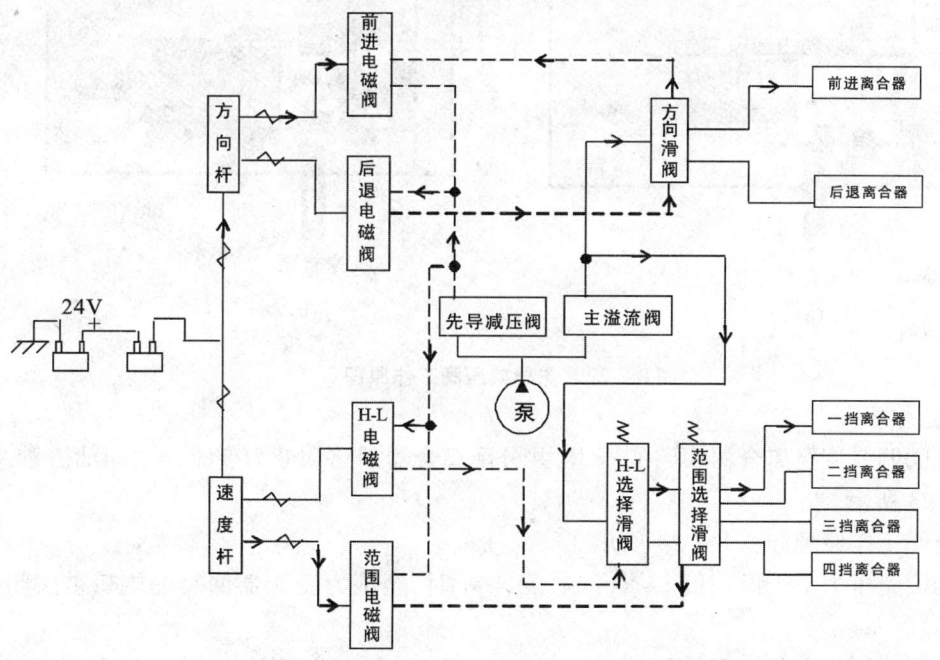

图 8-2-20　前进一挡控制框图

　　机器的一、二、三、四挡速度,通过 H-L 电磁阀、范围电磁阀的状态组合而成,如果 H-L 电磁阀出现故障,那么机器将丧失第三、第四挡,也就是挂三挡机器为二挡,挂四挡机器为一挡。同样,范围电磁阀出现故障,则机器丧失一、四挡。所以我们可以肯定地说,只要两个电磁阀一个出现问题,将丧失两个挡位。

例如,机器在前进一挡工作时,前进一挡工作条件:

（1）前进电磁阀工作;

（2）范围选择电磁阀工作。

（三）主控阀中各阀体

1. 先导减压阀

先导减压阀用来设定控制方向选择滑阀、范围选择滑阀、H-L 选择滑阀以及停车制动滑阀阀芯移动的油压,其结构如图 8-2-21 所示。

先导减压阀工作原理如图 8-2-22 所示。

当先导回路压力小于 10 kg/cm² 时,先导减压阀打开,来自泵的油流入先导回路。如图 8-2-22（a）所示。

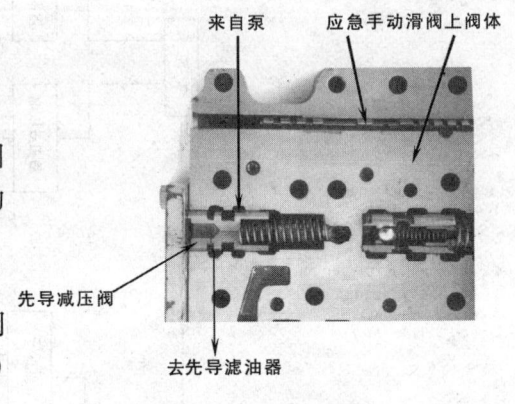

图 8-2-21　先导减压阀

当先导回路压力上升时,先导阀芯被推向右侧,逐渐关闭先导减压阀,使先导回路的压力保持在 10 kg/cm²。如图 8-2-22（b）所示。

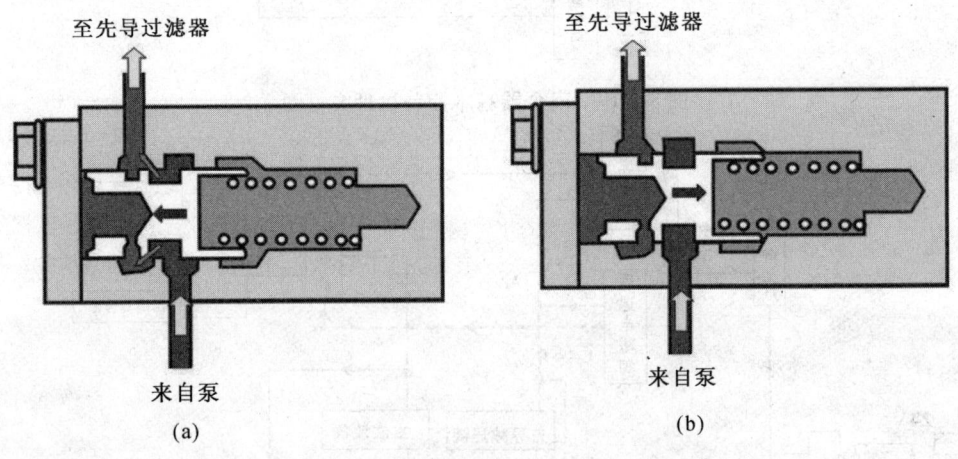

图 8-2-22　先导减压阀工作原理

2. 主溢流阀

主溢流阀调节流至离合器回路的压力,并分配离合器回路和液力变矩器之间油流量,其结构如图 8-2-23 所示。

主溢流阀工作原理如图 8-2-24 所示。

离合器回路压力小于设定值 23 kg/cm²、$p_a < p_1$ 时,至液力变矩器回路的端口被关闭。如图 8-2-24（a）所示。

离合器回路压力大于设定值 23 kg/cm²、$p_a > p_1$ 时,主溢流阀芯被推向右侧,至液力变矩器回路的端口被打开,一部分油流向液力变矩器,使离合器回路压力保持在规定值。如图 8-2-24（b）所示。

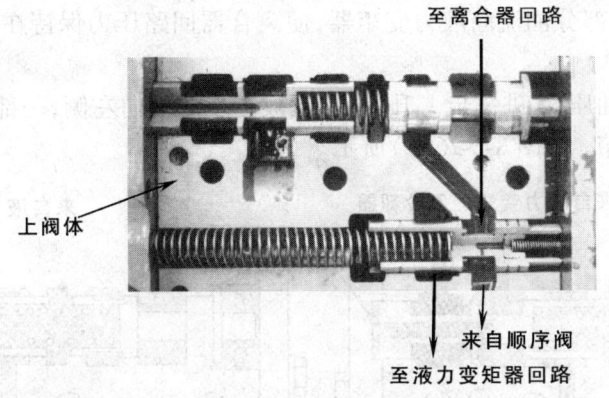

图 8-2-23 主溢流阀

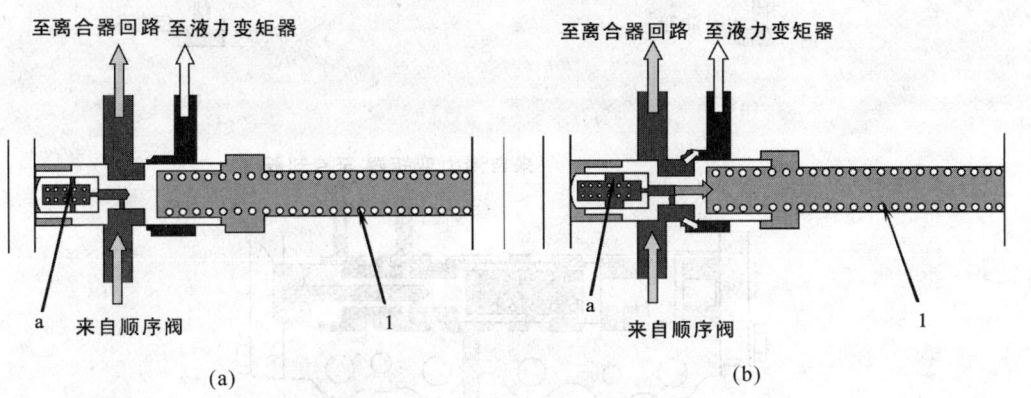

(a)   (b)

图 8-2-24 离合器工作原理

3. 液力变矩器出口阀

液力变矩器出口阀安装在液力变矩器的出口管路中,并用来调节液力变矩器的最高压力。如果液力变矩器出口压力调节得太低或弹簧失效,那么会造成机器行走无力并使油温过高等不良现象,其结构如图 8-2-25 所示。

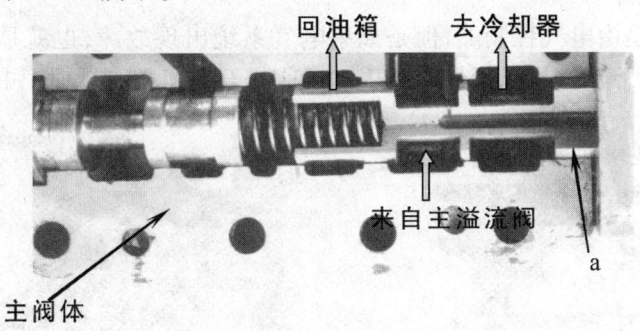

图 8-2-25 液力变矩器出口阀

液力变矩器出口阀工作原理如图 8-2-26 所示。

液力变矩器油压通过阀芯内部传到右侧压力接受腔 a,p_a 小于弹簧力,来自液力变矩器的油不能进入冷却器和油箱。如图 8-2-26(a) 所示。

离合器回路压力大于设定值 23 kg/cm²、$p_a > p_1$ 时,主溢流阀芯被推向右侧,至液力变矩器回路的端口被打开,一部分油流向液力变矩器,使离合器回路压力保持在规定值。如图8-2-26(b)所示。

如果液力变矩器油压 p_a 进一步上升,阀芯就被更多的推向左侧,一部分油流向油冷却器,一部分油直接流向油箱。如图8-2-26(c)所示。

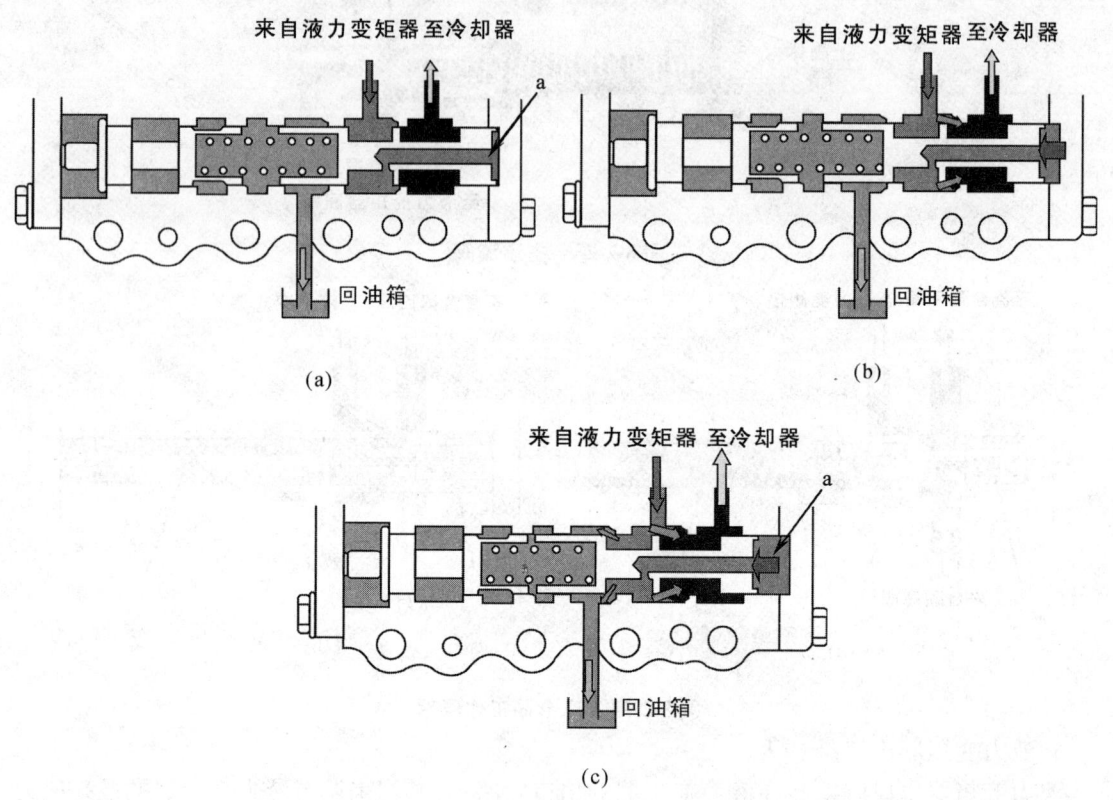

(a)

(b)

(c)

图8-2-26 液力变矩器工作原理

4. 应急手动滑阀

变速箱主控阀是由电气控制的,但是如果电气系统出现故障,也就是前进、后退电磁阀工作失灵使机器不能行走时,可以操作应急手动滑阀来开动机器,其结构如图8-2-27所示。

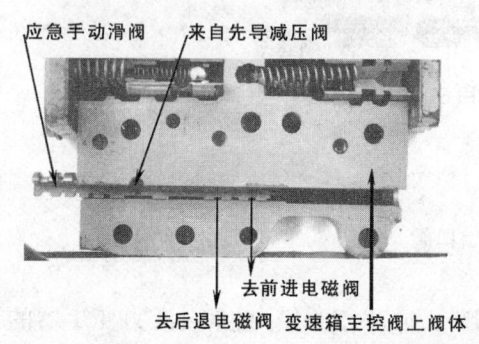

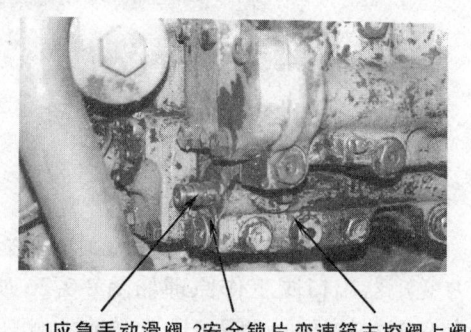

图8-2-27 应急手动滑阀

从变速箱阀的紧急手动阀 1 卸下锁片 2。通过松开安装螺栓可以很简单地把锁板卸下来。按照机器的运动方向（前或后），把紧急阀柱 1 扳到工作位置，直到安全锁板能进入凹槽。

前进、后退电磁阀不工作时：

应急手动滑阀 1 向里推进一节时，如图 8-2-28，来自先导减压阀的油通过应急手动滑阀 1 只流入方向滑阀 2 的端口 b，保持 10 kg/cm² 压力，而端口 p_a 的油通过应急手动滑阀 1 流入油箱，压力 p_a = 油箱压力。

$p_a < p_b$，方向滑阀右移。

来自调制阀的主油压进入后退离合器。

如果应急手动滑阀 1 向外拔出一节，则机器为前进挡。

这个阀柱操作的设计只是为了用于如果由于变速箱控制出故障使机器不能运动，需要把机器从一个危险的工作区移到一个可以进行修理的安全的地方。除非发生了故障，否则一定不要操作这个阀柱。当进行这个操作时，严格地遵守操作次序，当移动机器时要注意安全。为了防止机器移动，要把铲斗下降到地上，使用停车制动器并且把楔块放在轮胎下。在操作阀柱前，总要关闭发动机。

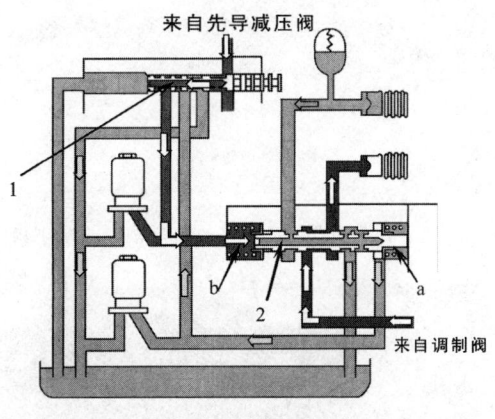

图 8-2-28　实现后退方向
1—应急手动滑阀；2—方向选择滑阀

5. 调制阀、快速复位阀

调制阀由加注阀和蓄能阀组成。它控制着流到离合器的油的压力和流量，将离合器压力达到设定值的时间延长，如图 8-2-29 所示。它可以减少变速时的振动，以防止传动系中发生峰值扭矩，因此可以减少操作员的疲劳，使操作舒适，并可增加传动系的耐用性。快速复位阀在换挡时，将调制阀蓄能阀背部的油压迅速下降和使离合器的压力平衡上升。图 8-2-30 和图 8-2-31 分别为调制阀和快速复位阀的结构图。

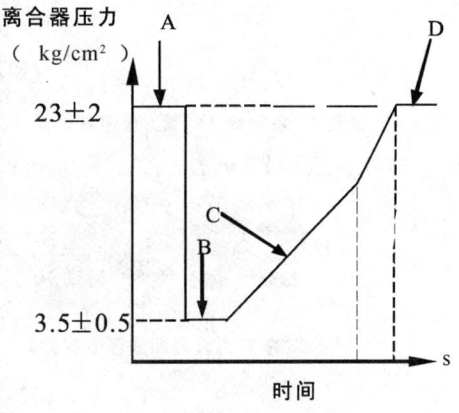

图 8-2-29　离合器压力

前进离合器处于完全啮合状态（点 A），来自顺序阀的油被关闭，前进离合器停止加注，并且 a 口关闭，如图 8-2-32 所示。$p_d = p_b = p_h = p_g = p_e = p_c = 23 \text{ kg/cm}^2$。

图 8-2-33 中表示当从前进挡换到倒退时（点 B），当方向操纵杆从前进转换到后退时，离合器回路的压力 p_h 下降，$p_g > p_h$→单向阀打开→ p_g 迅速下降→$p_e > p_g$→排放口 a 打开→ p_c 迅速下降→蓄能阀右移，p_b 下降→弹簧力大于 p_b→加注阀左移→来自顺序阀的油路与离合器回路相通。

当来自顺序阀的油加至离合器活塞时，离合器回路中的压力开始升高（点 C 到点 D）。

（1）p_g 升高，p_h 升高，p_e 与油箱相通→ $p_g > p_e$→快速回流阀 3 右移→排放口 a 关闭。

（2）p_d 升高，p_b 升高 →p_b 大于弹簧力 →加注阀 11 右移→ p_d 与来自顺序阀油路切断，停止给离合器加注。随着时间的推移 $p_d = p_h = p_e = p_c$→ $p_c + p_{13} > p_b$→蓄能阀 4 左移→加注阀

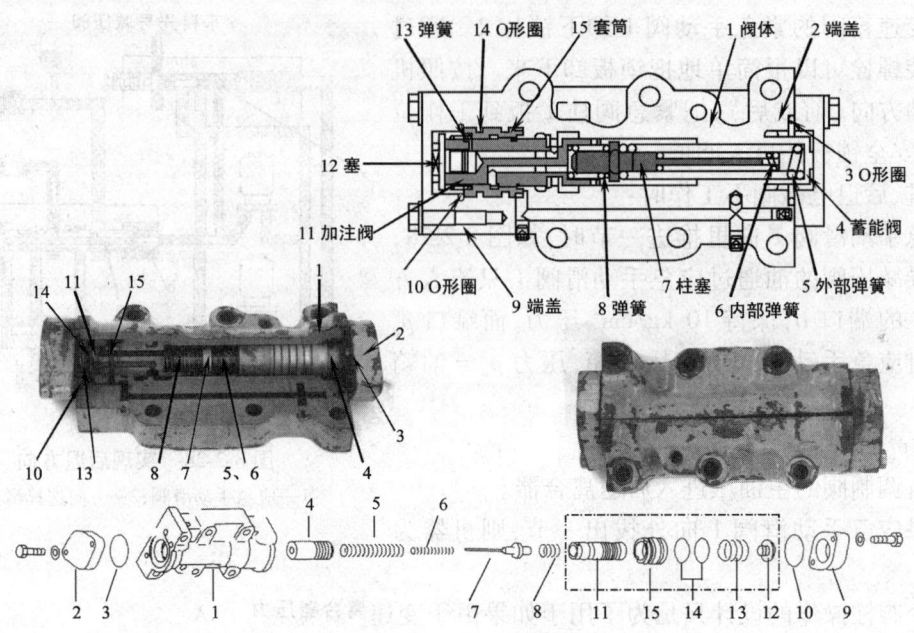

13 弹簧　14 O形圈　15 套筒　1 阀体　2 端盖

12 塞

11 加注阀

3 O形圈

蓄能阀

4 蓄能阀

5 外部弹簧

6 内部弹簧

7 柱塞

8 弹簧

9 端盖

10 O形圈

14　11　15　1

10　13　8　7　5、6　4　3　2

2　3　1　4　5　6　7　8　11　15　14　13　12　10　9

图 8-2-30　调制阀结构

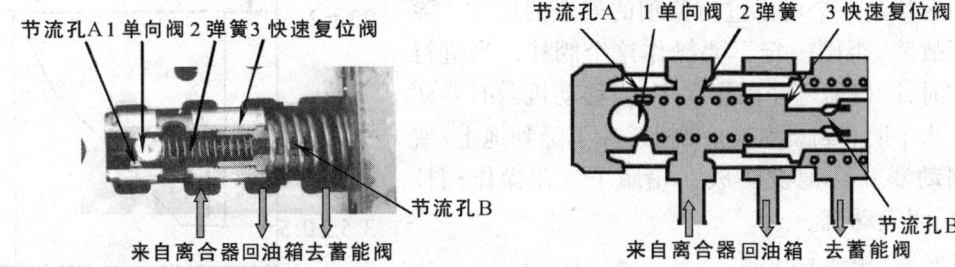

节流孔A 1 单向阀 2 弹簧 3 快速复位阀

节流孔 B

来自离合器 回油箱 去蓄能阀

节流孔A　1 单向阀　2 弹簧　3 快速复位阀

节流孔 B

来自离合器　回油箱　去蓄能阀

图 8-2-31　快速复位阀结构

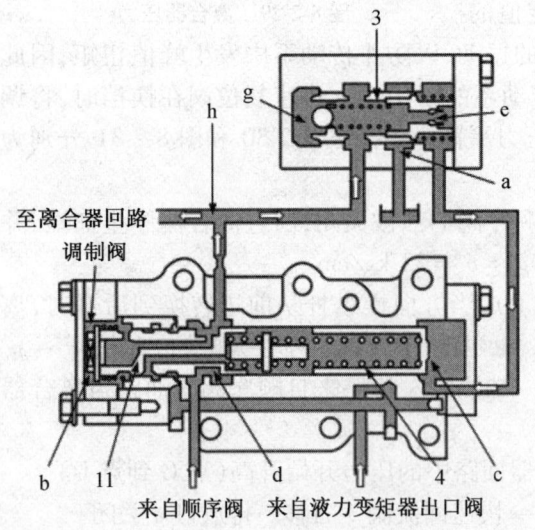

至离合器回路
调制阀

h　g　3　e　a

b　11　d　4　c

来自顺序阀　来自液力变矩器出口阀

图 8-2-32　离合器状态 A

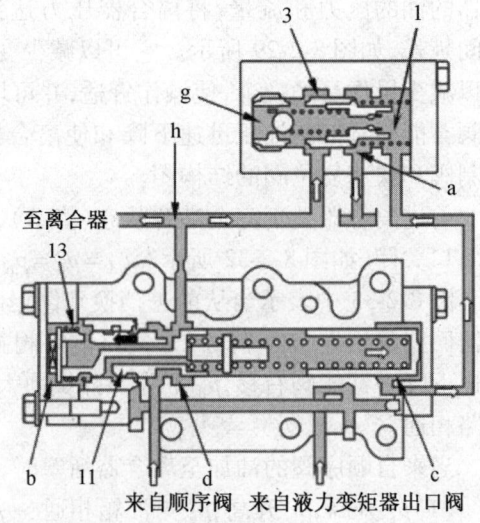

至离合器

g　3　1　a

13

h

b　11　d　c

来自顺序阀　来自液力变矩器出口阀

图 8-2-33　离合器状态 B

11 左移→ p_d 与来自顺序阀油路接通→重新加注→重复以上步骤,直至离合器压力达到规定值,恢复到图 8-2-34 所示状态。

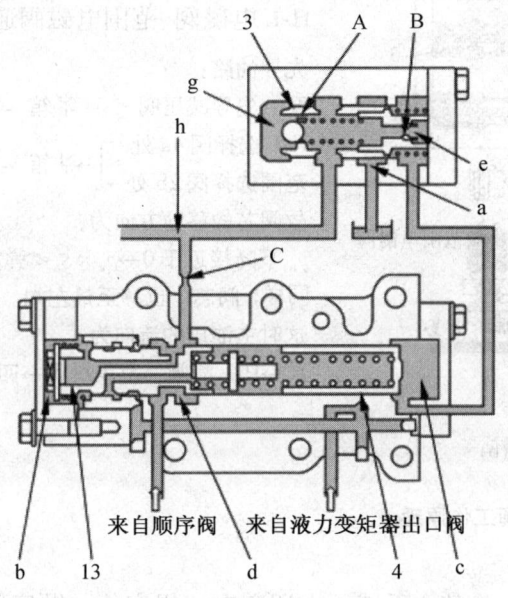

图 8-2-34　离合器压力点 C 到点 D

6. 变速箱电磁阀

当进行换挡时,操纵杆将电气信号发送到安装在变速箱主控阀上的四个电磁阀,根据打开和关闭电磁阀的不同组合,选择先导油是否回油箱来移动前进、后退 H-L 或范围滑阀的不同位置,从而决定主油压流向,其结构如图 8-2-35 所示。

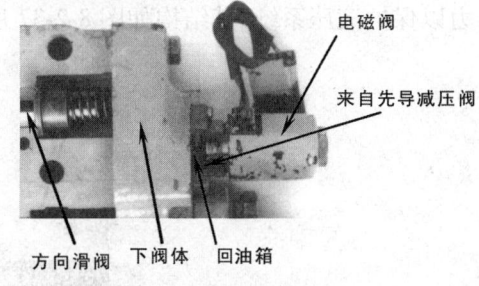

图 8-2-35　变速箱电磁阀结构

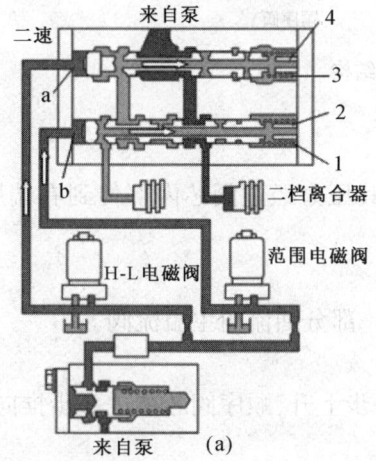

变速箱电磁阀工作原理如图 8-2-36(a) 所示。

H-L 电磁阀、范围电磁阀不通电先导油路:

来自泵→先导减压阀→ H-L 选择阀 4

　　　　　　　　　　→范围选择阀 2

由于 H-L 范围电磁阀不通电,先导油不能回油箱,故: p_a 升高→ $p_a \times S_a$ 大于弹簧力→阀芯 4 移至最右端,同样阀芯 2 移至最右端。

这时主油压的流向为:

泵→ H-L 滑阀→范围滑阀→二挡离合器。

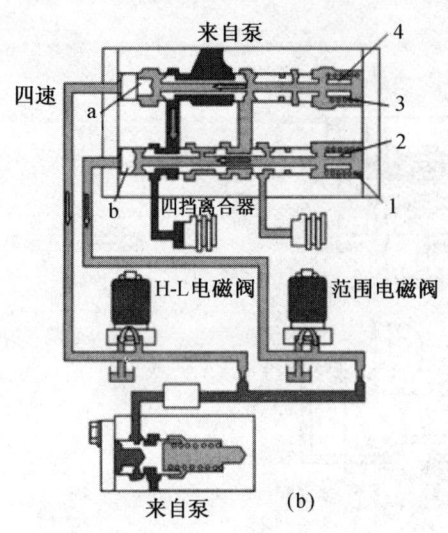

变速箱电磁阀工作原理如图8-2-36(b)所示。

H-L电磁阀、范围电磁阀通电先导油路：

先导油路：

泵→先导减压阀 ──→油箱

H-L选择阀4a处 ──→油箱 ⎫ p_a和$p_b=0$

范围选择阀2b处 ──→油箱 ⎭

故阀芯的移动方向为：

p_a下降接近于0→$p_a×S_a≤$弹簧力→阀芯4移至最左端，同样，阀芯2也移至最左端。

这时主油压的流向为：

泵→H-L滑阀→范围滑阀→四挡离合器。

图8-2-36 变速箱电磁阀工作原理

7. 顺序阀

顺序阀调节泵的压力，将整个系统压力调定在一规定值。顺序阀保证优先提供满足先导压力和停车制动器释放的油压。如果系统中出现异常高压，顺序阀能起安全阀的作用，释放压力以保护液压系统，其结构如图8-2-37所示。

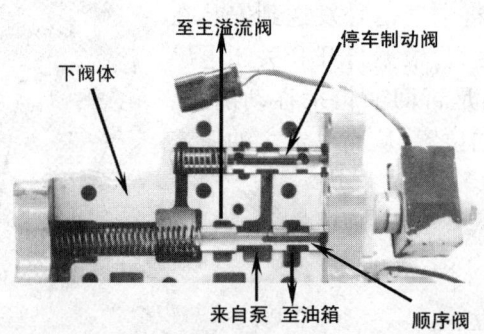

图8-2-37 变速箱电磁阀结构

顺序阀工作原理：

（1）压力低于设定值时（如图8-2-38(a)所示）

来自泵的油分流到先导阀、停车制动器阀、顺序阀，其压力经过阀芯内部传到右端压力接收腔。

（2）压力达到设定时（如图8-2-38(b)所示）

当油压升高至设定值时至主溢流阀的回路被打开，一部分油流向主溢流阀。

（3）进一步上升时（如图8-2-38(c)所示）

当发动机转速不断上升，油量不断上升，油压也进一步上升，顺序阀芯被进一步推向左侧，打开排放回路，保护液压回路。

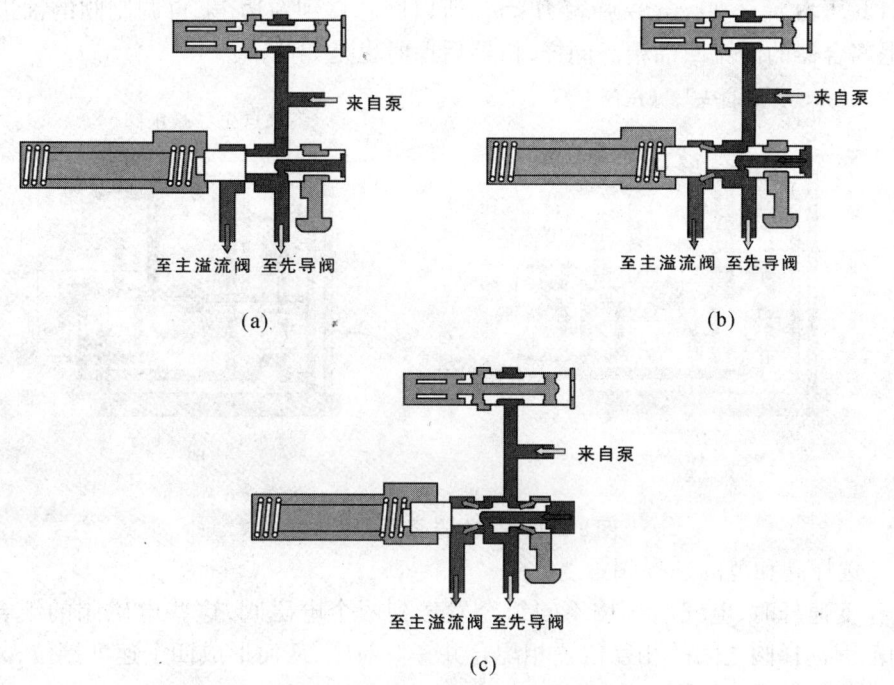

图 8-2-38　顺序阀工作原理

8.方向选择滑阀

方向选择滑阀主要通过前进、后退电磁阀控制经过应急手动滑阀到方向滑阀两端的先导油压,再由先导油压来控制至前进、后退离合器的主油压,其结构如图 8-2-39 所示。

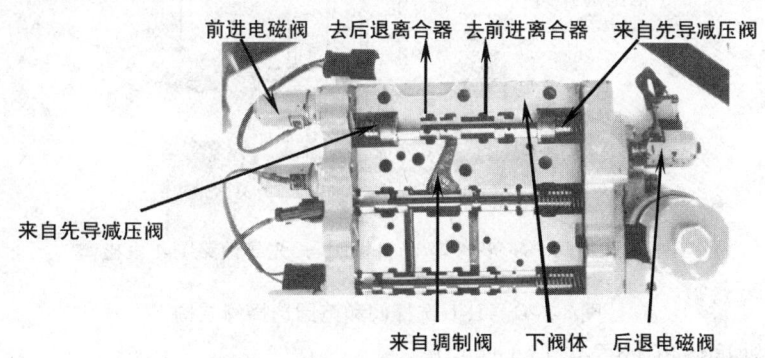

图 8-2-39　方向选择滑阀结构

方向选择滑阀工作原理如图 8-2-40 所示。

(1)当机器处于空挡时(如图 8-2-40(a)所示)

电磁阀 2 和 3 均不通电,回油箱油路关闭。油从先导回路通过应急手动滑阀 1 的油孔注入方向滑阀的端口 a 和 b。

p_a + 弹簧力 $=p_b$ + 弹簧力,所以保持中立。

因此,来自调制阀的油不能流至前进或后退离合器,离合器的油流回油箱。

(2)当处于"前进"状态时(如图 8-2-40(b)所示)

当方向操纵杆处于"前进"位置时,前进电磁阀 2 便通电,排放口打开。端口 a 的油流回油箱,端口 b 压力 p_b 不变。p_a + 弹簧力 < p_b,所以阀芯移到左边,来自调制阀的油进入前进离合器,后退离合器的油流回油箱。同样,机器后退时也是如此。

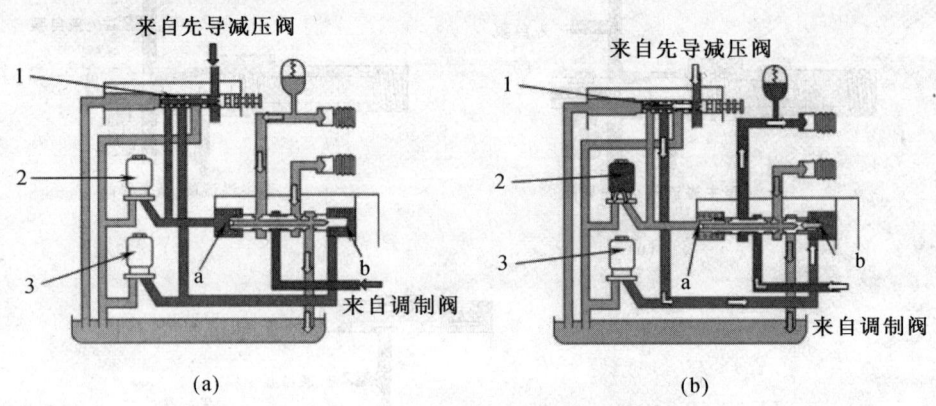

(a)　　　　　　　　　　　　　　(b)

图 8-2-40　方向选择滑阀工作原理

9. H-L 选择阀和范围选择阀

当操作变速杆时,电气信号按不同组合发送到两个电磁阀,这些电磁阀的组合是同 H-L 选择阀和范围选择阀之间的相互位置相配合并——对应,从而形成四个速度挡位,其结构如图 8-2-41 所示。工作原理如图 8-2-42 所示。

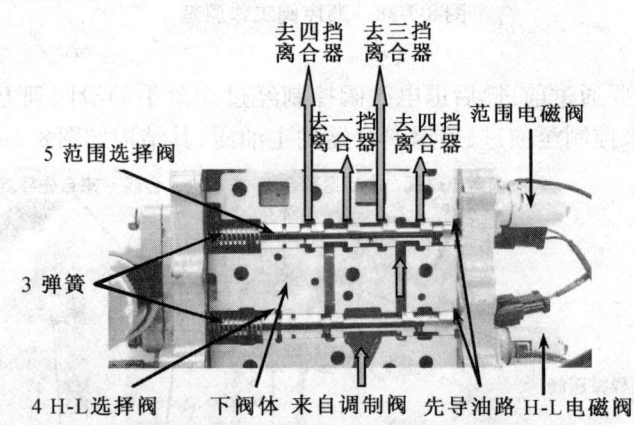

图 8-2-41　H-L 选择阀和范围选择阀结构

(1)第四挡速度(如图 8-2-42(a)所示)

当电磁阀 1 和 2 为 ON 时,排放油口是打开的,来自先导油路的油流过电磁阀 1 和 2,而被排出油箱,所以 H-L 选择阀 4 和范围选择阀 5 被弹簧 3 的力推到右边,来自 H-L 选择阀 5 油口 c 的离合器油路内的油通过范围选择阀 5 油口 d 供应第四挡离合器,也就是第四挡速度。

(2)第一挡和第三挡速度(如图 8-2-42(b)所示)

在第一挡速度时,电磁阀 1 为 OFF,电磁阀 2 为 ON,来自 H-L 选择阀 4 油口 a 的离合器油路内的油通过范围选择阀 5 的油口 e 供应到第一挡离合器,也就是第一挡速度。

在第三挡速度时,电磁阀 1 为 ON,电磁阀 2 为 OFF,来自 H-L 选择阀 4 油口 c 的离合器油路内的油通过范围选择阀 5 的油口 f 供应到第三挡离合器,也就是第三挡速度。

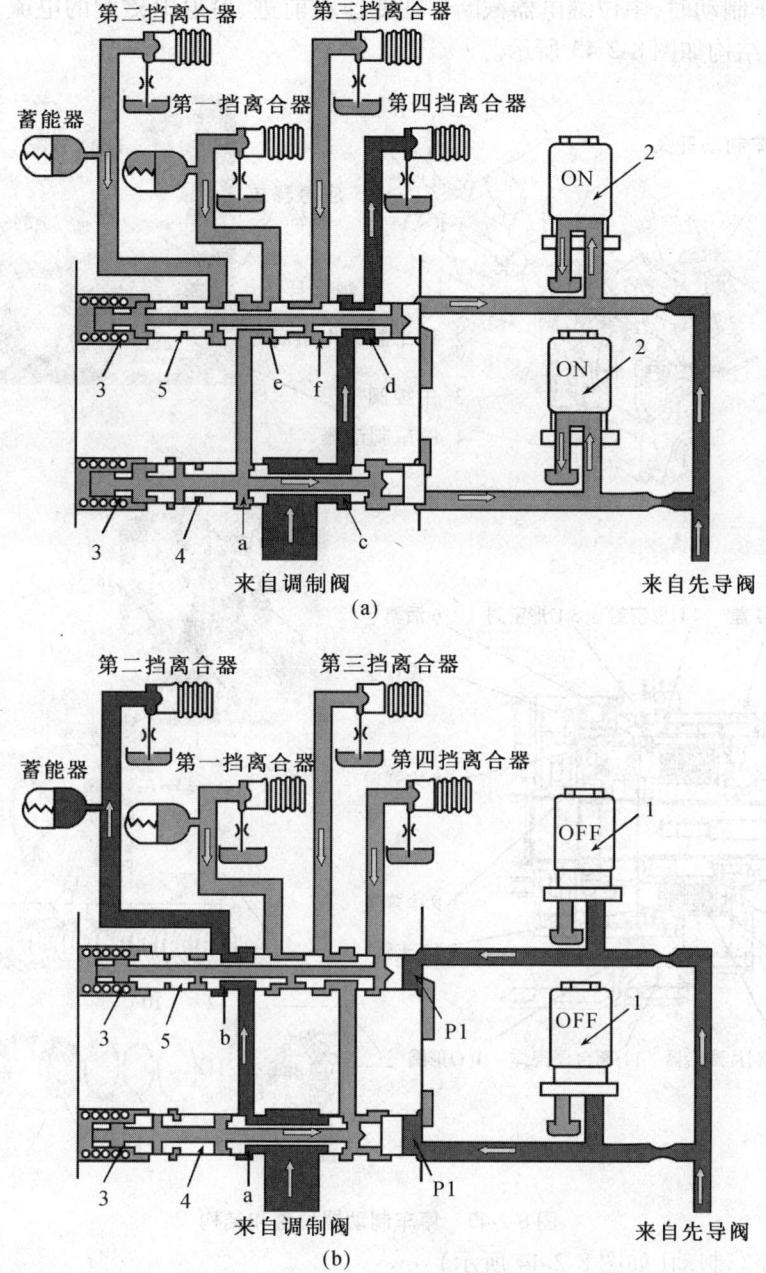

图 8-2-42　H-L 选择阀和范围选择阀工作原理

10. 停车制动器

停车制动器是装在变速箱内的一种湿式多盘制动器。它安装在变速箱输出轴上,并使用弹簧的弹力机械地对变速箱输出轴 5 施加制动,并利用液压动力释放制动器。

当接通安装在操作员驾驶室内的停车制动器开关 1 时,安装在变速箱挡位阀 3 上的停车制动器电磁阀 2 便截断油压,弹簧力便施加停车制动。当停车制动器开关断开时,液压缸中的油压便压缩弹簧,使停车制动器释放。

当施加停车制动时,中位继电器截断通往变速箱前进、后退电磁阀的电流,使变速箱保持在中立位置,其结构如图8-2-43所示。

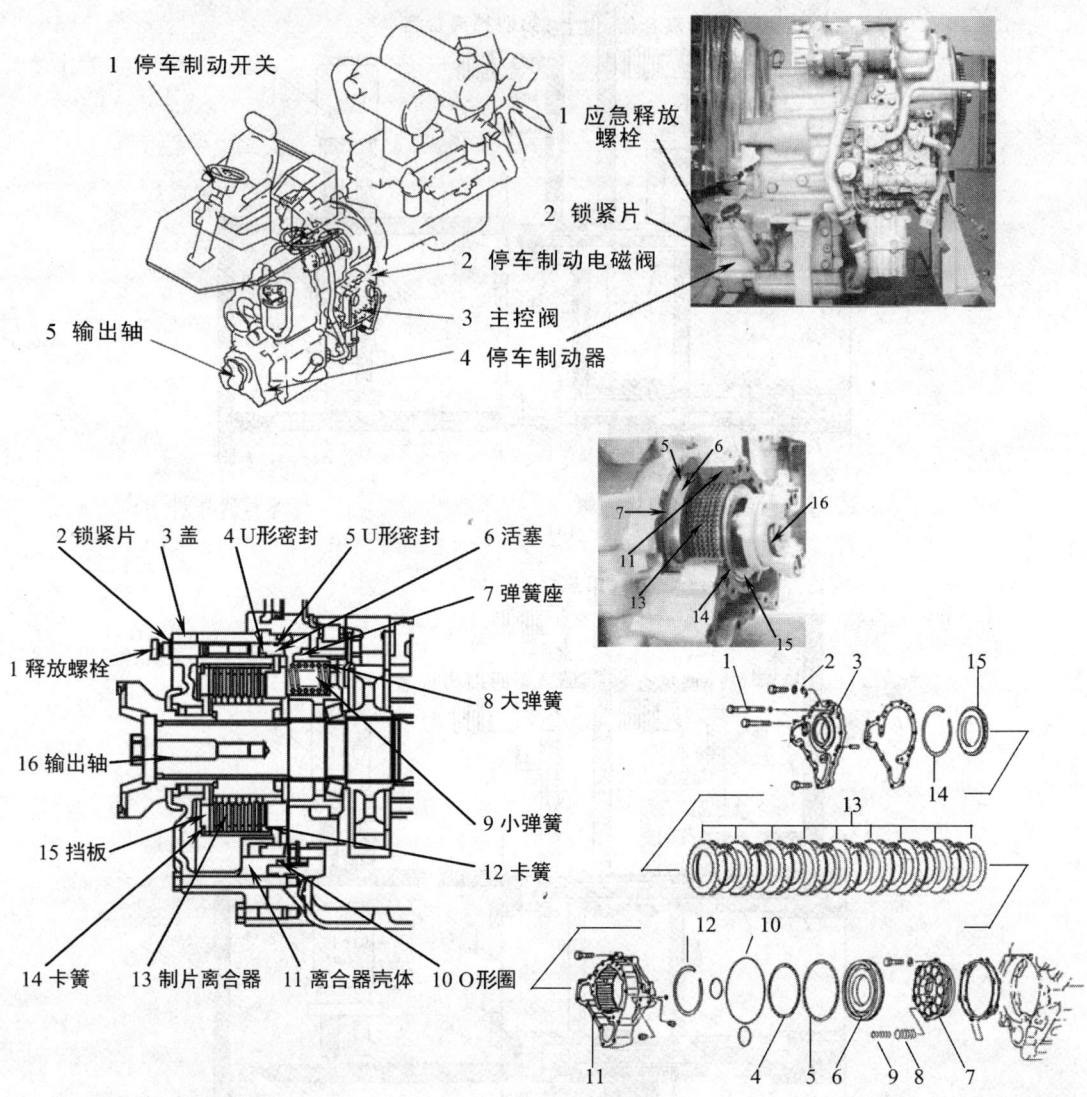

图8-2-43　停车制动器位置和结构

(1)施加停车制动(如图8-2-44所示)

①当停车制动器开关打到ON或发动机处于熄火状态下时,电磁阀1便断开,并打开排放回路c。于是,来自泵的先导回路中的油a便流至排放回路c。

②主回路中的油b被滑阀2截断,制动缸中的油便流至排放回路。因此,由停车制动缸中的弹簧4的力施加停车制动,变速箱输出轴5被牢牢地制动住。

(2)释放停车制动(如图8-2-45所示)

①当停车制动器开关打到OFF时,电磁阀1便接通,并关闭排放回路c。

②当端口a处的油压升高时,便推压弹簧3使滑阀以箭头方向向右移动。这样就断了制动缸的排放回路,使来自主回路的油从端口b流至端口e,到达制动缸,并释放停车制动。

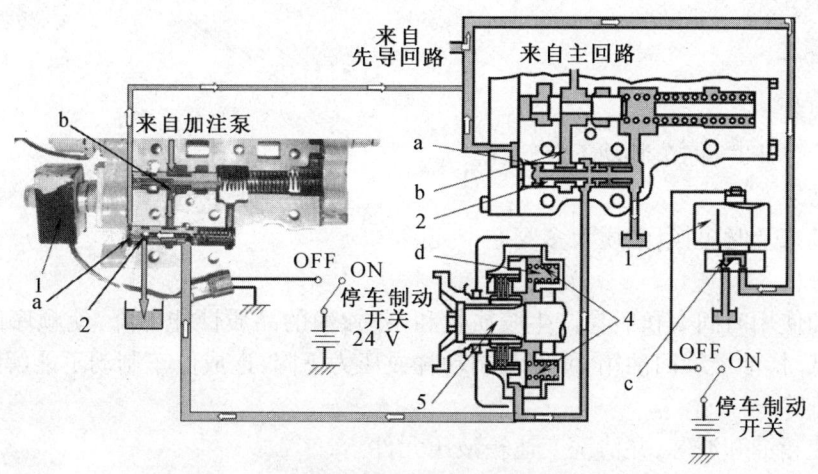

图 8-2-44　施加停车制动

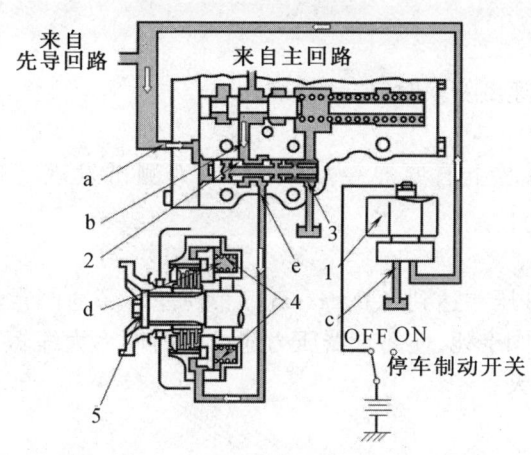

图 8-2-45　释放停车制动

四、变速箱故障排除

(一)故障一

1.故障现象

机器行走无力。

2.检查结果

离合器压力只有 15 kg/cm^2,其他压力正常,变速箱油中有离合器摩擦粉末,并有异味。

3.故障分析

主溢流阀被卡死,由于离合器压力太低(低于 23 kg/cm^2),使离合器的接合摩擦力不够,行走时,摩擦片打滑,磨损加剧,离合器内部产生高温,使变速箱油变脏和产生异味。

4.故障排除

更换变速箱油和滤芯,并清洗阀芯,进行离合器大修。

(二)故障二

1. 故障现象

发动机低怠速时,停车制动不能解除。

2. 检查结果

变速箱油未及时更换,杂质太多阀芯卡死。

3. 故障分析

变速箱油使用时间太长后易产生胶质物和杂质,油的品质性能下降,使顺序阀卡死,在发动机转速较低时,油继续回油箱,使停车制动释放压力下降,造成停车制动不能解除。

4. 故障排除

更换变速箱油和滤芯,并清洗变速箱液压元件。

(三)故障三

1. 故障现象

机器在前、后换挡或速度变换时,振动特别大。

2. 检查结果

变速箱油特别脏;滤芯上有厚厚一层油泥;压力测试发现变速箱滤芯内外压差达到 $3.6\ kg/cm^2$。

3. 故障分析

经压力测试滤芯内外压差达到 $3.6\ kg/cm^2$ 后,使滤芯旁通阀常开,未经过滤的油进入主控阀,将调制阀中的蓄能阀卡死,使离合器压力建立的时间大大缩短,使离合器压力瞬间上升到规定压力值,换挡冲击大。

4. 故障排除

更换变速箱油和滤芯并清洗阀芯。为了降低液压系统的故障,及时更换变速箱油和滤芯是非常重要的。

(四)故障四

1. 故障现象

机器行走无力并油温过高。

2. 检查结果

变速箱油太脏;油中有金属颗粒。变矩器出口压力在低怠速时为 $0\ kg/cm^2$。

3. 故障分析

油中的油泥与固体颗粒将阀芯卡死,造成变矩器内部压力太低而打滑,使机器行走无力,并引起变矩器油温上升。

4. 故障排除

更换变速箱油和滤芯,并且彻底清洗粗滤和变速箱主控阀。及时更换变速箱滤芯和油是延长机器寿命的一个重要保证。

项目九
装载机液压系统故障

项目描述：

　　本项目是以小松装载机液压系统故障诊断为载体,学习转向回路、制动回路、工作装置的结构与工作原理,掌握装载机液压系统控制原理,能够对液压泵和液压控制阀进行正确拆解与装配,并能够对液压系统常见故障现象进行诊断与排除。

知识目标：

(1)转向、制动、工作装置液压控制原理;

(2)装载机液压系统的组成及工作原理;

(3)液压系统常见故障诊断与维修方法。

能力目标：

(1)具备转向、制动、工作装置液压系统分析能力;

(2)具备装载机液压系统分析能力;

(3)掌握液压系统常见故障诊断与维修能力。

素质目标：

(1)具有良好的心理素质和较强的沟通能力;

(2)具有团队意识及友好协作精神;

(3)具有诚实守信、勤奋进取的敬业精神。

任务9.1　转向系统故障诊断与排除

🕹 任务描述:

在装载机上介绍转向系统的工作原理,在此基础上详细介绍转向系统各主要元件的结构和工作原理,并对转向系统常见故障进行分析。

一、转向液压系统工作原理

制动泵产生的压力油经过蓄能器加注阀后,以 30 kg/cm² 的压力提供给转向器3。当转动转向盘4时,与它相连的转向器3将产生先导油压作用到转向阀2上,使转向阀芯动作。转向阀芯动作后,来自转向泵的油通过转向阀流向转向油缸1,使机器转向。返回的油流经过冷却器8的冷却后返回液压油箱6,如图9-1-1所示。

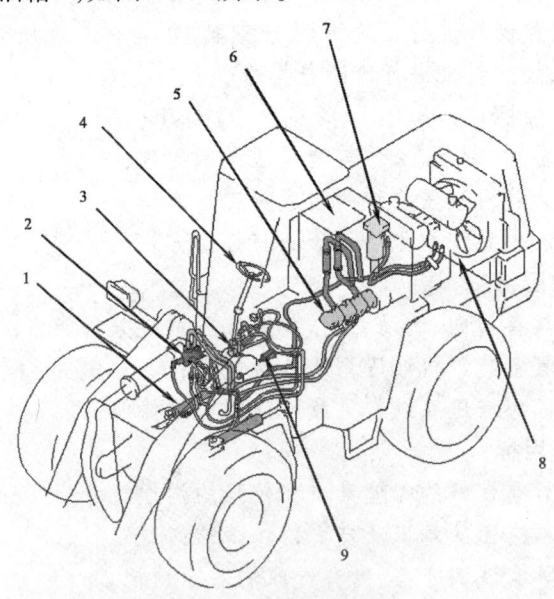

图 9-1-1　转向管路系统图

1—转向油缸;2—转向阀;3—转向器;4—转向盘;5—液压泵;6—液压油箱;7—过滤器;8—冷却器;9—截止阀

图 9-1-2 所示为转向系统各部件的连接和功能。

(1)转向泵:提供转向油流。

(2)开关泵:当转向泵流量不足时,补充转向流量。

(3)加注阀:向转向器提供 30 kg/cm² 的先导油压。

(4)转向器:形成先导控制油压。

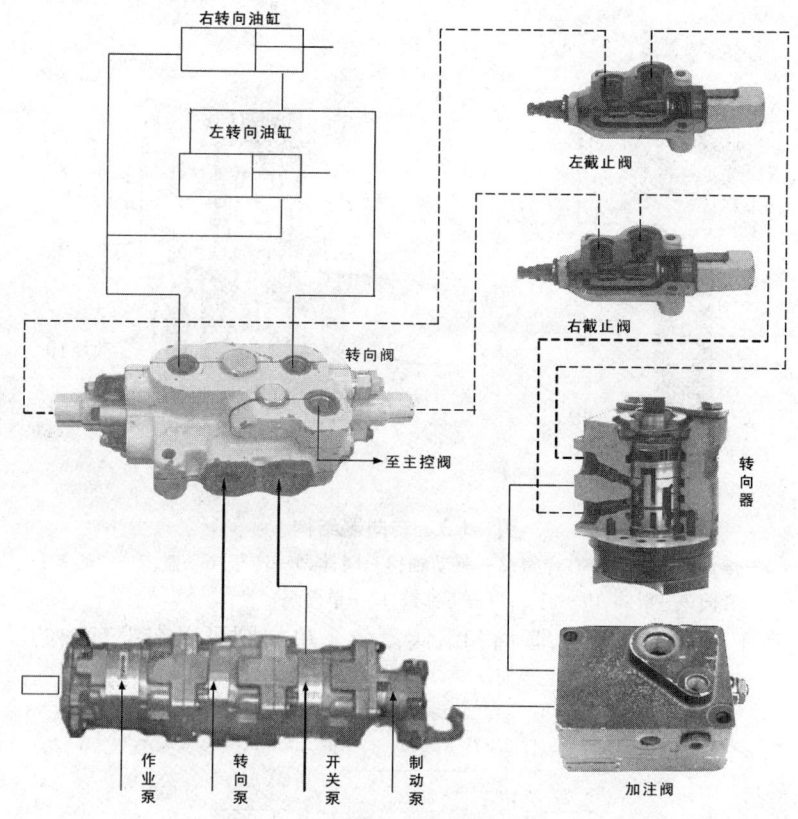

图 9-1-2 转向系统各部连接图

（5）截止阀：当前、后车架将要相碰时，切断先导控制油路。

（6）转向阀：在先导控制下把转向泵的油泵分配给转向油缸。

二、转向系统各液压元件

（一）转向器

转向器安装在驾驶室底板下，直接由方向盘驱动。当方向盘转动时，转向器就形成先导油流传到转向阀上，从而使转向阀芯移动，以控制车辆的转弯。转向器位于驾驶室下方，其结构见图 9-1-3。

滑阀 9 直接连到方向盘的轴上，并且利用中心销 7 连接到套筒 8（当转向轮处于中间位置时，中心销不与滑阀接触），以及中心弹簧 2 上。驱动轴 3 的顶部与中心销 7 配合，并与套筒 8 形成一个整体，而驱动轴的底部与转子 5 的齿槽配合。阀体 4 有四个端口，它们连接到泵的回路、油箱回路，以及转向液压缸的顶端与低端处的回路。泵端口与油箱端口利用阀体内部的单向阀连接。如果泵或发动机失灵，可以利用这种单向阀直接从油箱吸入油。

图 9-1-4 为转向器工作原理图，由制动泵提供的油经过蓄能器加注阀后，以 30 kg/cm^2 的压力供给转向器。转动方向盘时，滑阀和套筒错开一个小角度，然后一起随方向盘旋转。滑阀和套筒的错角使油流入计量泵。方向盘转动时，通过驱动轴直接驱动计量泵旋转，计量泵的输出量和方向盘的转角成正比。计量泵的输出通过截止阀后使转向滑阀移动，实现转向。方向

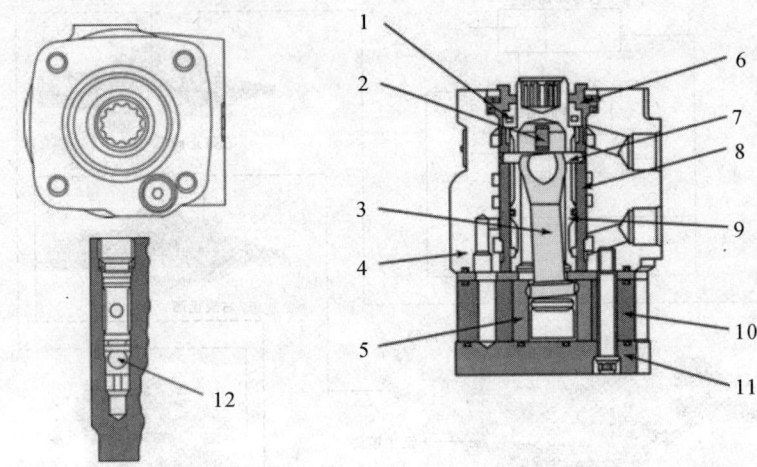

图 9-1-3　转向器结构

1—滚针轴承；2—中心弹簧；3—驱动轴；4—阀体；5—转子；6—盖；7—中心销；
8—套筒；9—滑阀；10—定子；11—下部盖；12—单向阀

盘停止转动时，在中心弹簧作用下，套筒和滑阀复位。单向阀可以在没有油的输入时，直接从油箱吸油。

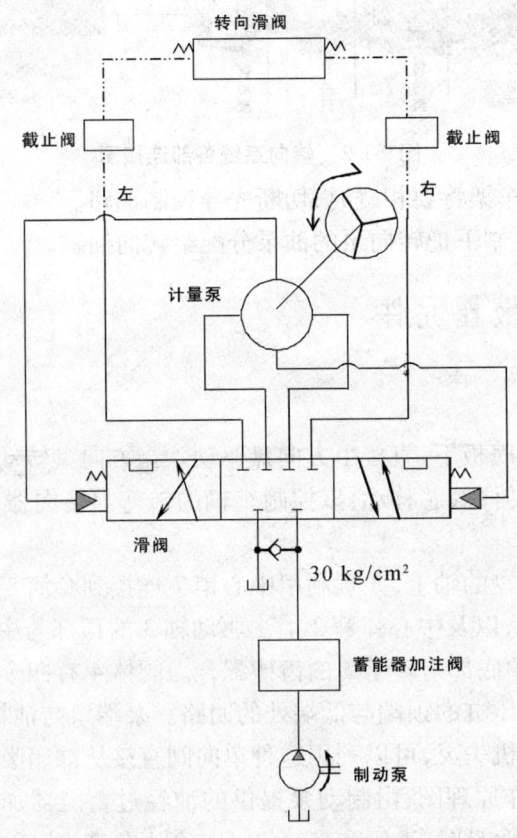

图 9-1-4　转向器工作原理图

（二）转向阀总成

转向阀在转向器来的先导油控制下,使转向泵的油流入转向油缸,实现转向。当转向泵的流量不够用时,使开关泵油流加入转向系统,优先保证转向灵活。设定转向系统最高压力,防止转向系统因过压而损坏。转向阀总成安装在前车架的右侧板上。

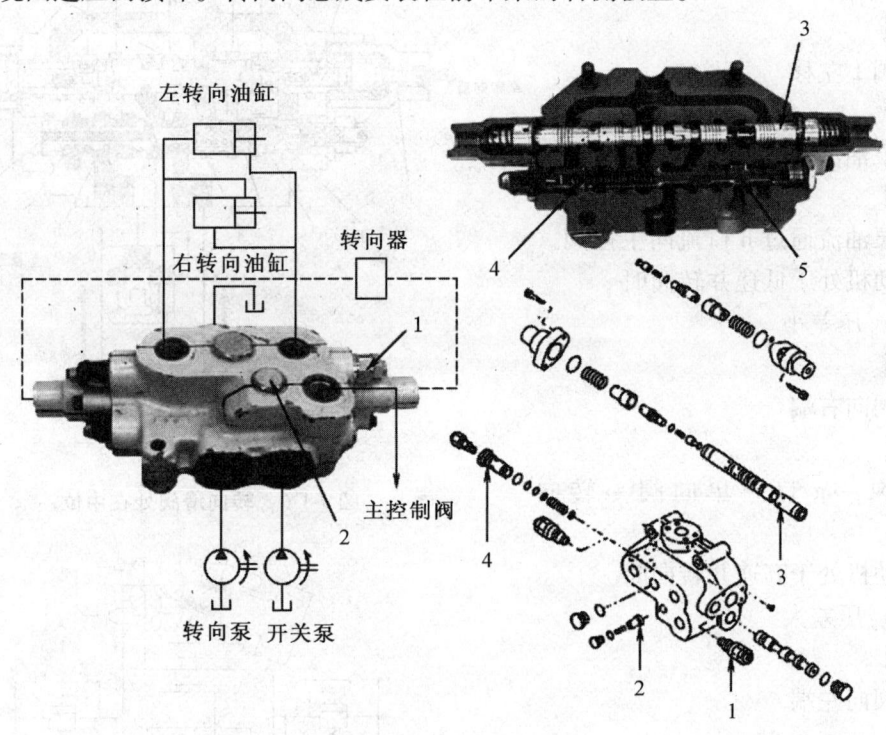

图 9-1-5　转向阀结构

1—安全阀(带吸油阀);2—单向阀;3—转向滑阀;4—溢流;5—按需滑阀

（三）按需滑阀

按需滑阀的主要作用是决定开关泵的油的流向。

当不转向时:

转向泵→ 油冷却器。

开关泵→主控阀。

当发动机低速并转向时:

转向泵 + 开关泵→转向阀。

当发动机高速并转向时:

转向泵→转向阀。

开关泵→主控阀。

总之,要确保转向灵活。

1.转向滑阀处在中位时

起动时:

(1)转向泵→A。

（2）开关泵→B→g→单向阀→A。

转向阀中位时：

（1）$p_{II} = 0$ kg/cm²。

（2）p_I 压力上升。

$p_I - p_{II}$ 大于弹簧 5 的力时

↓

按需阀 1 左移

↓

转向泵油流通过 f 口排放

↓

开关泵油流通过 h 口流向主控阀。

2. 发动机处于低速并转向时

$p_I - p_{II}$ 压差小

↓

按需阀向右端

↓

开关泵→g 口→单向阀→转向回路。

3. 发动机处于高速并转向时

$p_I - p_{II}$ 压差大

↓

按需阀向左端

↓

开关泵→h 口→主控制阀。

4. 转向阀操作时，按需阀的工作原理

（1）操作转向阀 2 时，压力接受腔 II 和排放回路关闭，同时槽口 c 打开。

（2）泵的油流→槽口 c→ 槽口 d→单向阀 4→ 油缸。

（3）按需阀的位置由弹簧 5、压力接收室 I 和 II 中的压力 p_I、p_{II} 来决定。

$$F_{向左} = p_I \cdot S \quad (S 为按需阀截面积)$$

$$F_{向右} = F_{弹簧} + p_{II} \cdot S$$

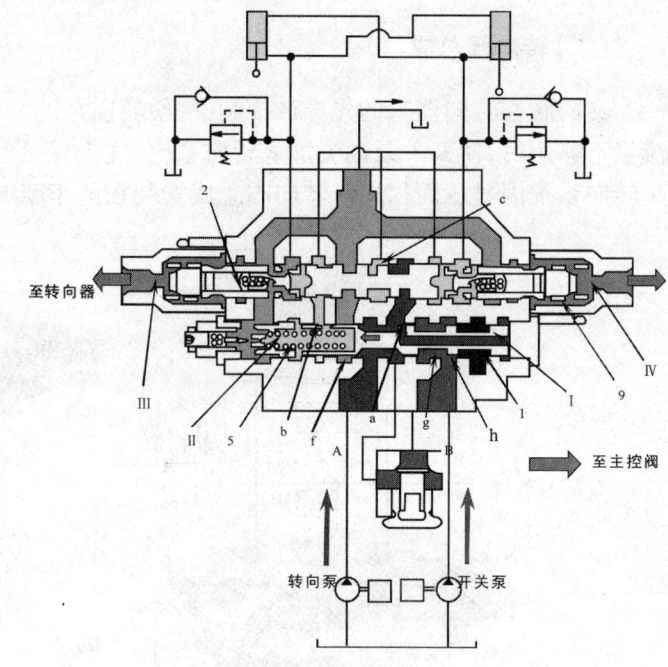

图 9-1-6　转向滑阀处在中位

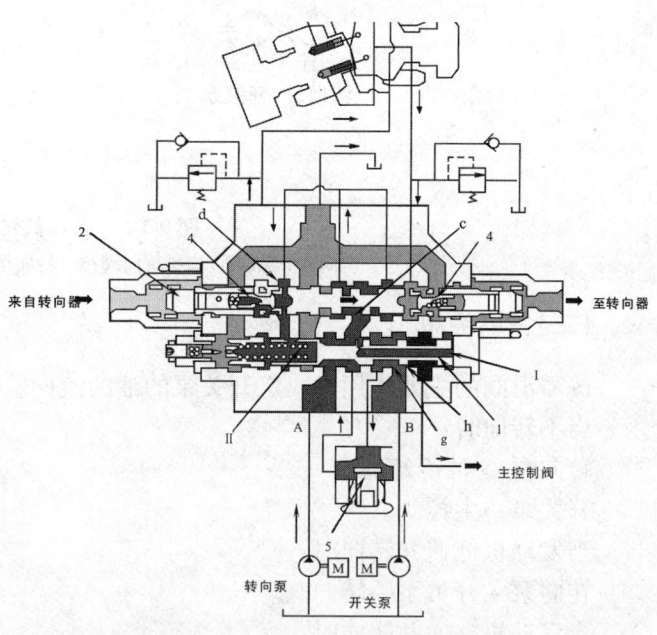

图 9-1-7　发动机处于高速并转向

$$p_I - p_{II} = \left[\frac{Q}{K \cdot S_c}\right]^2$$

Q 为泵的流量，S_c 为转向滑阀槽口 c 的开口面积，K 为常数 。

①当发动机低速，并快速转向时：Q 小，S_c 大，因此 $p_I - p_{II}$ 小，按需阀靠右。开关泵的油流经过槽口 g、单向阀 3 后与转向泵合流。

②当发动机高速时：Q 大，p_1-p_{II} 也大，按需阀靠左。

转向泵的油流供转向，开关泵的油流经槽口 h 流向多路阀。

③当发动机低速、慢速转向时，或发动机中速、快速转向时，则开关泵一部分油流向转向系统，一部分油流向主控制阀。

总之，按需阀的作用就是要优先保证转向灵活。

（四）转向阀

小松装载机的转向控制是两级控制系统，转向阀在转向器过来的先导油的控制下移动，将来自转向泵和开关泵的油分配给左右转向油缸，实现车辆的转向控制。

转向阀工作原理：

1. 中位时

（1）方向盘没有运行，所以转向滑阀 1 不移动。

（2）来自转向泵的油进入端口 A；来自开关泵的油进入端口 B。

（3）当端口 A 和 B 处的压力升高时，按需滑阀 4 按箭头方向向左移动。来自转向泵的油通过滑阀的端口 C 排放。来自开关泵的油通过端口 D，全部流到主控制阀。如图 9-1-8 所示。

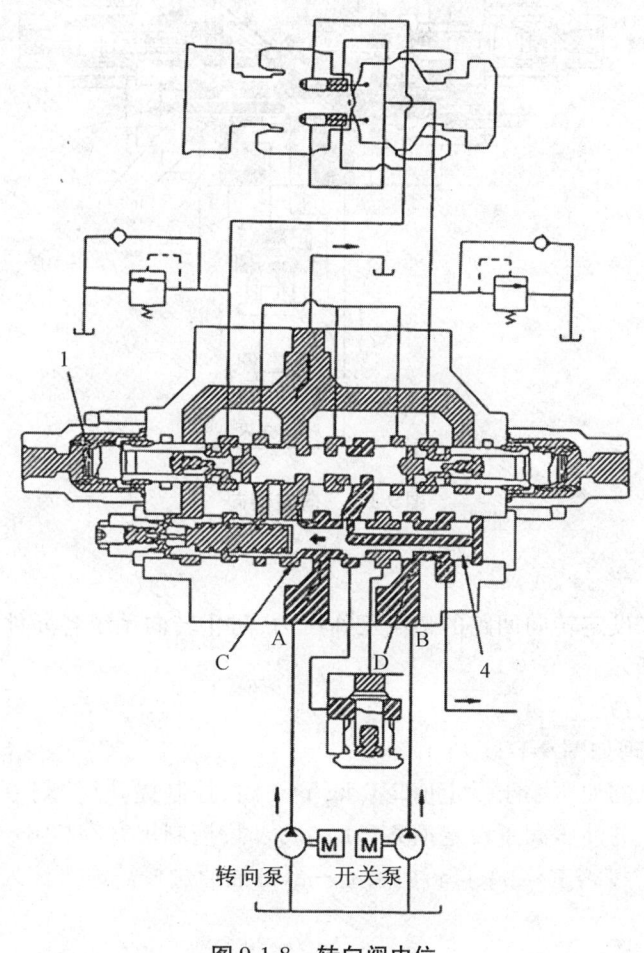

图 9-1-8　转向阀中位

2. 向左转向时

图 9-1-9 为向右转向工作原理图。

(1)方向盘没有运行,所以转向滑阀 1 不移动。

(2)来自转向泵的油进入端口 A;来自开关泵的油进入端口 B。

(3)当端口 A 和 B 处的压力升高时,按需滑阀 4 按箭头方向向左移动。来自转向泵的油通过滑阀的端口 C 排放。来自开关泵的油通过端口 D,全部流到主控制阀。

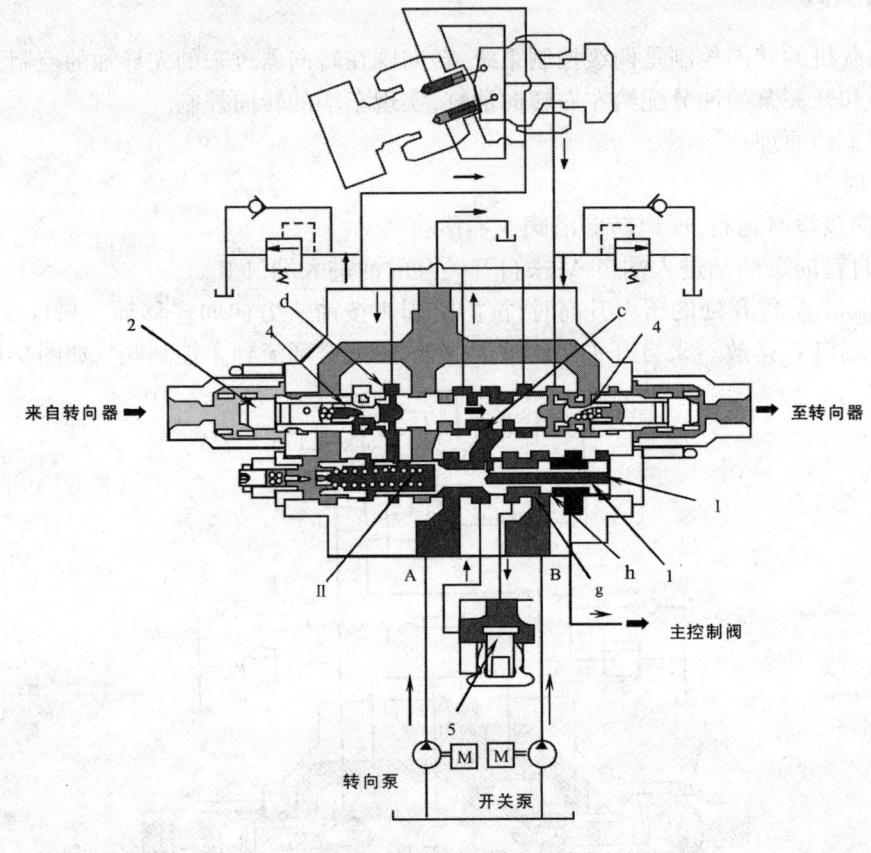

图 9-1-9　向左转向

(五)溢流阀

转向溢流阀用来设定转向回路的最高工作压力,防止转向系统各元件因压力过高而损坏。其结构如图 9-1-10 所示。

溢流阀工作原理:

(1)局部动作原理如图 9-1-11 所示。

当通往转向油缸的油压小于设定值 210 kg/cm² 时,控制提升阀处于关闭状态。

当通往转向油缸的油压大于设定值 210 kg/cm² 时,控制提升阀打开,A 腔内(按需滑阀左侧)压力下降,使按需滑阀左移,来自转向泵的一部分油通过按需滑阀流入排放回路。

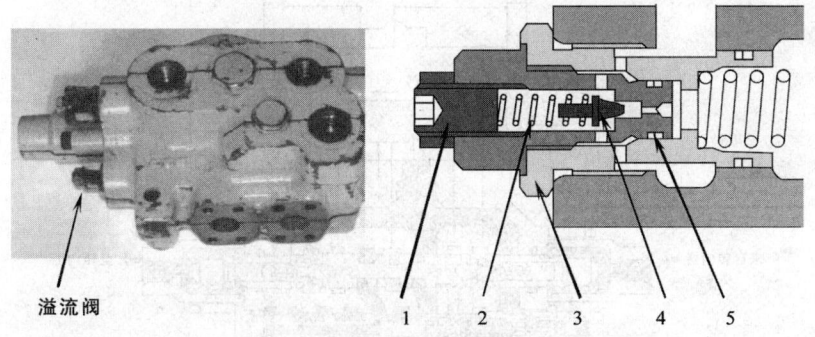

溢流阀

图 9-1-10 溢流阀位置与结构

1—调节螺钉;2—弹簧;3—螺塞;4—控制提升阀;5—阀座

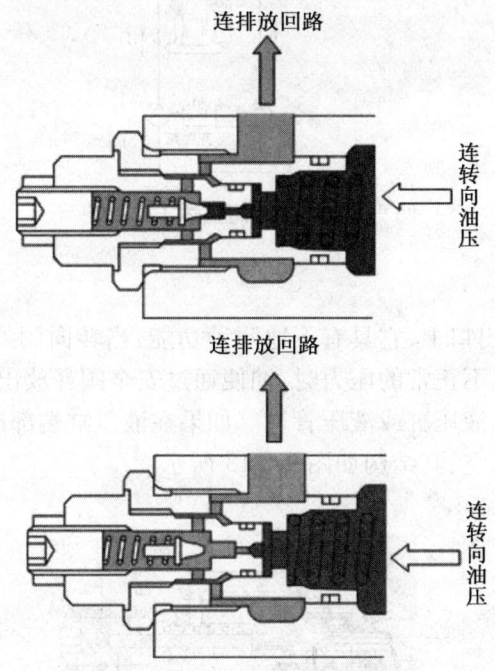

连排放回路

连转向油压

连排放回路

连排放回路

连转向油压

图 9-1-11 溢流阀局部工作原理

（2）整体动作原理如图 9-1-12 所示。

p_{II} 下降

↓

$p_{I} - p_{II}$ > 弹簧 5 设定力

↓

按需滑阀 6 向左

↓

部分油从 A 经 f 口流回油箱

↓

转向最高压力 210 kg/cm^2。

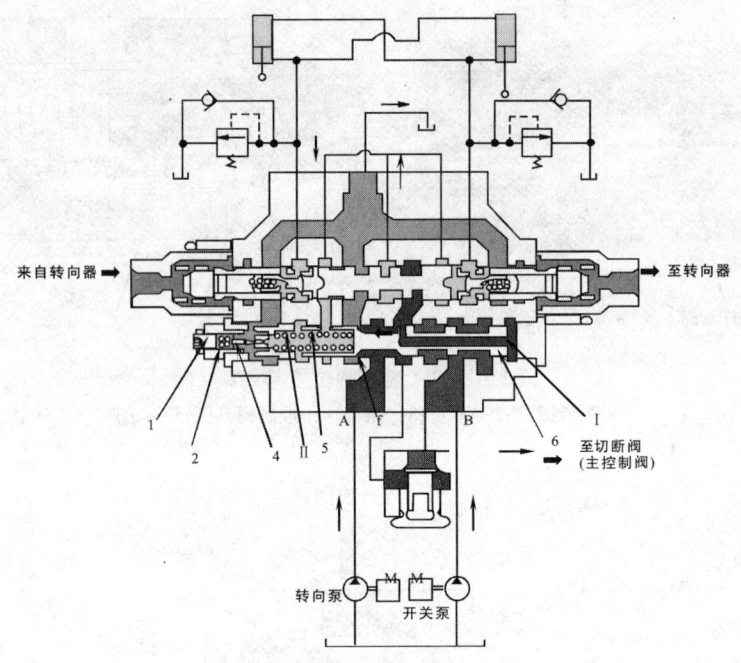

图 9-1-12　溢流阀整体工作原理

(六) 安全吸油阀

安全阀安装在转向阀出口上,它具有下述两种功能:当转向阀处于中间位置时,如果液压缸受到任何冲击,并且产生不正常的压力时,油便通过安全阀释放出去。在这种情况下此阀起着安全阀的作用,防止损坏液压缸或液压管道。如果在液压缸端部产生负压力,此阀便起着吸油阀的作用,以防止形成真空,其结构如图 9-1-13 所示。

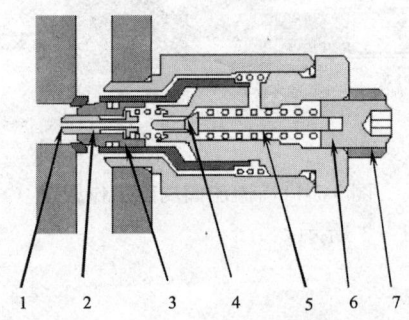

图 9-1-13　安全吸油阀结构

1—提升阀;2—溢流阀芯;3—单向阀芯;4—先导阀芯;5—弹簧;6—调节螺钉;7—螺母

安全吸油阀工作原理如图 9-1-14 所示。

如图 9-1-14(a)所示，端口 A 接至液压缸回路，端口 B 接至排放回路。油通过提升阀 1 中的孔，并作用在直径 d_1 和 d_2 的不同面积上，使单向阀芯 3 和溢阀芯 2 稳固地定位在图示位置上。

如图 9-1-14(b)所示，当端口 A 处于压力达到溢流阀的设定压力时，先导阀芯 4 打开。油通过先导阀芯 4 和钻孔流至端口 B。

如图 9-1-14(c)所示，当先导阀芯 4 打开时，提升阀 1 背面的压力便下降，使提升阀 1 移动，并靠住先导阀芯 4。

如图 9-1-14(d)所示，与端口 A 处的压力比较，内部压力是低的，致溢流阀芯 2 打开。当发生这种情况时，油便从端口 A 流到端口 B，以防止形成任何不正常的压力。

如图 9-1-14(e)所示，当在端口 A 处形成负压力时，直径 d_3 和 d_4 面积的不同导致单向阀芯 3 打开。当发生这种情况时，油便从端口 B 流到端口 A，以防止形成真空。

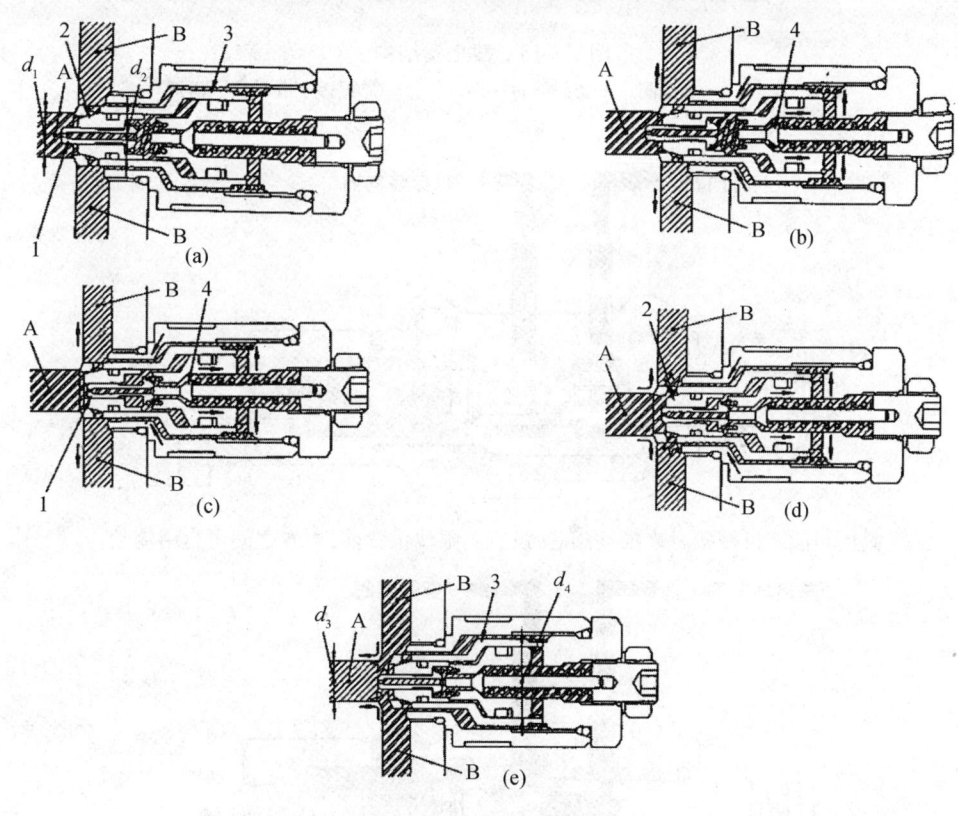

图 9-1-14　安全吸油阀工作原理

（七）截止阀

截止阀安装在转向器和转向阀的通路上，当转向角度很大，前后车架将要接触时，用来切断转向器到转向阀的先导控制油流，防止前后车架相撞，其结构如图 9-1-15 所示。

截止阀的工作原理如图 9-1-16 所示。

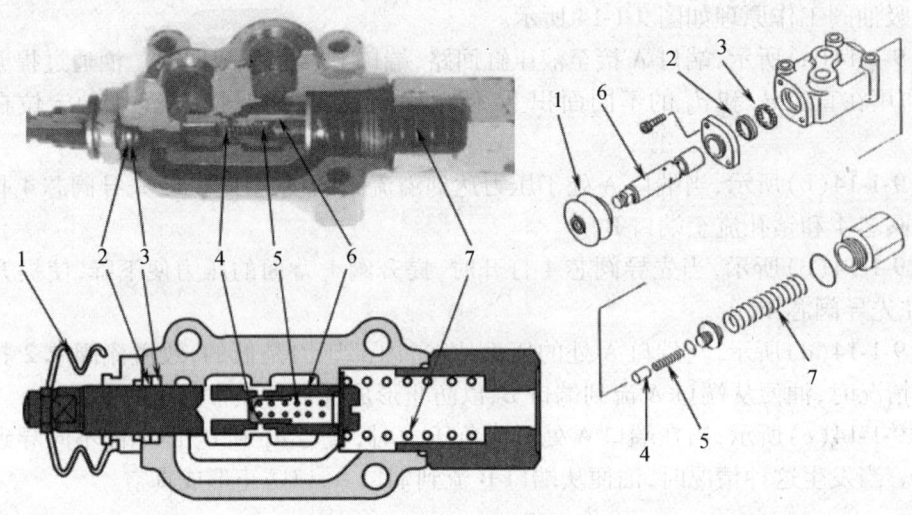

图 9-1-15　截止阀结构

1—护套；2—防尘圈；3—密封圈；4—提升阀；5—弹簧；6—滑阀；7—弹簧

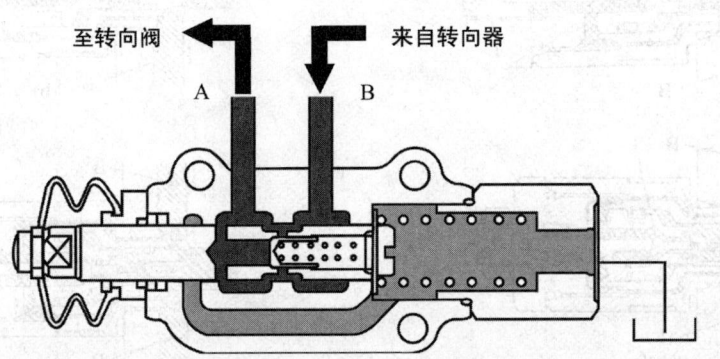

截止阀依靠机械接触来推动阀芯，没有到限位位置前，A、B 之间可自由流动。

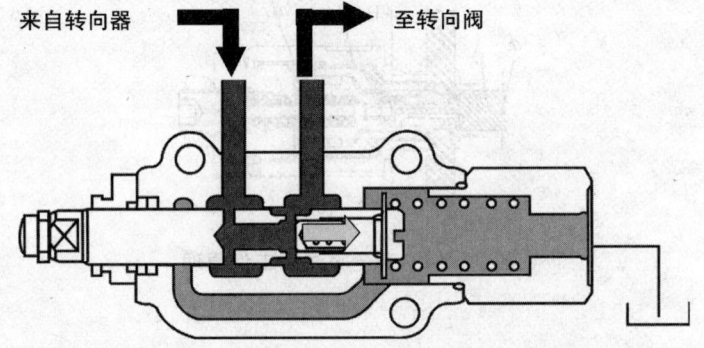

当到达限位位置时，截止阀芯被压入，从 B 到 A 向的油流被截断，转向停止。

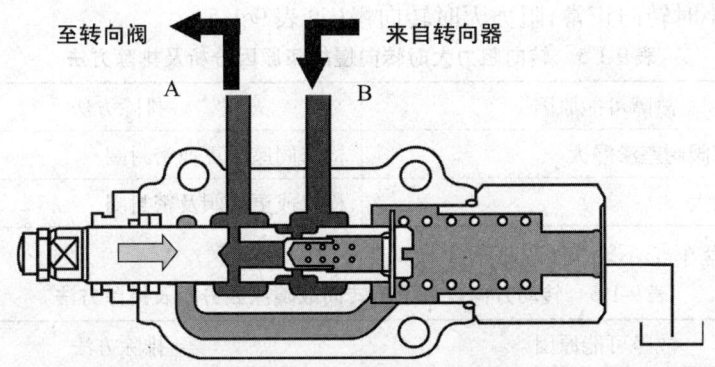

到达限位位置后,如果反向转向,油流可以推开单向阀芯从 A 到 B,允许反向转向。

图 9-1-16　截止阀工作原理

三、转向系统常见故障原因分析及排除方法

1. 转向费力(见表 9-1-1)

表 9-1-1　转向费力故障原因分析及排除方法

故障可能原因	排除方法
油温太低	升温后工作
先导油路堵塞	清洗先导油路
先导油路连接不对	按规定连接管路
转向泵压力低	按规定调节溢流阀块压力
全液压转向器计量马达部分螺栓拧得太紧	将螺栓放松

2. 车子转向不平稳(见表 9-1-2)

表 9-1-2　车子转向不平稳故障原因分析及排除方法

故障可能原因	排除方法
流量控制阀动作不灵敏	检修或更换流量控制阀

3. 车子左右转向都慢(见表 9-1-3)

表 9-1-3　车子左右转向都慢故障原因分析及排除方法

故障可能原因	排除方法
调压阀渗漏	检修或更换流量放大阀
转向泵流量不足	检修或更换转向泵
流量放大阀阀杆移动不到头	调整先导油路压力或更换弹簧

4. 车子一边转向快,一边转向慢(见表 9-1-4)

表 9-1-4　车子一边转向快一边转向慢故障原因分析及排除方法

故障可能原因	排除方法
流量放大阀两端调整垫片个数不对	按规定调整阀杆垫片个数

5. 转向阻力小时转向正常,阻力大时转向慢(见表9-1-5)

表9-1-5 转向阻力大时转向慢故障原因分析及排除方法

故障可能原因	排除方法
主油路溢流阀阀座渗漏大	检修阀座或更换密封圈
调压阀渗漏大	检修或更换阀及密封圈

6. 转动方向盘车子不转向(见表9-1-6)

表9-1-6 转动方向盘车子不转向故障原因分析及排除方法

故障可能原因	排除方法
转向器有故障	检修或更换转向器
先导油路溢流阀(或减压阀)有毛病	检修先导油路溢流阀(或减压阀)
主油路溢流阀有毛病	检修主油路溢流阀

7. 司机不操作车子自转(见表9-1-7)

表9-1-7 司机不操作车子自转故障原因分析及排除方法

故障可能原因	排除方法
流量放大阀阀杆回不到中位	检修阀杆和复位弹簧
流量放大阀固定螺栓太紧	将螺栓放松
流量放大阀端盖螺栓太紧	将螺栓放松
流量放大阀阀杆和阀孔配合不当	检修或更换阀杆

8. 司机不操作方向盘自转(见表9-1-8)

表9-1-8 司机不操作方向盘自转故障原因分析及排除方法

故障可能原因	排除方法
全液压转向器阀套卡死	清除阀内异物
全液压转向器弹簧片断	更换弹簧片

9. 车子高速运转时转向太快(见表9-1-9)

表9-1-9 车子高速运转时转向太快故障原因分析及排除方法

故障可能原因	排除方法
流量控制阀调整不对	按规定调整垫片
流量放大阀阀杆动作不灵	检修或更换阀杆
流量放大阀阀杆两端计量孔被堵或孔位置不对	清洗或更换阀杆

10. 转向泵噪声大,转向缸动作缓慢(见表9-1-10)

表 9-1-10　转向泵噪声大转向缸动作缓慢故障原因分析及排除方法

故障可能原因	排除方法
转向油路内有空气	发动车子,多次左、右转向
转向泵磨损,流量不足	更换转向泵
油的黏度不够	按正确牌号换油
液压油不够	加足液压油
控制油路溢流阀(减压阀)的调定压力不对	按规定调整控制油路溢流阀(减压阀)
转向油缸内漏	检修油缸或更换密封

实际工作当中,由于产生故障的原因多种多样,在此也不宜一一罗列,以上归纳总结并列出了一些常见故障的现象及其可能原因,在具体的工作过程中可借鉴分析,但主要还应从工作原理分析入手,才能既快又准地诊断和排除各类故障。

任务9.2 制动系统故障诊断与排除

🕹**任务描述:**

在装载机上介绍制动系统的工作原理,并详细介绍制动系统中各主要元件的结构和工作原理,以及制动液压系统故障的分析方法。

一、制动液压系统工作原理

制动液压系统组成如图9-2-1所示。

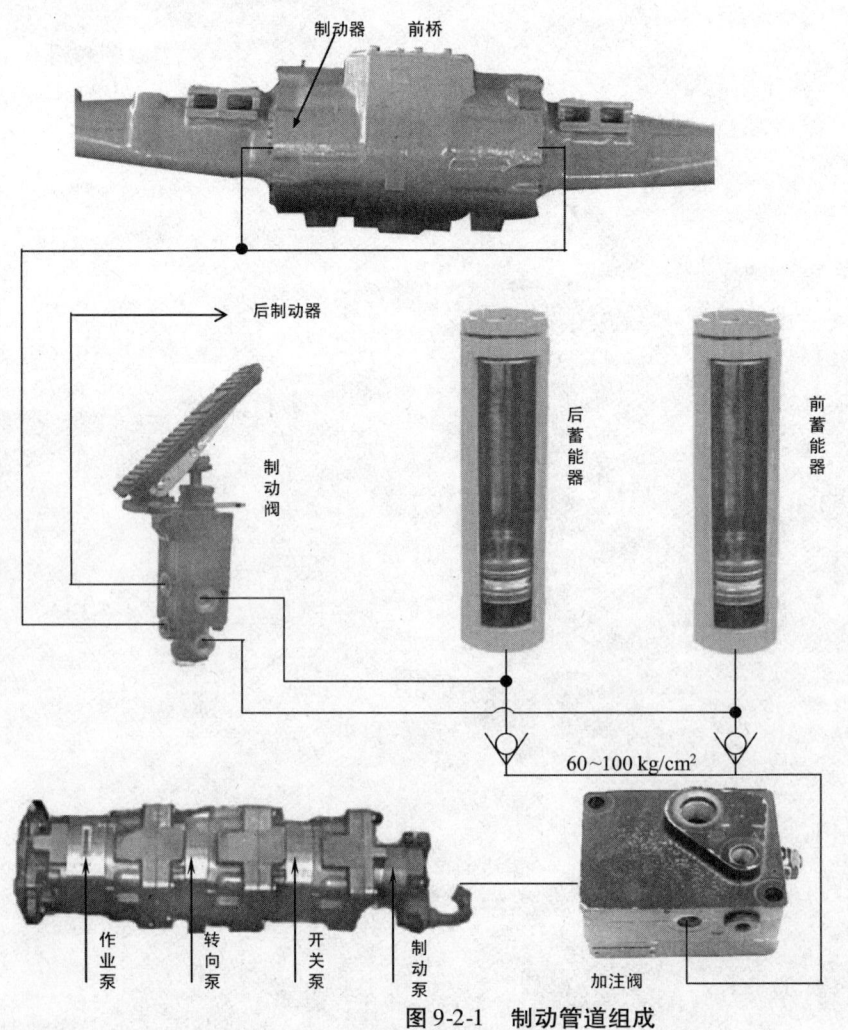

图9-2-1 制动管道组成

（一）各部件功能

制动泵：提供转向控制先导油和制动油。

加注阀：用来控制制动蓄能器的压力，始终保持在 $60 \sim 100 \ \mathrm{kg/cm^2}$。

蓄能器：贮存足够的制动压力油，以便迅速实施制动，即使发动机熄火了，还能在一段时间内有效制动。

制动阀：实施制动时，将蓄能器内的油引向前后制动器，同时根据踏板行程调节制动力的大小。

制动器：为湿式多盘制动器，通过抱住前后桥的太阳轮轴而实现制动。

当制动阀制动时，油从泵通过蓄能器加压阀传送，关闭泵内的排放回路，制动活塞，然后启动前后制动器，如图9-2-2所示。

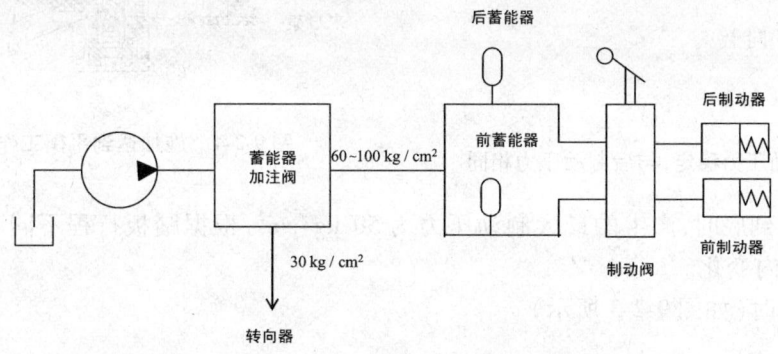

图9-2-2　制动系统控制原理框图

（二）制动系统工作原理

1. 施加制动（如图9-2-3所示）

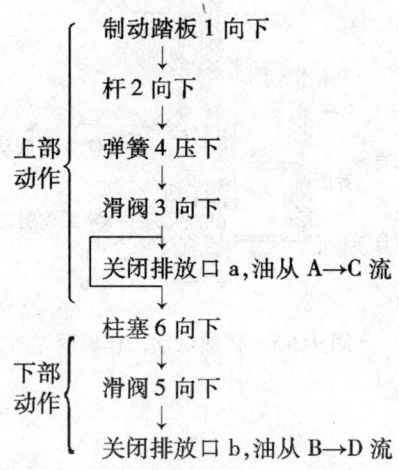

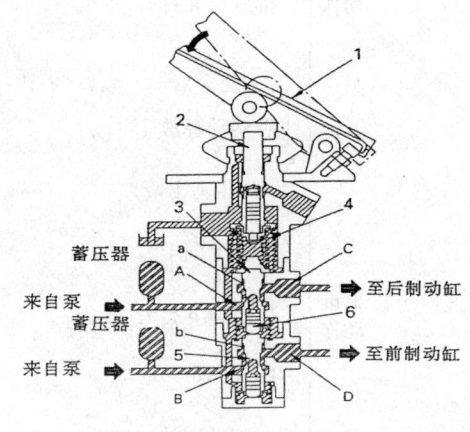

图9-2-3　施加制动工作原理

2. 达到平衡(如图 9-2-4 所示)

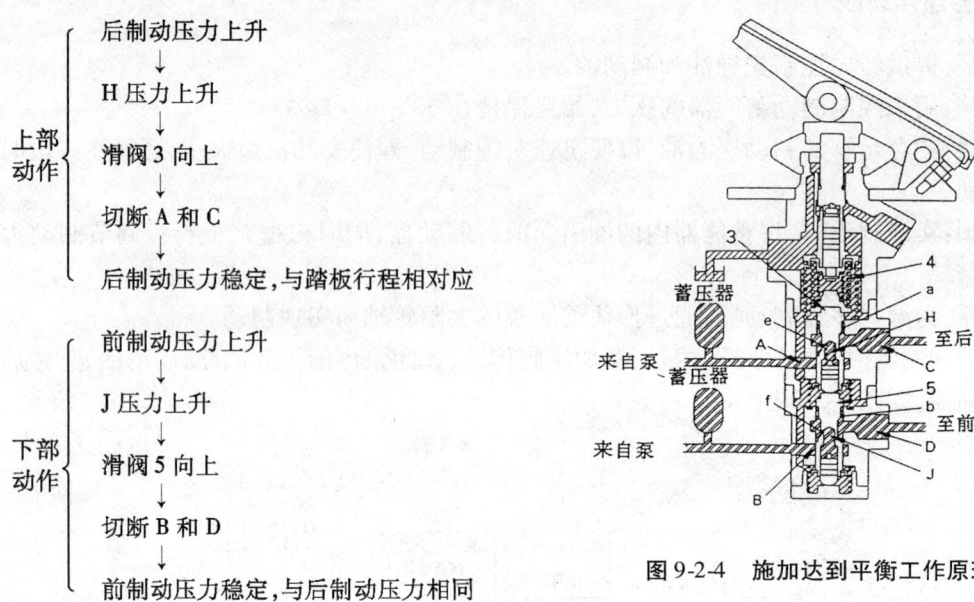

上部动作
- 后制动压力上升
- ↓
- H 压力上升
- ↓
- 滑阀 3 向上
- ↓
- 切断 A 和 C
- ↓
- 后制动压力稳定,与踏板行程相对应

下部动作
- 前制动压力上升
- ↓
- J 压力上升
- ↓
- 滑阀 5 向上
- ↓
- 切断 B 和 D
- ↓
- 前制动压力稳定,与后制动压力相同

图 9-2-4 施加达到平衡工作原理

当踏板被踩到底时,产生的最大制动压力为 50 kg/cm², 根据踏板行程不同,制动压力在 0～50 kg/cm² 之内变化。

3. 释放制动时(如图 9-2-5 所示)

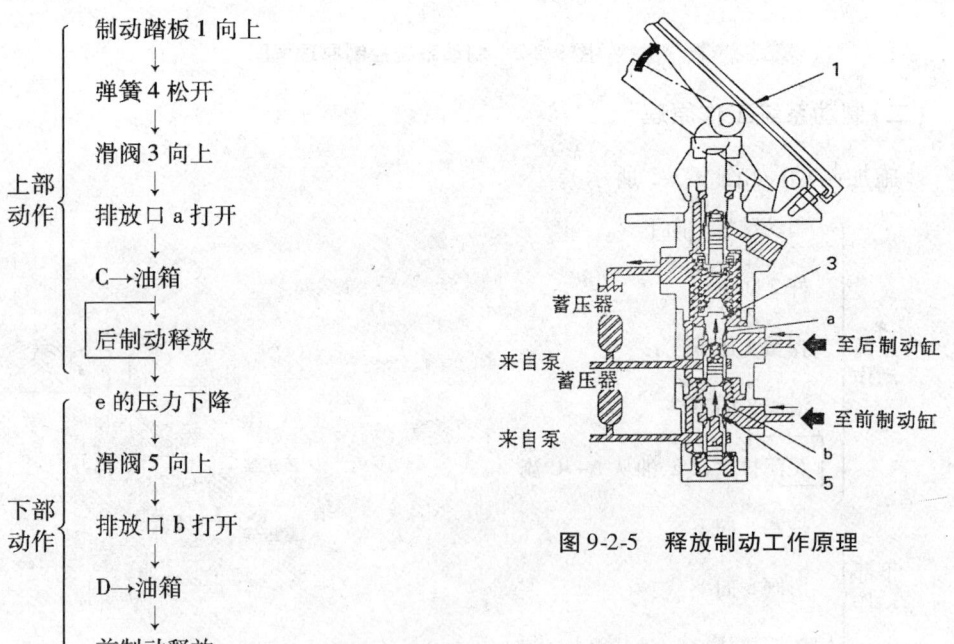

上部动作
- 制动踏板 1 向上
- ↓
- 弹簧 4 松开
- ↓
- 滑阀 3 向上
- ↓
- 排放口 a 打开
- ↓
- C→油箱
- ↓
- 后制动释放

下部动作
- e 的压力下降
- ↓
- 滑阀 5 向上
- ↓
- 排放口 b 打开
- ↓
- D→油箱
- ↓
- 前制动释放

图 9-2-5 释放制动工作原理

二、制动系统各液压元件

(一)蓄能器

蓄能器安装在加注阀和制动阀之间,用来贮存一定量的高压油(60~100 kg/cm²),以便在制动时迅速进入制动器实施制动,或者在发动机停机时,仍可实施制动,其结构和工作原理如图9-2-6所示。

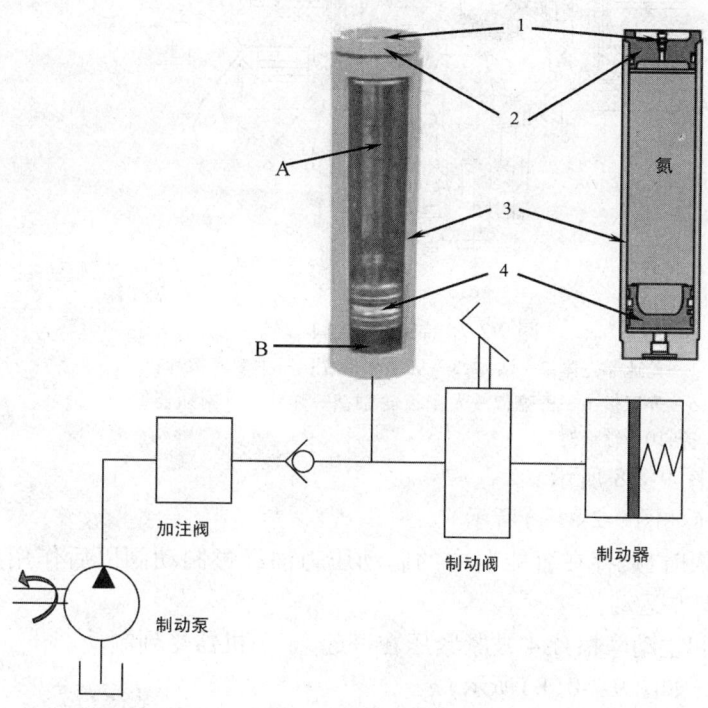

图9-2-6　蓄能器结构及工作原理

1—阀;2—顶盖;3—缸体;4—活塞

1. 技术规格

(1)使用的气体:氮气。

(2)加注量:3 000 mL。

(3)加注压力:3.4±0.15 MPa(35±1.5 kg/cm²)50 ℃时。

2. 工作原理

A腔中充满高压的氮气,发动机起动后,刹车泵供的油经过加压阀储存到蓄能器的B腔中,保持制动压力。

注意:严禁在蓄能器上进行焊接作业。气压不足时,只能补充氮气,严禁补充空气。

(二)制动器

本制动器是全密封、湿式多盘制动器,位于驱动桥内,制动力强,免维护。其结构如图9-2-7所示。

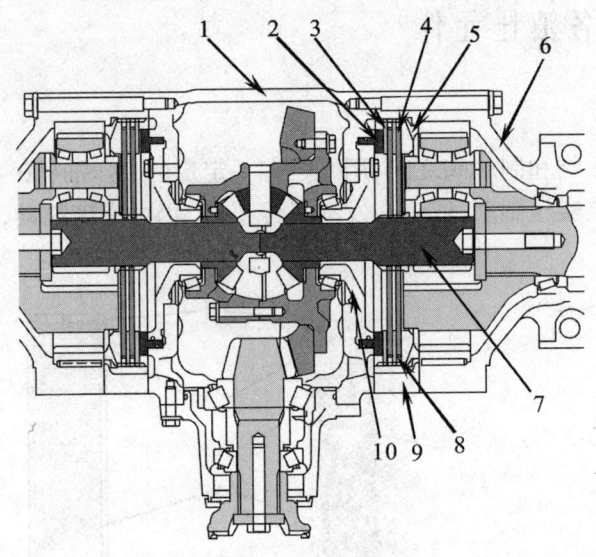

图 9-2-7　制动器结构

1—差速器壳体;2—活塞;3—从动摩擦片;4—主动摩擦片;
5—外压板;6—桥壳;7—太阳齿轮轴;8—弹簧;9—制动器
壳;10—轴承架

制动器工作原理如图 9-2-8 所示。

1. 当实施制动器时(如图 9-2-8(a)所示)

(1)踩下制动器踏板时,贮存在蓄能器中的制动压力油经过制动阀以后作用在制动缸中的活塞 2 上,使活塞 2 向左运动。

(2)从动摩擦片 3 和主动摩擦片 4 被紧紧压在一起,于是机器受到制动。

2. 当释放制动器时(如图 9-2-8(b)所示)

松开制动踏板时,制动活塞背部的压力油通过制动阀被释放到油箱。活塞 2 在弹簧 8 的作用下返回其原来的位置,从动摩擦片 3 和主动摩擦片 4 分离,制动得到释放。

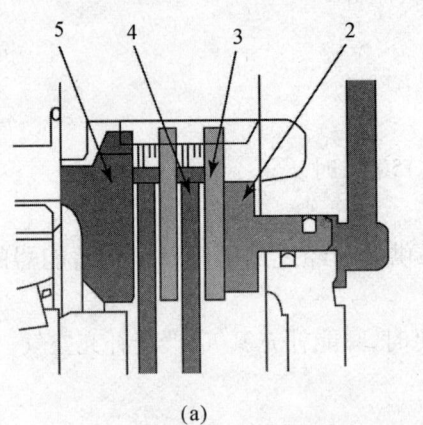
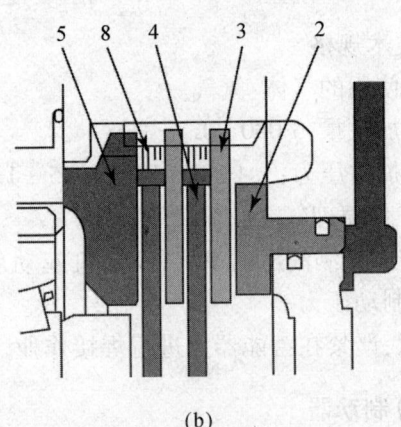

(a)　　　　　　　　　　　　　　(b)

图 9-2-8　制动器工作原理

（三）蓄能器加注阀

制动泵的出口油全部进入蓄能器加注阀进行分配。它优先对制动蓄能器进行加压,使蓄能器内压力保持在 $60 \sim 100$ kg/cm^2。当蓄能器加压结束后,油才流向转向器,形成转向先导油压。转向先导油压超过 30 kg/cm^2 时,溢流回油箱。设定制动系统安全压力 140 kg/cm^2。

蓄能器加注阀安装在后车架上,位于驾驶室下方,其结构如图 9-2-9 所示。

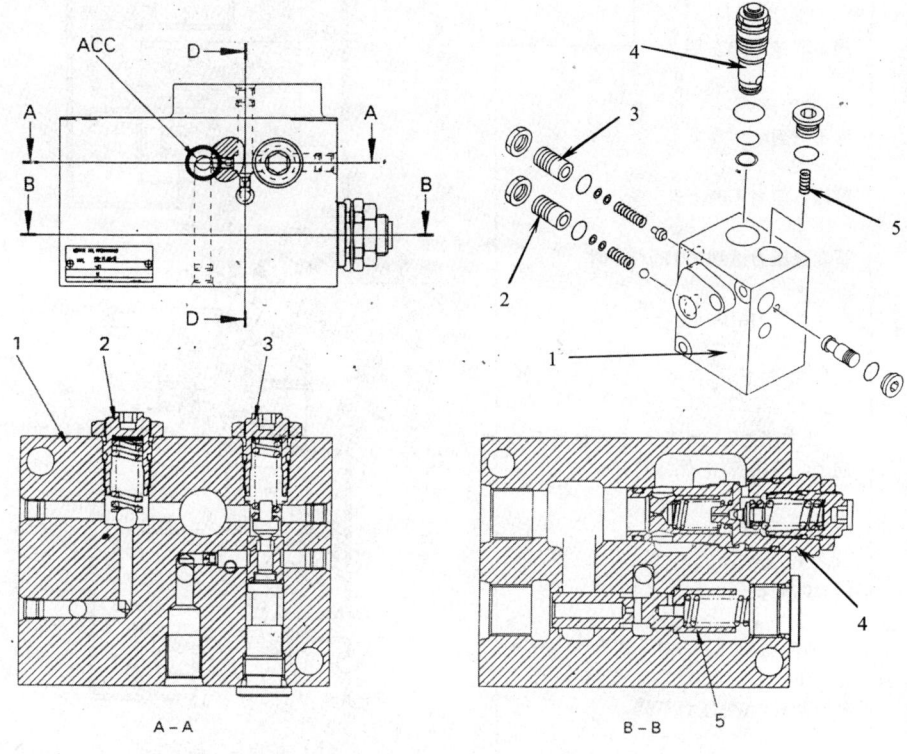

图 9-2-9 蓄能器加注阀结构

1—阀体;2—安全阀;3—加注控制先导阀;4—转向控制压力溢流阀;5—加注控制阀

蓄能器加注阀工作原理:

（1）蓄能器压力控制原理

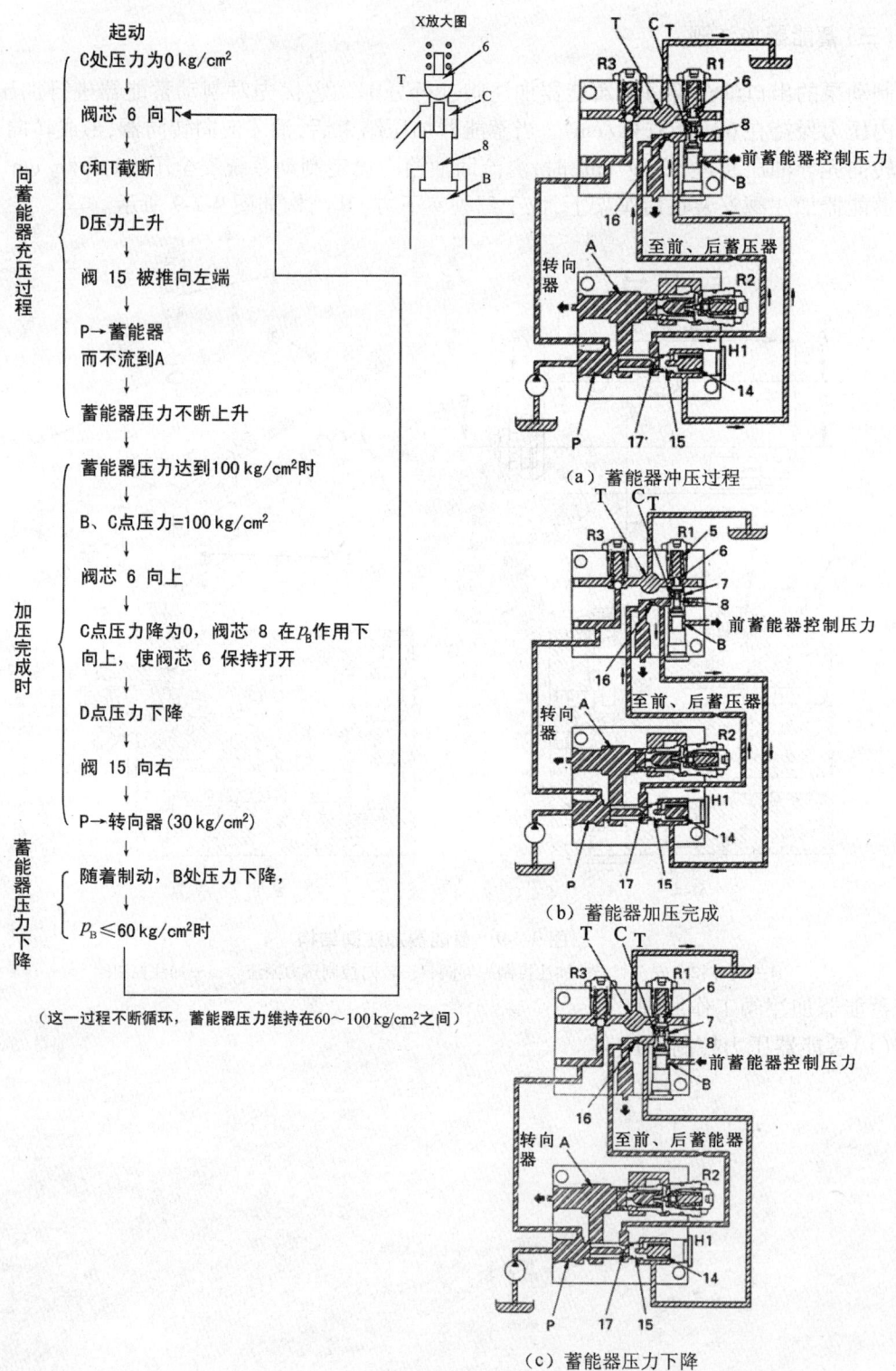

起动
C处压力为0 kg/cm²
↓
阀芯 6 向下
↓
C和T截断
↓
D压力上升
↓
阀 15 被推向左端
↓
P→蓄能器
而不流到A
↓
蓄能器压力不断上升
↓
蓄能器压力达到100 kg/cm²时
↓
B、C点压力=100 kg/cm²
↓
阀芯 6 向上
↓
C点压力降为0，阀芯 8 在p_B作用下向上，使阀芯 6 保持打开
↓
D点压力下降
↓
阀 15 向右
↓
P→转向器(30 kg/cm²)
↓
随着制动，B处压力下降，
$p_B \leq 60$ kg/cm²时

向蓄能器充压过程
加压完成时
蓄能器压力下降

（这一过程不断循环，蓄能器压力维持在60～100 kg/cm²之间）

X放大图

（a）蓄能器冲压过程

（b）蓄能器加压完成

（c）蓄能器压力下降

图 9-2-10　蓄能器压力控制原理

（2）转向先导压力控制原理（30 kg/cm²）

如图 9-2-11 所示。

$p_A \geqslant 30$ kg/cm² 时

↓

$p_m = p_A（\geqslant 30$ kg/cm²）

↓

阀芯 18 向右

↓

p_m 下降

↓

$p_A > p_m$

↓

阀芯 19 向右

↓

部分油从 A→油箱

↓

p_A 稳定在 30 kg/cm²

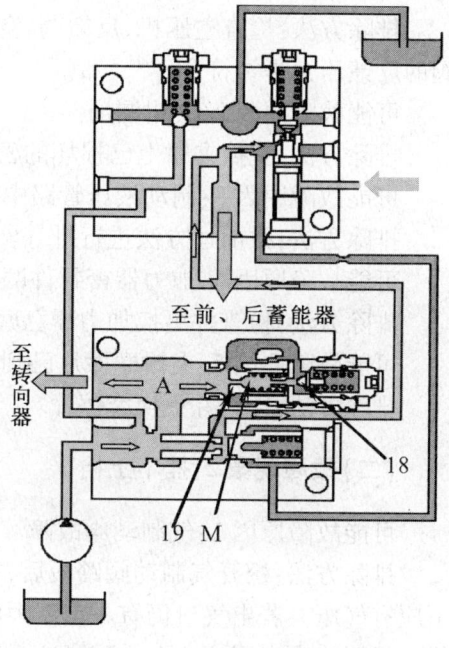

图 9-2-11　转向先导压力控制原理

（3）安全压力控制原理（如图 9-2-12 所示）

液压阀出故障。

（例如：阀 15 被卡住，不能向右移）

↓

p_P 急刷上升到 140 kg/cm² 时

↓

安全阀 11 打开

↓

p_P 最大为 140 kg/cm²

保护液压系统。

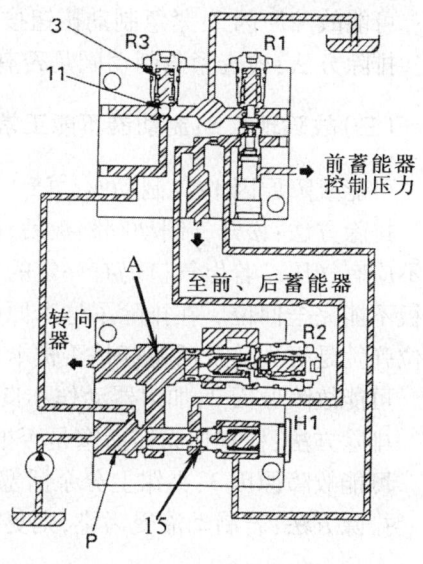

图 9-2-12　安全压力控制原理

三、制动系统常见故障原因分析及排除方法

（一）故障现象 1：脚制动力不足

可能故障原因 1：制动气压低。

排除方法:检查空压机、反馈阀、空气罐及管路密封性,如果无任何地方漏气,则检查反馈阀的反馈压力是否符合。

可能故障原因2:夹钳漏油。

排除方法:更换夹钳上已损坏的密封件。

可能故障原因3:制动液压管路中有气。

排除方法:按前述方法进行排气。

可能故障原因4:加力器密封件磨损或损坏造成漏气或漏油。

排除方法:检查并更换加力器已磨损或损坏密封件。

可能故障原因5:夹钳摩擦片已到磨损极限。

排除方法:检查并更换摩擦片。

(二)故障现象2:挂不上挡

可能故障原因1:气制动阀故障。

排除方法:松开气制动阀踏板后,检查气制动阀气口是否仍有气压,此时气制动阀出气口不应有气压。若出气口仍有一定压力的气体,则首先检查气制动阀踏板的限位螺栓是否过高,使踏板不能完全回位。在排除了这个原因后出气口仍有一定压力的气体,则进一步检查气制动阀的回位弹簧是否失效及活塞杆是否被卡住。

可能故障原因2:紧急制动按钮按下后,没有压缩空气进入变速操纵阀。

排除方法:检查紧急制动阀是否有故障。

(三)故障现象3:制动器不能正常松开

可能故障原因1:气制动阀故障。

排除方法:松开气制动阀踏板后,检查气制动阀出气口是否仍有气压,此时气制动阀出气口不应有气压。若出气口仍有一定的气压,则首先检查气制动阀踏板的限位螺栓是否过高,使踏板不能完全回位。在排除了这个原因后出气口仍有一定的气压,则进一步检查气制动阀的回位弹簧是否失效及活塞杆是否被卡住。

可能故障原因2:加力器动作不良。

排除方法:检查加力器活塞是否被卡住,或回位弹簧失效。

可能故障原因3:夹钳上分泵活塞不能回位。

排除方法:若制动液受污染,则更换制动液;若矩形密封圈损坏,更换矩形密封圈。

(四)故障现象4:紧急及停车制动力不足

可能故障原因1:制动鼓与摩擦片之间间隙过大。

排除方法:按使用要求重新调整间隙或更换摩擦片。

可能故障原因2:摩擦片上有油。

排除方法:清洗摩擦片。

任务9.3　工作装置故障诊断与排除

任务描述:

在介绍装载机工作装置工作原理的基础上,详细介绍工作装置中各主要元件的结构和工作原理,并对工作装置常见的故障进行分析。

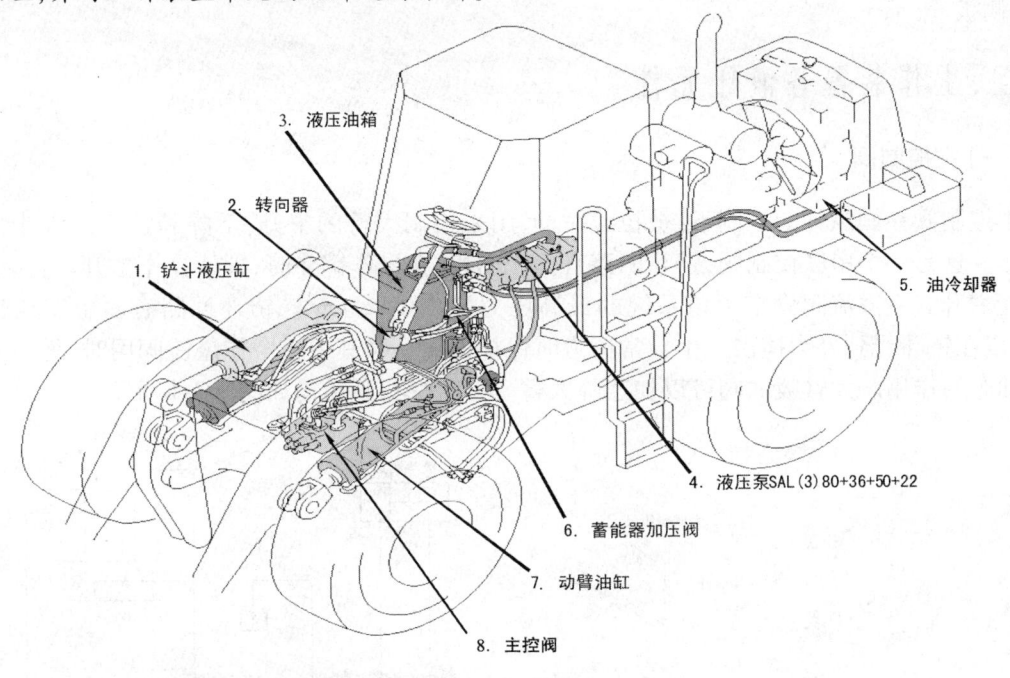

3. 液压油箱

2. 转向器

1. 铲斗液压缸

5. 油冷却器

4. 液压泵SAL(3)80+36+50+22

6. 蓄能器加压阀

7. 动臂油缸

8. 主控阀

图9-3-1　工作装置液压管路

一、工作装置工作原理

工作装置回路控制铲斗和辅助装置的制动,液压油箱3中的油利用液压泵4传送到主控阀8。如果主控阀中的铲斗和动臂的滑阀处在保持位置,那么,经过液压油箱3内部的过滤器过滤的油便流至主控阀的排放回路,然后流回液压油箱。当操作工作装置控制杆时,便制动铲斗滑阀和动臂滑阀,并利用液压制动主控阀的滑阀,以便把油从主控阀传送到动臂缸或铲斗缸,对动臂和铲斗进行操作。利用主控阀内部的溢流阀,对液压回路中的最高压力进行控制。安装在铲斗液压缸回路中的安全阀(带吸油口)用来保护回路。液压油箱3是加压密封式的,并且具备一种配备有溢流阀的通气装置。这就有可能加压油箱内部,并能防止任何负压力,从而防止泵内产生气穴现象。

液压系统由转向回路、制动回路和工作装置回路三部分组成。液压泵是四联外齿轮泵,通过花键与 PTO 驱动齿轮相连,从驱动侧起依次为作业、转向、开关、制动泵,如图 9-3-2 所示。

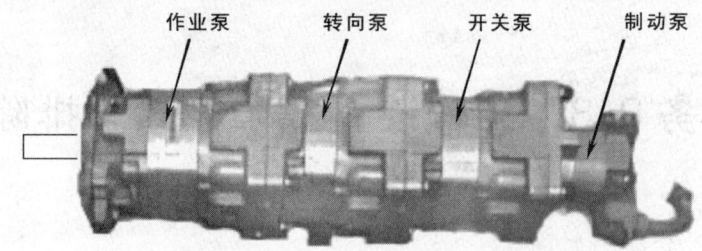

作业泵　　转向泵　　开关泵　　制动泵

图 9-3-2　液压泵

其中齿轮与齿轮、齿轮与泵壳、齿轮与挠性压力侧板的配合面至关重要。当油变脏或者长期使用后,会出现齿面、泵壳、侧板、轴承的磨损,进而出现泄漏增大。预防性大修时请更换密封件、侧板、轴承。

二、工作装置各液压元件

(一) 主控制阀

主控制阀在操纵杆的控制下,被拉线拉动,用来控制大臂的举升,下降和铲斗的收斗与卸料动作。这是一个串联控制阀,铲斗回路有优先驱权,在操作铲斗时,即使操作举升动臂,动臂也不能举升。主溢流阀设定了该系统的最高压力为 $210\ kg/cm^2$。铲斗回路有两个安全吸油阀,可以在铲斗受到外力撞击产生异常压力时保护回路。当其中一个作溢流阀用时,另一个就起吸油阀的作用。大臂吸油阀可以加速降大臂,提高效率,其结构如图 9-3-4 所示。

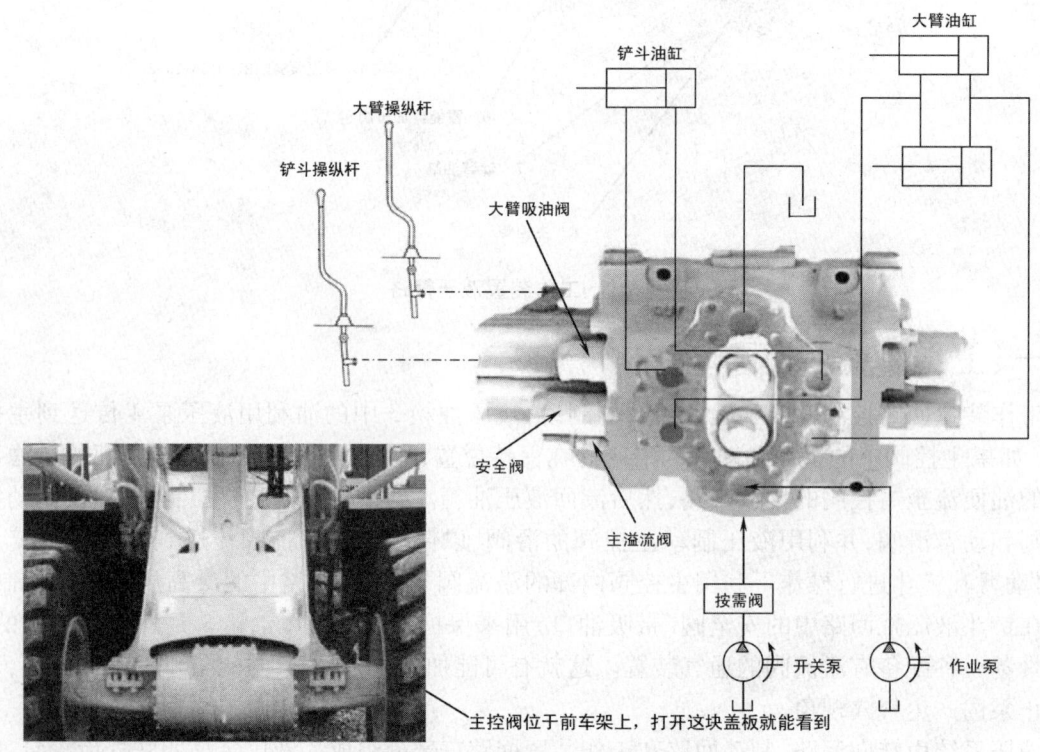

铲斗油缸　　　　　　大臂油缸

大臂操纵杆

铲斗操纵杆

大臂吸油阀

安全阀

主溢流阀

按需阀

开关泵　　作业泵

主控阀位于前车架上,打开这块盖板就能看到

图 9-3-3　主控阀位置及相互关系

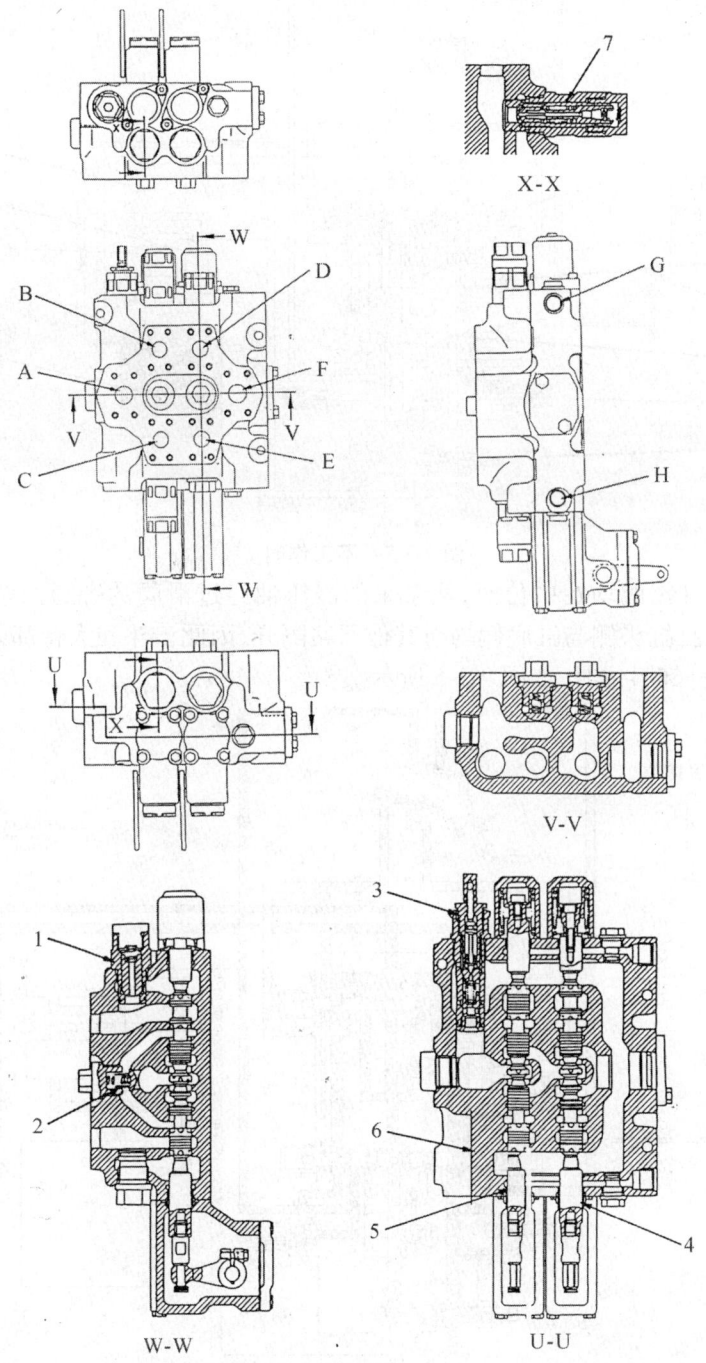

图9-3-4 主控阀结构

1—吸油阀;2—单向阀;3—主溢流阀;4—动臂滑阀;5—铲斗滑阀;6—阀壳体;7—安全阀(带吸油口);A—来自泵;B—到铲斗油缸杆;C—到铲斗油缸底;D—到动臂油缸杆;E—到动臂油缸底;F—排油口(到油箱);G—排油口;H—排油口

主控制阀工作原理:

(1)系统组成与操纵杆中位时,如图9-3-5所示。

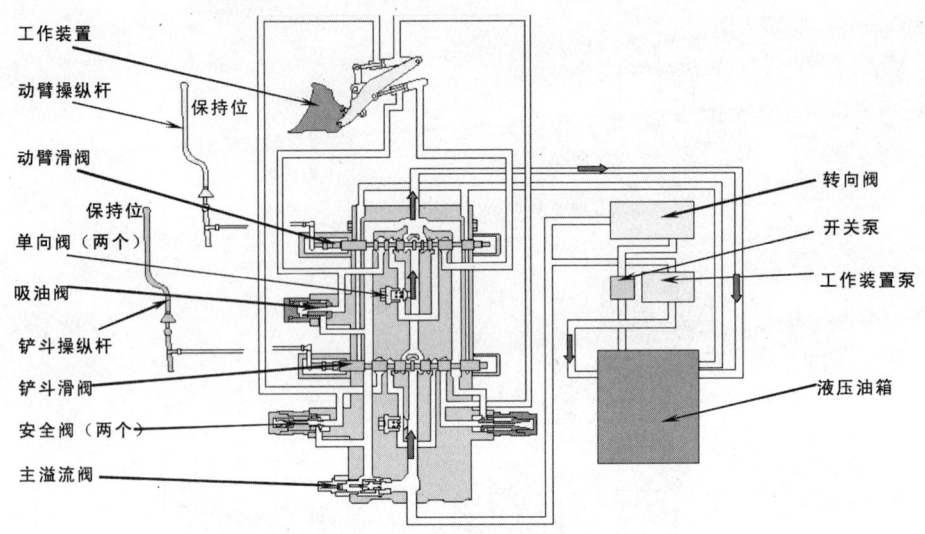

图 9-3-5　不工作时

动臂滑阀和铲斗滑阀均在中位时,从泵来的液压油经过滑阀的旁通回路流回液压油箱。铲斗油缸和大臂油缸缸头侧与缸底侧均与其他回路隔开,因此铲斗和大臂都处在保持位置上。

(2)动臂操纵杆卸料位时,如图 9-3-6 所示。

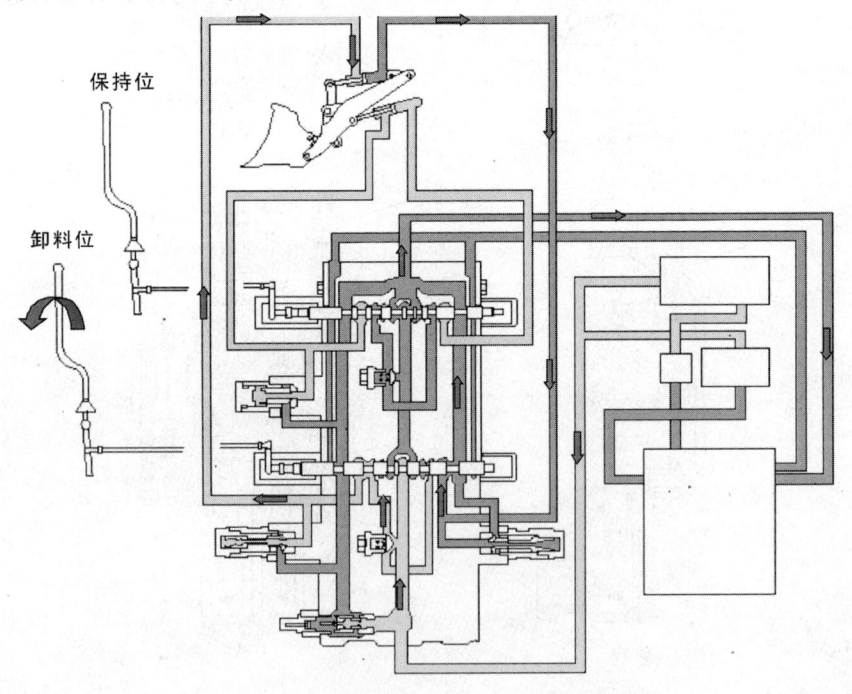

图 9-3-6　卸料

推铲斗操纵杆使铲斗滑阀处在卸料位置时,来自泵的油排放回路被关闭,压力上升后推开单向阀流往铲斗油缸缸头侧,同时,铲斗油缸缸底侧的油通过铲斗滑阀流入排放回路,使铲斗实现卸料工作。

(3)动臂操纵杆上升位时,如图 9-3-7 所示。

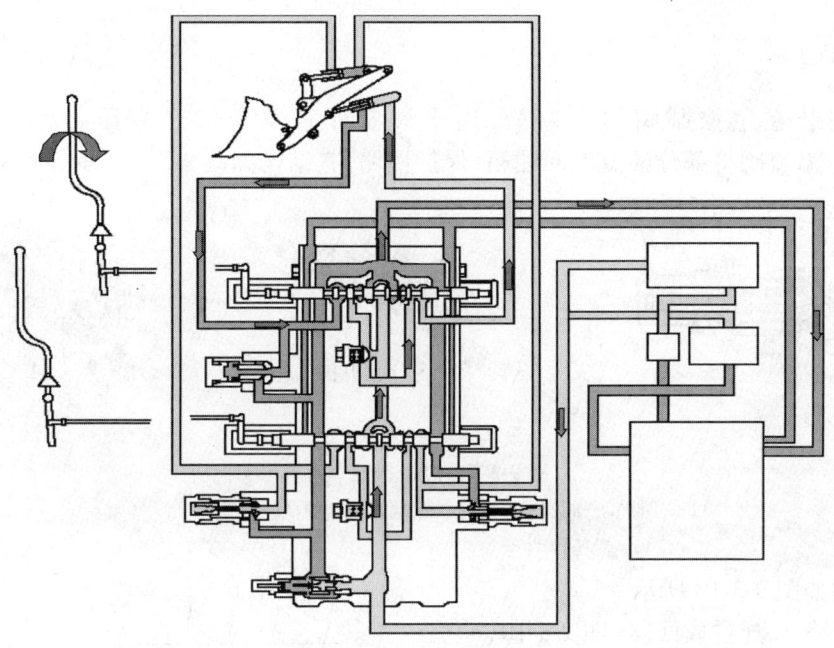

图 9-3-7 动臂上升

拉动臂操纵杆使动臂滑阀处在上升位置时,来自泵的油排放回路被关闭,压力上升后推开单向阀流往大臂油缸缸底侧,同时,动臂油缸缸头侧的油通过动臂滑阀流入排放回路。

(4)动臂操纵杆浮动位时,如图 9-3-8 所示。

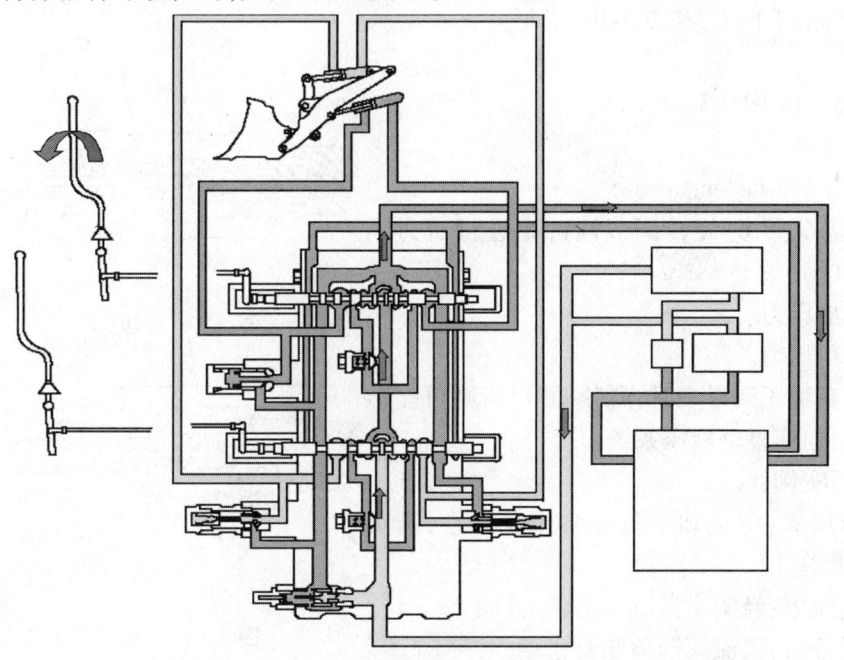

图 9-3-8 动臂浮动

动臂操纵杆从下降位置继续推下到浮动位置时,来自泵的油和排放回路接通。同时,大臂油缸的缸头侧和缸底侧都经动臂滑阀和排放回路接通,使动臂处于浮动状态。

(二)溢流阀

溢流阀安装在主控制阀的入口处,用来设定作业系统的最高压力。当压力超过 210 kg/cm² 时,溢流阀将部分油溢流回油箱,保护回路,其结构如图 9-3-9 所示。

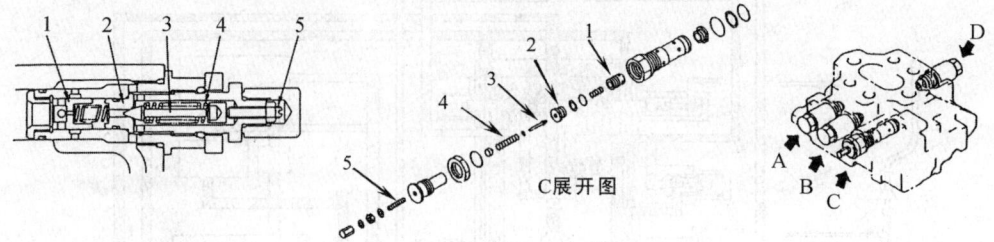

图 9-3-9　溢流阀结构
1—主阀;2—阀座;3—先导提升阀;4—弹簧;5—调整螺纹

工作原理如图 9-3-10 所示。

A 连泵回路,C 连排放回路(图 9-3-10(a))。

$$p_A = p_B \geqslant 210 \text{ kg/cm}^2$$

↓

提升阀 3 向右,p_B↓(图 9-3-10(b))。

↓

$p_A > p_B$,阀芯 1 向右(图 9-3-10(c))。

↓

部分油 A→C(图 9-3-10(c))。

↓

p_A 最大为 210 kg/cm²

调整:松开锁母 6,旋转调节螺钉 5 进行压力调整(图 9-3-10(c))。

旋紧:增加压力。

松开:减小压力。

注意:没有油压测量表时,严禁调节,否则可能会因压力过大而损坏整个液压系统。

故障诊断实例:

(1)故障现象:空载和半负荷时作业正常,满负荷时大臂不能举升。

(2)检查原因:经测量溢流压力仅为 150 kg/cm²。

(3)原因分析:溢流阀调节螺钉松动。

(4)故障处置:调整恢复至 210 kg/cm²。

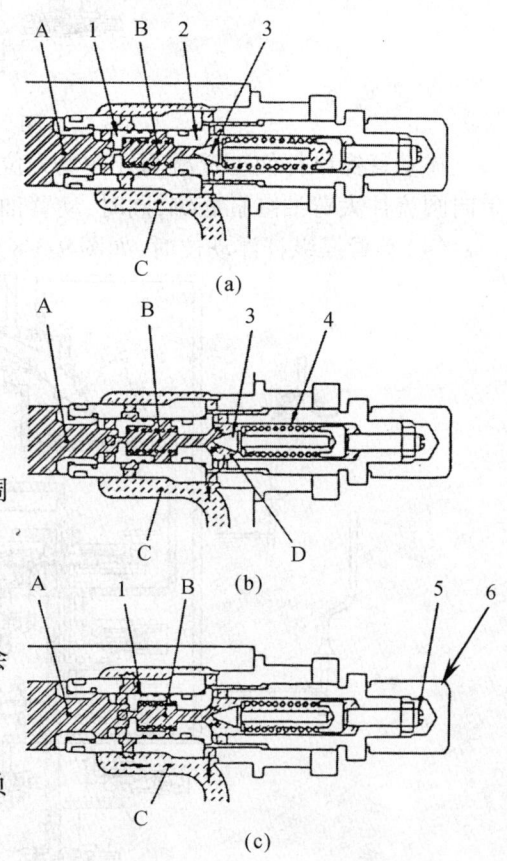

图 9-3-10　溢流阀工作原理

(三)安全吸油阀

安全吸油阀安装在主控制阀铲斗回路上,当铲斗受到撞击时,可以用来释放铲斗回路中产生的异常高压,保护铲斗回路,其结构如图9-3-11所示。

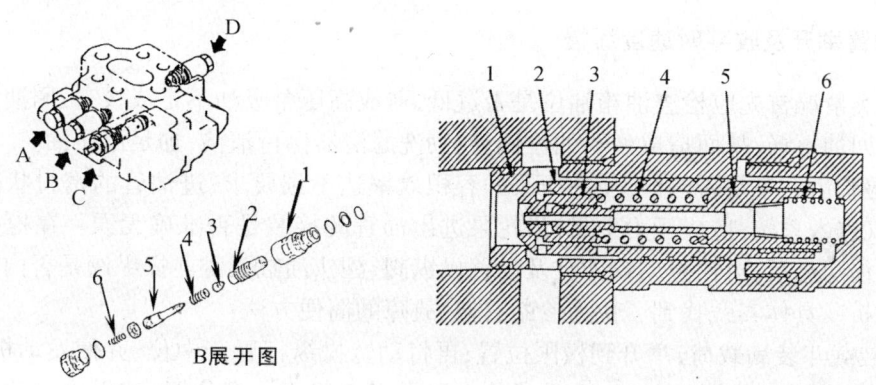

图 9-3-11　安全吸油阀结构

1—阀壳体;2—吸油阀;3—主阀;4—主阀弹簧;5—先导活塞;6—吸油阀弹簧

安全吸油阀工作原理如图9-3-12所示。

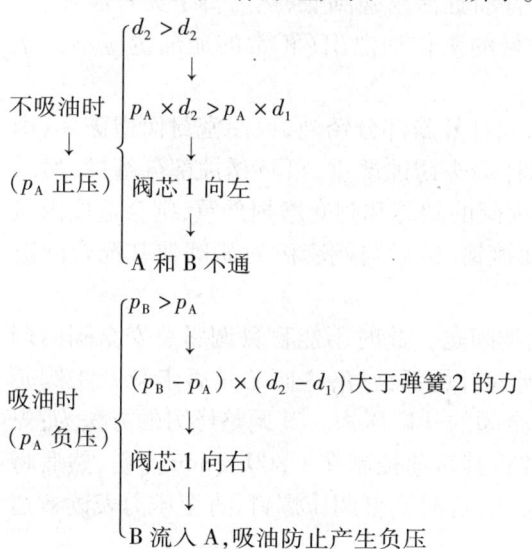

不吸油时
↓
(p_A 正压)

$d_2 > d_2$
↓
$p_A \times d_2 > p_A \times d_1$
↓
阀芯 1 向左
↓
A 和 B 不通

吸油时
↓
(p_A 负压)

$p_B > p_A$
↓
$(p_B - p_A) \times (d_2 - d_1)$ 大于弹簧 2 的力
↓
阀芯 1 向右
↓
B 流入 A,吸油防止产生负压

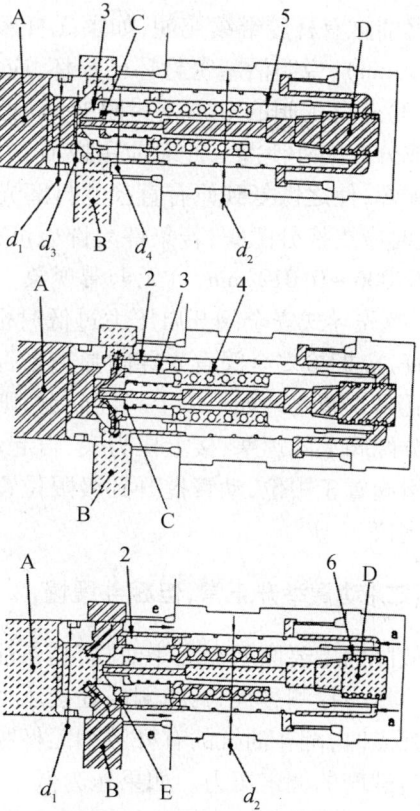

图 9-3-12　安全吸油阀工作原理

三、工作装置常见故障原因分析及排除方法

装载机工作装置状态的好坏直接影响机器的工作效率及工程进度,现将其在工作中常见的几个故障分析如下。

(一)动臂举升及收斗时速度缓慢

出现此类情况首先应检查油箱油位是否过低,造成高压泵吸油不足或吸空;回油滤清器是否堵塞形成回油不畅,从而造成油箱油位低;应勤洗滤清器保持清洁,加足液压油。

其次,检查齿轮泵是否内泄,使高压泵的容积效率达不到要求;进油管的密封状况是否良好,有无空气进入系统,造成压力不足;齿轮泵进出油管的接装是否准确无误。在检查排除以上部位的工作隐患后,再检查动臂油缸及动臂操纵阀、翻斗油缸及翻斗操纵阀是否内漏。

经过分析及具体实践找到了快速诊断、排除故障的简便方法:

(1)将装载斗装满载荷,举升到极限位置;再将动臂操纵杆置于中位,并使发动机熄火,液压泵停止供油,观察动臂的下沉速度;然后将动臂操纵杆置于上升位置,如果这时动臂的下沉速度明显加快,则内漏原因出自动臂操纵阀。同样对于铲斗收斗无力现象,也可以利用类似方法,根据操纵杆在中位和后倾位置时翻斗油缸的伸缩情况进行判定。

(2)检查动臂油缸活塞密封环是否损坏。将动臂油缸活塞缩到底,然后拆下无杆腔油管,使动臂油缸有杆腔继续充油,如果无杆腔油口有大量的工作油泄出(正常的泄漏量应不大于 30 mL/min),说明活塞密封环已损坏,应立即拆换。

(3)若分配阀的 O 形密封圈老化、变形或磨损,阀杆外露部分锈蚀,致使密封面遭破坏,则会造成分配阀外泄漏。此时应更换 O 形圈,如果阀杆端头锈蚀严重,可将锈蚀部分磨掉,然后进行铜焊,使之恢复到原有直径并打磨光滑。若分配阀的阀芯和阀套磨损严重,则会造成内泄漏,此时应更换分配阀,若条件允许也可在阀芯表面镀铬,然后与阀套配对研磨使其配合间隙达到 0.006~0.012 mm,且无卡滞现象。

(4)先导式安全阀开启压力过低时也会出现此类问题。此时不能盲目调紧总安全阀的调压螺杆,应拆检安全阀看先导阀弹簧是否断裂,导阀密封是否良好,主阀芯是否卡死及主阀芯阻尼孔是否堵塞。如果以上均无问题,则应调整安全阀的开启压力。其调整压力的方法为:先拧下分配阀上的螺塞,接上压力表,再起动柴油机并将其转速控制在 1 800 r/min 左右,然后将转斗滑阀置于中位,动臂提升到极限位置,使系统憋压,这时调整调压螺钉,直至压力表读数达到规定值。

(二)动臂举升正常,但翻斗缓慢

故障的主要原因在翻斗油缸,翻斗油缸的无杆腔和有杆腔两个过载阀的调定压力应符合规定。压力检测过程为:在测压处接压力表将翻斗操纵阀置于中位,使动臂提升或放下,当连杆过死点时,翻斗油缸的有杆腔和无杆腔应建立压力,翻斗油缸活塞杆动作时压力表所示压力即为过载阀的调定压力。如果压力低于出厂时的调定压力,其原因可能为:

(1)翻斗油缸有内泄故障,排除方法与动臂油缸内泄相同。

(2)翻斗油缸过载阀主阀芯有杂质颗粒,将主阀芯卡死,使主阀芯处于常开状态,形成故障点。

这时应清除杂质,同时检查阀内各零部件的状态,调整阀杆与阀体的配合间隙,正常的配合间隙应为 0.06~0.012 mm。

(三)举升及翻斗时抖动现象

具体故障原因及排除方法如下:

(1)油量不足,使工作压力不稳定,应加足液压油。

(2)油路接口处密封不好,使空气进入系统,造成工作压力不稳定,应检查油路各接口处密封。

(3)油液中混入大量空气气泡,使混有空气的油液成为可压缩物体。应消除低压油路中密封不严处,再将混有空气的油液排掉。

(4)液压缸活塞杆的锁紧螺母松动,致使活塞杆在液压缸中窜动。应拆卸液压缸,锁紧螺母。

(5)总安全阀开启压力不稳,使高压油压力发生变化,引起抖动。应检查阀的调压弹簧,调整开启压力。

(6)两翻斗油缸和两动臂油缸内泄量不等,造成流量波动,引起抖动。应将翻斗油缸及动臂油缸内泄故障排除。如检查无问题,而活塞杆有大面积拉毛现象,应将其拆下进行磨削,再镀 0.05 mm 硬铬,如果杆径被磨过小,可适当增加导向套的厚度。

四、液压控制框图

转向、制动、作业系统在泵的流向和先导控制方面有相互联系,因此在处理液压故障时首先要从整体进行检查和分析。液压控制框图见图 9-3-13 和图 9-3-14。

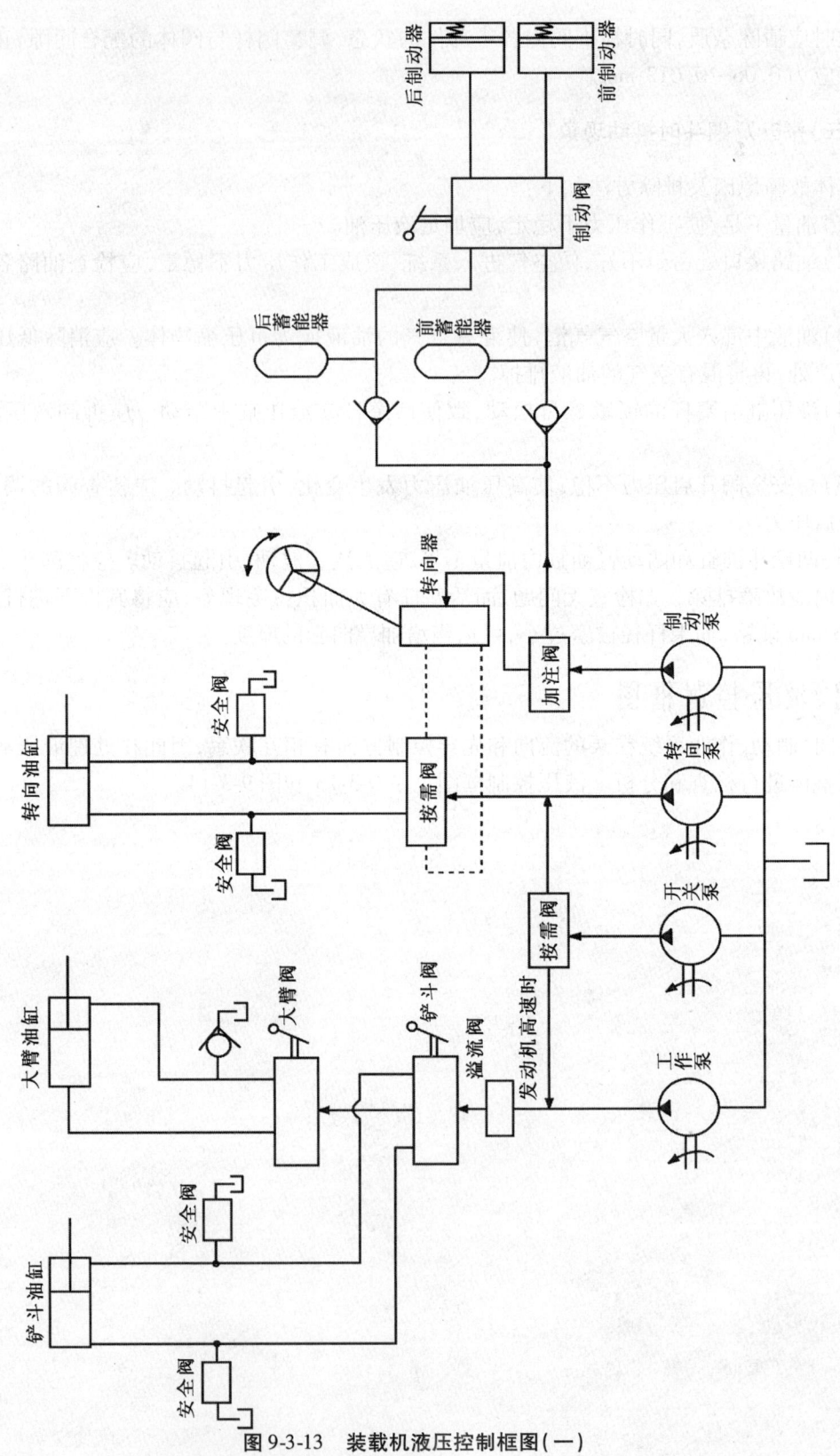

图 9-3-13　装载机液压控制框图（一）

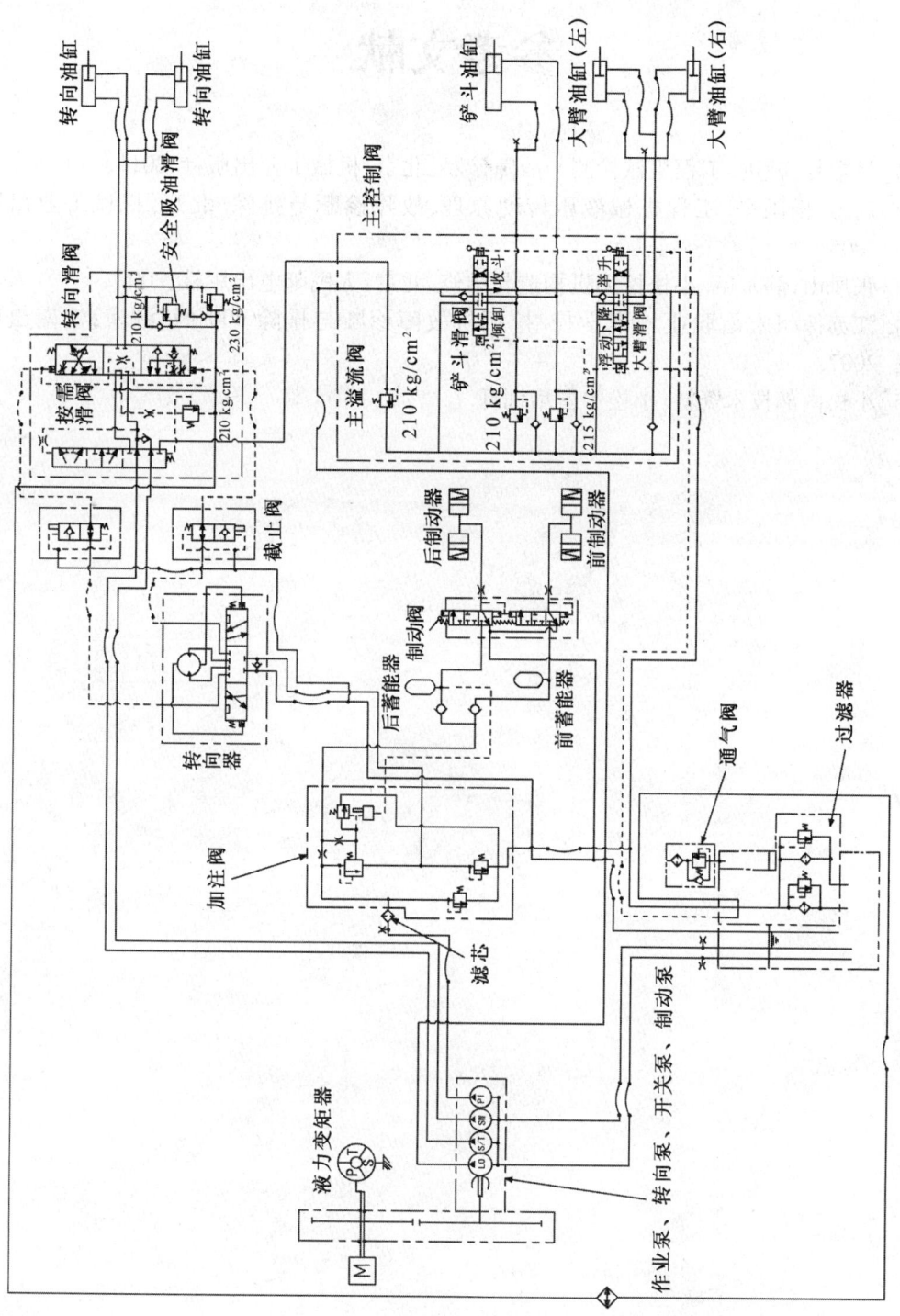

图 9-3-14 装载机液压系统液压图(二)

参考文献

[1]赵常复,韩进.工程机械检测与故障诊断.北京:机械工业出版社,2011.

[2]刘忠,杨国平.工程机械液压传动原理、故障诊断与排除.北京:机械工业出版社,2005.

[3]张凤山,静永臣.小松挖掘机构造与维修.北京:人民邮电出版社,2007.

[4]江苏徐州宏昌职业培训学校.挖掘机故障诊断与排除600例.济南:济南出版社,2007.

[5]小松内部技术资料.小松中国培训部.